舰载机非线性着舰控制技术

Nonlinear Landing Control Technology of Carrier Aircraft

郑泽伟　马云鹏　关智元　著

北京航空航天大学出版社

内 容 简 介

舰载机全自动着舰技术是航母/舰载机系统的关键和难点，它可以有效提升航母编队作战能力。本书以固定翼舰载机为研究对象，从基于非线性控制理论，舰载机全自动着舰环境及流程、全自动着舰引导、全自动着舰控制、全自动着舰视觉伺服控制、舰载机故障诊断、舰载机自适应容错控制等方面进行了全面翔实的分析、设计、数值验证及缩比试飞验证。本书内容面向飞行器控制工程实践，也包含了引导与控制、视觉伺服控制、故障诊断、容错控制、缩比试飞等学术领域研究热点，兼顾工程可用性与技术先进性。

本书可作为控制科学与工程、航空宇航科学与技术等专业的高年级本科生和研究生的专业课教材，也可供有关科研人员参考。

图书在版编目(CIP)数据

舰载机非线性着舰控制技术 / 郑泽伟，马云鹏，关智元著. — 北京：北京航空航天大学出版社，2023.1

ISBN 978-7-5124-3998-6

Ⅰ. ①舰… Ⅱ. ①郑… ②马…③关… Ⅲ. ①舰载飞机—自动着陆控制 Ⅳ. ①V271.4

中国国家版本馆 CIP 数据核字(2023)第 016198 号

舰载机非线性着舰控制技术

郑泽伟 马云鹏 关智元 著

策划编辑 陈守平 责任编辑 王 实

*

北京航空航天大学出版社出版发行

北京市海淀区学院路 37 号(邮编 100191) http://www.buaapress.com.cn

发行部电话：(010)82317024 传真：(010)82328026

读者信箱：goodtextbook@126.com 邮购电话：(010)82316936

北京九州迅驰传媒文化有限公司印装 各地书店经销

*

开本：787×1 092 1/16 印张：10.5 字数：269 千字

2023 年 1 月第 1 版 2023 年 1 月第 1 次印刷 印数：1 000 册

ISBN 978-7-5124-3998-6 定价：89.00 元

前　言

舰载机是航母编队的核心，而着舰技术是舰载机系统中的关键与难点。全自动着舰系统可在无需飞行员操纵的情况下，控制舰载机自动着舰，降低飞行员操纵负担并提高着舰成功率，是舰载机战斗力的倍增器。相较陆基飞机着陆，舰载机全自动着舰面临控制时间短、航母甲板运动、舰艉流扰动大、着舰区域小等难点，并且需在一定故障情况下仍能保证安全返航与着舰。为实现安全、可靠的全自动着舰，本课题组对全自动着舰技术进行了多年研究，基于非线性控制理论设计了多种全自动着舰方法。本书紧跟舰载机着舰前沿技术，并结合课题组近年来科研和工程实践编撰而成。

作者对已取得的研究成果进行了分析和梳理，建立了较为清晰的架构，对各章节进行了合理的安排。具体内容如下：

第 1 章，综述了舰载机全自动着舰系统发展历程和当前最新成果，总结了全自动着舰控制系统的关键技术，分析了国内外研究人员在舰载机全自动着舰引导控制等方面所开展的研究工作。

第 2 章，建立了包括舰载机六自由度非线性模型、航母甲板运动模型、舰艉流扰动模型等在内的着舰模型，分析了全自动着舰流程，提取了全自动着舰控制设计需求。

第 3 章，基于舰载机非线性模型开展控制方法设计，建立了舰载机着舰非线性引导控制框架。进一步引入固定时间控制策略，提出了确保舰载机在不受初始状态影响的精确可控时间内快速收敛至期望下滑道的着舰控制方法。

第 4 章，在第 3 章建立的全自动着舰非线性控制架构基础上，根据舰载机–航母双动平台运动特性，考虑理想下滑道随航母甲板做牵连运动的特点，提出了适用于移动路径跟踪问题的预设性能时变矢量场引导律。此外，还开展了基于自抗扰理论的舰载机非线性内环控制律设计，提高控制系统抑制舰艉流扰动能力。

第 5 章，将移动路径跟踪方法由二维平面扩展至三维空间，提出了兼容传统固定路径跟踪与移动路径跟踪的三维引导律。此外，为实现着舰性能的突破，提出了基于综合直接升力的下滑控制方法，有效提高了触舰精度等级。

第 6 章，进一步考虑移动路径跟踪过程中输出受限问题，提出了鲁棒控制障碍函数方法。在放宽对被控对象初始位置要求的情况下，满足了受扰动时变系统输出约束要求，使所提出的全自动着舰方法满足落点位置约束指标。

第 7 章，引入视觉伺服理论，提出了利用视觉伺服着舰控制方法，由舰载机机载相机获取图像信息，独立完成着舰引导控制任务。

第 8 章，基于扩展多模型自适应理论，设计了舰载机执行器系统故障诊断方法，可对舰载机副翼、升降舵、方向舵等操纵舵面发生的故障进行及时诊断与定位。

第 9 章，针对舰载机发生舵面卡死、外形损伤等危险情况下的安全返航与着舰控制需求，开展全自动着舰故障自适应控制方案设计，提出基于 Lyapunov 稳定性理论的非线性 L1 自适应容错控制方法。

第 10 章，搭建包括小型固定翼飞机、飞行控制器、遥控设备等在内的缩比飞行验证系统，开展软件在环仿真试验、无故障飞行试验、舵面卡死飞行试验、外形损伤飞行试验，并验证了第 9 章提出的自适应容错控制方法的有效性。

本书是作者对所在的教学科研团队在全自动着舰控制系统领域多年科研实践工作的总结。主要撰写人员有：郑泽伟、马云鹏、关智元。同时，课题组的刘思敏、宋晓飞等研究生为本书的完成也做了大量工作。另外，本书的撰写工作得到了中航工业沈阳飞机设计研究所的领导与同事的鼎力支持和无私帮助。本书中的部分研究成果得到了国家自然科学基金(No. 62173016)和北京航空航天大学校级规划教材/专著项目的资助，作者对此深表谢意。最后，对文中引用的参考文献的作者和对本书出版做出贡献的同志表示感谢。

舰载机全自动着舰技术对我国国防具有重要意义，随着科研人员的不断努力，该领域将会出现更多创新性理论、方法和技术。本书介绍了目前舰载机全自动着舰控制方面的前沿技术，期望为读者提供面向控制系统设计的技术参考。本书可作为控制科学与工程、航空宇航科学与技术等专业的高年级本科生和研究生的专业课教材，也可供有关科研人员参考。

受限于作者的能力，本书难免有不妥之处，恳请读者批评指正，使之完善提高。

作　者

2023 年 1 月于北京

目　　录

第1章 绪 论

1.1 航空母舰与舰载机

航空母舰是国家军事实力的象征，也是国家意志和利益的体现。美国前总统克林顿曾说过："当'危机'这个词在华盛顿出现的时候，每个人提出的第一个问题总是：离得最近的航母在哪里？"第二次世界大战后，在美国发动和参与的战争中，几乎都有航母战斗群参战或充当主力。在1991年的海湾战争中，美军在波斯湾部署6个航母战斗群，总共搭载近500架作战飞机，在"沙漠风暴"行动中，起降舰载机18 120架次，夺取空中优势并持续进行对地打击。2001年"9·11恐怖袭击事件"后，在美海军对阿富汗塔利班政权发动攻击的5周时间里，航母搭载的舰载机共投下以制导炸弹为主的炸弹350吨。在2003年伊拉克战争中，美英联军仅得到有限的陆地机场和基地，其军事活动更加依赖于航母这种海上活动机场。除作战外，航母在地区战略平衡、危机处理、国际救援等方面也可发挥着重要作用。

航母的作战力量主要依仗于其搭载的舰载机，能够实现舰载机在航母上安全高效地降落是必须突破的关键技术。相比于在陆基机场着陆，舰载机在航母甲板上完成着舰需要面临诸多挑战：① 舰载机从进入下滑道到触舰仅20余秒，需要飞行员、着舰指挥官（Landing Signal Officer，LSO）与控制系统在短时间内密切配合完成安全着舰。② 着舰过程中，航母通常逆风航行以保证甲板风速，受海浪影响，航母将不可避免地存在六自由度运动，影响下滑道稳定。舰载机在着舰过程中需要克服航母运动带来的影响。③ 航母着舰甲板仅长220～270 m，不足陆基跑道的1/10，需要舰载机在有限区域内完成触舰钩索。④ 航母外形对后方风场存在较大影响，使航母后方存在特殊且较强烈的舰艉流，由于舰载机着舰时速度较低，舰艉流将对飞行产生严重干扰。⑤ 舰载机系统复杂，训练及作战过程中可能出现故障或损伤，增加着舰难度。此外，恶劣天气及夜间能见度较差的环境，也给飞行员目视着舰带来极大挑战。上述困难耦合交织，使得舰载机着舰十分困难。据统计，1950—1959年，舰载机每10 000次着舰任务就会发生约35次事故。截至1964年，舰载机日间着舰事故率约0.031%，夜间事故率约为日间的3倍，达到0.1%。据美国2013年的调查报告，美国海军每年为训练6艘航母飞行员着舰就将花费超过10亿美元，且仅计算了飞行小时成本和飞机折旧成本[1]。为提高舰载机着舰品质，降低飞行员负担，美国海军从20世纪50年代起就致力于研发全自动着舰系统（Automatic Carrier Landing System，ACLS），该系统集成了飞行控制、自动油门、惯导、数据链、舰载跟踪与引导等分系统，可实现全天候引导与自动着舰，有效提高航母编队作战能力。

在有关部队和科研人员的不懈努力下，我国航母/舰载机系统完成了一个个零的突破。2012年11月23日，歼-15舰载机在我国首艘航母辽宁舰上完成起降；2018年5月，在完成舰载机首次起降、舰载机连续起降和长期驻舰训练、舰载机实际使用武器训练等一系列复杂艰难任务后，国防部发言人对外宣布，辽宁舰初步具备体系作战能力；2019年12月17日，山东舰交付入列；2022年6月17日，我国完全自主设计的首艘弹射型航母福建舰下水命名，海军航母建设实现了从无到有、从改装到国产的发展跨越。尽管如此，为提高我国海军全天候作战能力，提升作战效能，仍需发展全自动着舰系统。本书针对着舰过程中舰载机跟踪移动航母的双动控制问题，重点解决快、动、小、扰、错等难点，实现舰载机精准可靠着舰。开展此课题的深入研究对我国航母/舰载机事业的发展具有重要意义。

1.2 舰载机着舰系统及关键技术

1.2.1 舰载机着舰系统发展现状

美国海军于1948年提出自动着舰的要求以提升恶劣条件下舰载机的操纵品质，并且于1951年开始研制全自动着舰系统。美国贝尔公司研发了第一代全自动着舰原型机 XN－3，于1954年在纽约尼加拉瓜瀑布机场完成陆基全自动演示验证飞行，并于1957年在“安提坦”号航母上完成第一次海基全自动着舰演示验证飞行。1962年，第一套生产型的 AN/SPN－10 系统研发成功，并于之后在航母及岸基基地安装使用。然而，AN/SPN－10系统可靠性较低，导致其实用性不佳，平均无故障时间仅为11小时[2-3]。

1966年，贝尔公司与美国海军签订合同，使用固态电子技术和数字电路技术将 AN/SPN－10系统改进为 AN/SPN－42系统。该系统在 Ka 波段圆锥扫描雷达上增加雷达增强器，提高了雨天环境下的跟踪效果，同时在软件方面增加了操纵杆输入优化，并改善了自动油门的性能特性。AN/SPN－42系统在1970—1982年间接受了4 000余次飞行测试，测试结果表明，该系统可以实现舰载机在飞行员不干预情况下的全自动着舰[2-3]。

随着计算机技术、导航技术和雷达技术的发展，20世纪80年代美国开始研发新一代 AN/SPN－46全自动着舰系统，即精确进场与着舰系统(Precision Approach and Landing System, PALS)。该系统使用单脉冲跟踪雷达替代了先前系统中的圆锥扫描雷达，具有更高的扫描精度和跟踪能力，且可在4 n mile着舰区域内，同时引导两架飞机完成着舰。该系统于1984年完成陆基测试，于1985年安装在“肯尼迪”号航母上，并与 F－14 舰载机进行了两年的测试。1987年，该系统完成作战评估，美国海军称其可实现从10 n mile外捕获舰载机到触舰的全流程全自动操作。目前美国海军航母大多数都安装了 AN/SPN－46 系统。

AN/SPN－46系统完善后，美国在20世纪末又开始研发支持多兵种的“联合精密进场与着降系统”(Joint Precision Approach and Landing System, JPALS)。JPALS 基于差分全球卫星定位系统(Global Position System, GPS)，研制目标为替换现有美国海军、陆军、空军及海军陆战队的固定翼、旋翼机与无人机的进近引导系统，同时具备与民航系统交互操作的能力。

海基 JPALS 由舰载系统和机载系统两部分组成。舰载系统称为基准站，为机载系统提供舰艇的位置、速度、姿态、姿态变化、差分修正数据等信息；机载系统一方面由 GPS 解算出自身精确的位置等信息，另一方面通过数据链通信设备接收舰载系统发送的下滑轨迹等信息，之后进行综合处理，获得高精度的差分定位结果以及机舰相对下滑轨迹等信息，并将数据提供给飞控计算机完成自动着舰引导控制。JPALS 的岸基飞行测试最初于2000年完成，而最初的海试于2001年在美海军“罗斯福”号航母上由 F/A－18 舰载机完成。试验结果表明，JPALS 的精度已经达到着舰要求的1 m以内。2005—2006年，JPALS 开始替换现有的以雷达为核心的 AN/SPN－46 型进场着舰系统。

除以上全自动着舰系统外，近几年美军还开发了基于直接升力控制的联合打击战斗机(Joint Strike Fighter, JSF)着舰控制系统、魔毯系统(Maritime Augmented Guidance with Integrated Controls for Carrier Approach and Recovery Precision Enabling Technologies, MAGIC CARPET)[1]及飞机终端进近遥控系统(Aircraft Terminal Approach Remote Inceptor, ATARI)[4]，用于提升人工着舰的控制精度与控制能力。

直接升力控制指通过飞机升力的改变直接控制航迹。美国海军在1965年基于F-8C“十字军战士”舰载机进行了直接升力控制的验证，并在后续装备的F-14“雄猫”与S-3“北欧海盗”舰载机上均集成了直接升力控制通道。在F-14和S-3舰载机30多年的部署与使用中，直接升力控制显示了其在着舰过程中的巨大优势。但这种优势是以增加飞行员操纵负担为代价的：在常规操纵杆与油门杆基础上，增加了单独控制直接升力的拇指轮；驾驶杆、油门、拇指轮间的操作相互耦合。JSF项目团队为X-35C提出了综合直接升力控制理念，将飞行员操作等级提升。由飞控计算机接收飞行员输入的指令，自动计算作为直接升力控制舵面的后缘襟翼偏转角度，以及升降舵偏转角度。此外，由自动油门辅助飞行员完成速度控制。2014年11月，JSF项目的F-35C在“尼米兹”号航母的试验表明，与常规人工着舰纵向标准差39.3 ft (1 ft=0.304 8 m)相比，F-35C着舰纵向标准差减小至19.1 ft。

“魔毯”系统借鉴了X-35C的综合直接升力控制理念，用于改进现有F/A-18舰载机。2014年1月，美国海军航空系统司令部(Naval Air System Command, NAVAIR)的F/A-18E/F项目办公室与波音公司签订合同，正式开展“魔毯”项目研发，并完成了综合直接升力控制、航迹速率控制、航迹增量控制、改进型抬头显示符号等关键技术的研究。F/A-18E/F舰载机的直接升力操纵面为开缝后缘襟翼及同步偏转副翼，相较F-35C的平板襟翼气动效率更高，因此在2015年4月20—23日于“布什”号航母上进行的首次海基试验表明，航迹增量控制模态下着舰纵向标准差进一步达到18.2 ft，散布误差相较常规人工着舰降低了50%；由于飞行员纵向操纵负担降低，在未改变侧向控制逻辑的情况下，着舰侧向标准差也由3.6 ft降低至2.2 ft。2016年6月23—30日，由VX-23中队在“华盛顿”号航母上进行的598次着舰测试中，只发生了1次脱钩情况[5]。

此外，为实现飞行员受伤情况下舰载机/无人机高可靠着舰，美国于近期开发了ATARI系统，以直接升力控制方法设计内环控制器，由舰载端着舰指挥官通过机舰通信设备，遥控舰载机降落，其系统架构如图1.1所示。2018年3月，该系统在美军“林肯”号航母上使用F/A-18E战斗机进行测试，并完成40次高海况下成功着舰[4]。

除美军外，法国海军自第二次世界大战前即开始建造使用搭载固定翼飞机的航母，并发展出独具特色的基于光电的辅助着舰系统。1988年，法国电气·信号公司研发出“甲板进场与着舰激光系统”(简称“达拉斯”系统)样机，在“福煦”号航母上安装并进行初步海试。“达拉斯”系统主要由甲板上面设备和甲板下面设备两部分组成。甲板上面设备主要有：装在稳定转塔上的激光跟踪器、红外摄像机和电视摄像机(即光电指向器)，装在飞机起落架上的激光反射器，光学着舰系统和2个着舰信号官工作台。甲板上面设备由第一和第二LSO操纵。甲板下面设备有：处理机、伺服控制装置和综合图像发生器，由1人操作。其中，激光跟踪器的作用是确保对飞机进行测距和跟踪，飞机起落架上的激光反射器起配合作用，用以增加激光束的传输功率。电视摄像机和红外摄像机用来昼夜搜索、监视飞机。当与跟踪器连用时，可进行应急跟踪。在应急方式中，操作手可代替损坏的传感器去完成要求的功能。

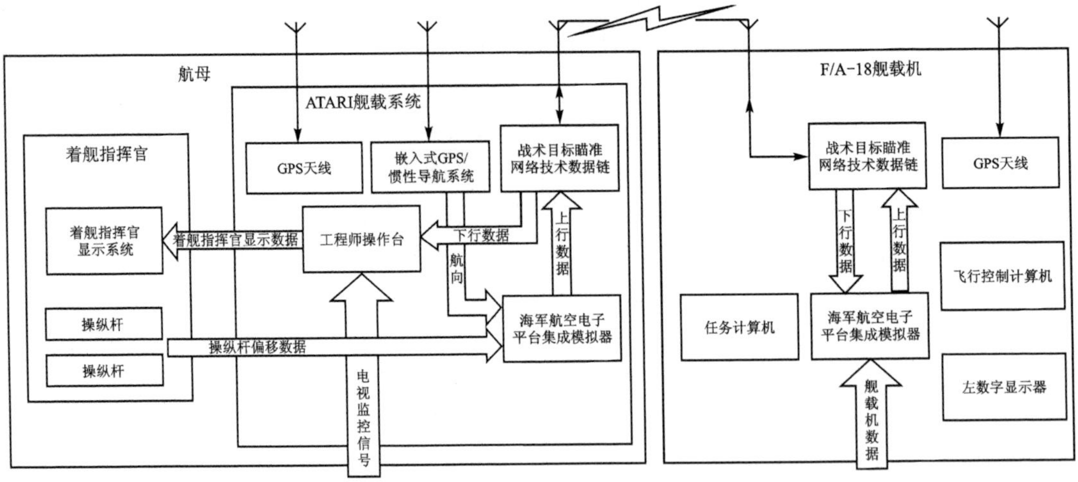

图 1.1 ATARI 系统架构

“达拉斯”系统数据处理功能通过通信设备，接收飞机的有关数据，经处理后为飞行员提供进场、着舰必需的数据。系统接受着舰飞机姿态和方向、飞行路线等参数，向飞行员提供飞机的位置和抵达着舰点时的预计态势、理想的下滑轨道、飞机相对于进场轴线的瞬时位置和趋向、飞机进场速度、飞机相对于飞行甲板的高度、航母甲板运动量、飞机与预定降落点之间的距离等。

1.2.2 舰载机引导技术

1. 传统着舰引导技术

全自动着舰引导律生成内环控制器所需的引导指令。在传统全自动着舰系统如 AN/SPN－42 系统及 AN/SPN－46 系统中，引导计算程序装载于舰载计算机，在工作时接收机舰相对位置参数计算引导指令，并由数据链发送至舰载机。纵向引导算法经历了由俯仰角控制架构到垂直速率控制架构的发展，两者本质均为 PID 控制器，但具有不同输入参数及输出指令。20 世纪 60 年代装备的 F－4、A－6 舰载机采用俯仰角作为引导指令，将期望俯仰角输入至自动驾驶仪。但在实际使用过程中发现，俯仰角引导体制可快速响应姿态变化，但受舰艉流扰动后误差较大，可造成 6 ft 高度误差及 125 ft 纵向误差。为此，20 世纪 70 年代美国开发了基于垂直速率指令的引导律，即 H－dot 引导律。H－dot 引导律与俯仰角引导律相比，由控制飞机姿态角改为直接控制飞机航迹角，对航迹跟踪效果更佳，且具有更强的抗风场扰动能力。1978 年 F－4J 舰载机在“独立”号航母的全部 43 次飞行试验中，H－dot 方法均引导舰载机降落在甲板预定区域，并实现了相较俯仰角引导体制更小的跟踪误差，展现了卓越的潜质[6]。20 世纪 80 年代，H－dot 引导律正式应用于 F/A－18 系列舰载机[7]。

在横侧向，由于舰载机着舰时动压低，迎角大，方向舵在偏航方向舵效不明显，因此主要采用滚转角指令体制，通过向自动驾驶仪发送期望滚转角纠正侧向航迹。横侧向引导控制器多为 PIDDD 结构。

2. 路径跟踪技术

无人系统自主控制技术包括姿态控制(attitude control)、轨迹跟踪(trajectory tracking)和路径跟踪(path following)等,它们是当前控制技术研究的热点和难点。姿态控制属于内环控制,其控制无人系统的姿态角跟踪外环引导律生成的期望姿态值。轨迹跟踪是在时间域内对问题求解,其控制无人系统跟踪以时间为参考的期望轨迹或虚拟运动体。路径跟踪对于期望位置无时间跟踪要求,其控制无人系统以设定的速度跟踪某期望路径。因路径跟踪去除了时间性要求,只关注系统参考点与期望路径之间的误差,故更符合实际应用,这使得路径跟踪越来越受到关注和青睐。葡萄牙波尔图大学的 Aguiar 等通过研究一般欠驱动系统的轨迹跟踪和路径跟踪问题,指出轨迹跟踪可以重新参数化为路径跟踪,进而统一为路径跟踪控制设计问题。最常用且直观的路径跟踪引导算法为视线(Line of Sight, LOS)算法。该算法通过设计前向距离线段,与无人系统距期望路径的距离线段构成直角三角形的两条直角边。在所组成的直角三角形中,斜边即为无人系统期望航向。该方法将路径跟踪问题分解为对速度的控制问题及对航向的控制问题,物理意义简洁明确,相比于轨迹控制器更易应用于无人系统中。由于无人机、无人船等运动平台在执行任务过程中会受风场、洋流等外界因素干扰,引起航线波动,因此常规 LOS 算法无法保证风扰情况下的收敛性。为了消除未知定常流的影响,研究人员发展了 ILOS(Integral Line of Sight)算法,能够消除跟踪直线参考路径的横向误差的稳态值。

诺斯罗普公司研究人员首次提出矢量场(Vector Field, VF)引导律,并应用到小型无人机控制器设计中。相比 LOS 引导律,矢量场引导律采用地速、相对大地坐标系的航迹角替换了空速及偏航角,从原理上消除了风场的影响。在飞行试验中,采用矢量场引导律的无人机跟踪直线误差小于一个机翼翼展;跟踪方向变化航线误差小于三个机翼翼展。挪威科技大学的 Caharija 等对 ILOS 及 VF 方法进行了对比分析,证明 VF 方法在扰动环境中具有更小的跟踪误差。针对传统矢量场直线跟踪与圆形航线跟踪设计,为将矢量场引导律扩展至任意曲线,国防科技大学的赵述龙等利用输入到状态稳定(Input - to - State Stability, ISS)方法重新设计了引导律,并通过半物理仿真及试飞试验验证。为解决内环建模不准确的问题,德国宇航中心的 Fari 等将自适应技术应用至矢量场引导律。梯度向量场(Gradient Gector Field, GVF)是传统矢量法的一种扩展形式,即从几何学角度设计期望流场。美国俄亥俄大学的 Wilhelm 等通过改进 GVF 引导律,实现了无人机以最小偏移量避障。针对传统矢量场引导律仅适用于平面跟踪的问题,巴西米纳斯联邦大学的 Goncalves 等通过空间中两个平面相交,构造了三维期望矢量,并进一步将矢量场引导律扩展到 n 维空间。

除了上述引导算法外,麻省理工大学的 Park 等提出的 L1 引导律在 Ardupilot、PX4 等开源飞控中得到广泛应用。该算法在跟踪直线航线时与传统 PD 控制器相同,在跟踪曲线航线时引入了预测控制分量。此外,该算法简单且易于使用,并对外界风场扰动所引起的速度变化具有一定的自适应能力。在使用两架小型无人机进行的测试中,每架飞机跟踪圆周路径的均方根误差都控制在 1.6 m 以内。此外,基于 Serret - Frenet 坐标系的引导方法在航空航天领域及无人系统制导领域也很常见。该方法最早应用于机器人路径跟踪,以参考路径上距被控对象最近的点为原点,以参考路径的切向和法向为坐标轴方向定义 Serret - Frenet 坐标系,并将被控对象在 Serret - Frenet 坐标系中的坐标定义为跟踪误差,进而设计能够使误差收敛的控制律。美国华盛顿大学的 Rysdyk 等基于 Serret - Frenet 坐标系设计了可抑制外界风场扰动的无人机观测地面目标引导律。英国拉夫堡大学的 Yang 等通过对无人机运动学模型进行变换,将路径跟踪问题转化为二阶系统控制问题,极大地化简了基于 Serret - Frenet 坐标系方法中复杂的坐标变换,并通过小型固定翼无人机进行了试飞验证。

3. 移动路径跟踪技术

需要注意的是,在上述传统路径跟踪研究中,期望轨迹并不随时间变化。但在无人系统的实际使用中,存在诸多需要对时变路径进行跟踪的应用场合。舰载机全自动着舰即为典型的移动路径跟踪任务。由于航母运动,理想下滑道将跟随航母位置发生变化,且受到航母甲板面积有限等因素影响,舰载机在着舰过程中需对理想下滑道进行精确追踪。此时,传统路径跟踪方法无法对移动路径的时变特性进行有效处理,采用传统控制方法将降低闭环系统的控制性能,甚至导致系统不稳定与任务失败。

葡萄牙学者 Oliveira 在参考文献[8-11]所列著作中首次系统阐述了移动路径跟踪(Moving Path Following, MPF)问题,并基于 Serret - Frenet 坐标系推导了固定翼飞机的移动路径跟踪误差空间。在所推导的误差空间基础上,设计了无人机平面移动路径跟踪引导律,并通过 ANTEX - X02 无人机进行了多次移动路径跟踪试验,实现了对单个及多个移动目标的跟踪。在上述文献中,飞机对移动期望路径的跟踪误差被定义为飞机与期望路径相距最近点的距离。采用此种误差定义方式具有几何意义简洁明了的优势,但引入了奇异性问题,即无人机对期望路径跟踪误差为期望路径曲率的倒数(如飞机位于圆形航线的圆心)时,引导算法将由于奇异性失效。为解决上述算法的奇异性问题,Oliveira 等采用四元数描述固定翼飞机移动路径跟踪误差模型;新加坡南阳理工大学的 Wang 等引入虚拟目标点(Virtual Target Point, VTP)的概念,由专用控制律更新 VTP 坐标,并将飞机相对期望路径误差变为飞机与 VTP 的相对距离。在所提出的非奇异移动路径跟踪算法基础上,Wang 等进一步开发了无人机协同移动路径跟踪控制算法。对于水面无人船等对前进速度无严格约束要求的无人系统,葡萄牙研究团队设计了通过调节前进速度及旋转角速度消除移动路径跟踪误差的引导架构,并结合模型预测控制、滑模控制、干扰观测器控制等方法设计了控制器,通过无人船试验验证了后两种方案在含扰动环境中的有效性。但总体而言,相较传统移动路径跟踪方法,目前针对移动路径跟踪的研究方案与成果还较少,且目前移动路径跟踪算法多集中于无人系统对平面移动目标的盘旋监视,亟待开发与舰载机全自动着舰控制需求相结合的算法。

4. 输出受限控制技术

输出受限控制,是近年来控制领域的热点问题之一。输出受限是指通过一定控制方法,使得被控系统输出始终不超出某些预先设定的边界。基于传统 Lyapunov 稳定性理论设计的控制器,由于缺乏有效的理论支撑,往往只能满足系统稳定性要求而无法保证系统输出受限的性质,因此无法直接用于具有输出受限要求的非线性系统。近年来涌现出一批输出受限控制方法,可以从一定程度上满足系统约束需求。典型方法包括障碍 Lyapunov 函数(Barrier Lyapunov Function, BLF)、预设性能控制(Prescribed Performance, PPC)和控制障碍函数(Control Barrier Function, CBF)方法等。

障碍 Lyapunov 函数方法构造了一类特殊的 Lyapunov 函数,其以被约束量为变量,以约束范围为定义域。当被约束变量接近约束边界时，所构造的 Lyapunov 函数将趋于无穷，从而保证被约束量受限于约束范围。新加坡国立大学的 Tee 等提出了一种 log 型 BLF，可以解决非线性系统时变输出受限问题。但当受限边界趋于无穷时，log 型 BLF 趋于 0 而非期望的二次型形式，因此 log 型 BLF 不适用于无输出约束的情形。之后，新加坡国立大学的 Jin 等提出了一种 tan 型 BLF，可同时适用于存在受限要求与不存在受限要求的系统，扩展了障碍 Lyapunov 函数方法的应用范围。为进一步提升控制性能，Jin 等提出了一种通用 BLF，可处理不对称约束需求，并可通过设计自适应项补偿系统中不确定性与外界扰动。但障碍 Lyapunov 函数方法要求系统初始误差小于预设边界，限制了其在舰载机着舰等实际工程中的应用。

2008 年，希腊学者 Bechlioulis 等提出预设性能控制方法，通过对跟踪误差进行变换，并设计相应控制律确保变换后误差有界，来满足系统输出约束要求。该方法可通过设计指数收敛的预设性能函数约束系统误差范围，并可调节超调量、收敛速度及稳态误差等性能指标，提升系统动态与稳态特性。由于预设性能控制方法的物理意义明确且具有较好的控制效果，因此广泛应用于高超声速飞行器、航天器、无人机等系统的控制器设计中。

障碍 Lyapunov 函数方法及预设性能控制方法均要求系统初始误差在预设边界之内，该假设较强，往往难以满足，从而限制了这些方法在实际工程中的进一步应用。为满足系统初始误差在约束外时仍可执行输出受限控制算法，研究人员提出了控制障碍函数方法。该方法最初应用于自动驾驶中，用于约束无人驾驶汽车不超出车道线边界。瑞典皇家工学院的 Cortez 等基于控制障碍函数方法设计了位置受约束的机械臂抓取控制方法。此外，可通过二次规划（Quadratic Programming，QP）将控制障碍函数与控制 Lyapunov 函数（Control Lyapunov Function，CLF）结合，通过 CLF 满足系统稳定性要求，通过 CBF 满足系统输出约束要求。针对高阶系统输出受限控制需求，卡内基梅隆大学的 Nguyen 等设计了指数控制障碍函数（Exponential Control Barrier Function，ECBF）。美国密歇根大学的 Xu 提出了另一种高阶系统输出受限控制方法，并给出了 QP 算法成立的充分必要条件。

控制障碍函数是一种具有前景的控制方案，对提高舰载机着舰精度具有重要意义。但目前抗外界干扰的控制障碍函数输出受限控制研究较少，需要结合全自动着舰需求开发相应算法。

1.2.3 舰载机姿态控制技术

1. 线性姿态控制技术

美军目前装备使用的 AN/SPN－46 全自动着舰系统中，F/A－18 舰载机控制律采用基于 PID 的线性控制方法设计。在 F/A－18 舰载机的研制过程中，曾出现多起因“落叶飘”失速导致的坠机事故。为此，美国明尼苏达大学对 F/A－18 舰载机控制系统在大迎角失速状态下的鲁棒性进行了分析，为控制律的优化提供了理论支撑[12]。波音公司与美国海军航空系统司令部通过改进飞行控制算法与软件，抑制了“落叶飘”问题。为提高着舰控制系统效能，在执行器动力学约束等条件下实现舰载机纠偏控制时间最优，美国海军航空研究中心（Naval Air Development Center）研究了最优控制在舰载机全自动着舰中的应用。

鲁棒控制方法可在被控对象模型不确定、受外界扰动等情况下保持一定控制性能。美国海军研究生院、NASA 兰利研究中心、麻省理工大学等机构的研究表明，H_2、H_∞、μ 分析等鲁棒控制方法在解决舰载机全自动着舰控制问题方面具有独特优势。LPV 控制将非线性系统近似为线性时变系统,通过设计增益调度方法实现不同条件下的最优控制效果。美国明尼苏达大学与 NASA 合作,基于 LPV 方法设计了增益调度多变量控制器,并在高逼真飞行仿真模拟器上验证了该控制方案在 F/A－18 舰载机的应用效果。

预见控制利用未来一段时间内可预测的期望轨迹与扰动,设计前馈补偿以提高控制效能。南京航空航天大学的甄子洋等通过设计航母甲板运动预报算法,将预报信息融入基于预见控制的制导控制一体化控制器中,加快了响应速度,实现了更快速的甲板运动补偿。

2. 非线性姿态控制技术

(1) 非线性动态逆控制技术

固定翼舰载机本质上是一个非线性系统,若采用线性控制方案,则为覆盖舰载机整个飞行包线,需设计一系列线性控制器。近年来提出的一些非线性控制方法,可以在飞机非线性动力学模型已知的情况下,通过一套控制器覆盖大部分工作范围,同时可改善控制品质,提高控制精度。非线性动态逆(Nonlinear Dynamic Inversion,NDI)是非线性控制方法中的典型代表,在飞行控制系统设计中得到广泛应用。

在飞行试验与型号应用方面,NASA 德莱顿飞行研究中心(现更名为阿姆斯特朗飞行研究中心)开发了非线性动态逆控制器,在 F－15 飞行模拟器上进行了数字仿真,并在 NF－15B 三翼面验证机(见图 1.2)上进行了大量飞行试验[13-14],验证了非线性动态逆在高性能战斗机上应用的可行性。

图 1.2 NASA NF－15B 验证机

此外,NASA 德莱顿飞行研究中心还开发了基于 F/A－18 舰载机的全尺寸先进系统测试平台(Full－scaled Advanced Systems Testbed,FAST),用于先进飞行控制算法的快速开发验证,如图 1.3 所示。NASA 基于该测试平台开发了非线性动态逆控制器[15],其俯仰、滚转及偏航轴动态逆控制器架构如图 1.4～图 1.6 所示。

在充分进行了硬件在环半物理仿真测试后,NASA 组织 3 位资深试飞员利用 F/A－18 飞机进行了非线性动态逆控制律的基础机动、双机编队、2g 跟踪飞行等测试[16]。硬件在环仿真和试飞试验验证了非线性动态逆控制在舰载战斗机上应用的可行性,且飞行品质可达到

1 级。

经过长期探索测试后，美国在最新型 F-35 战斗机上采用了非线性动态逆技术设计控制律[17]。

图 1.3　F/A-18 全尺寸先进系统测试平台

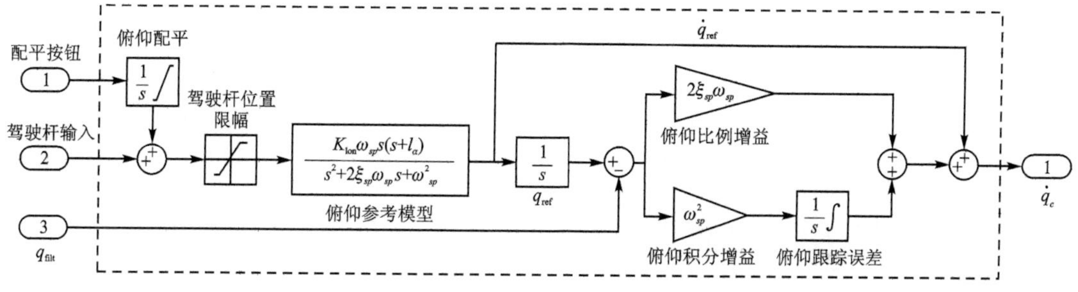

图 1.4　F/A-18 验证机俯仰轴动态逆控制器结构[15]

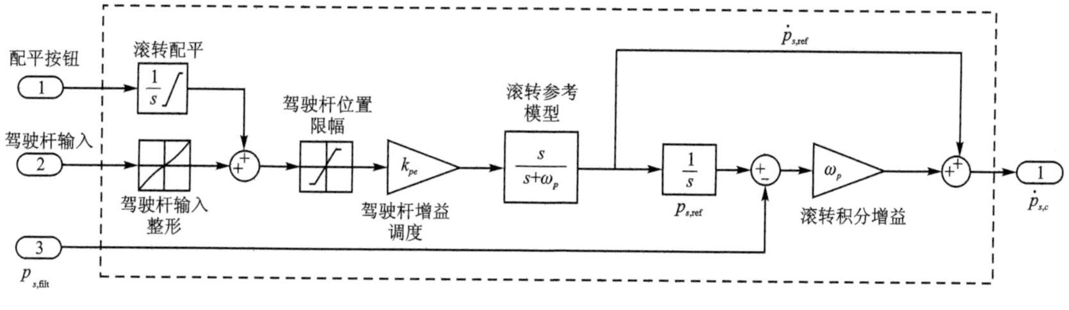

图 1.5　F/A-18 验证机滚转轴动态逆控制器结构[15]

（2）自适应姿态控制技术

在飞机建模不准确、受外界扰动等情况下，传统动态逆方法由于设计模型与实际模型不匹配易出现性能下降。自适应控制基于系统测量状态量在线调整控制器设计参数，从而适应系统动力学发生的不可预见变化及外界扰动等因素产生的干扰，实现控制性能的改善，是十分具有前景的控制技术。

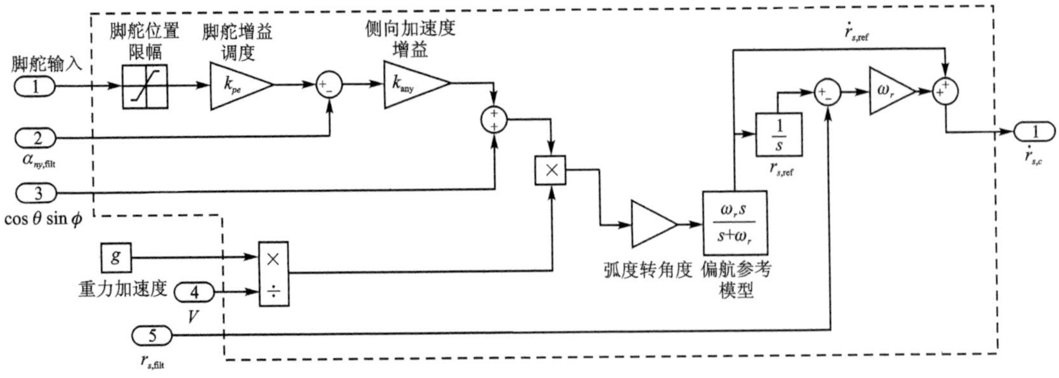

图 1.6 F/A-18 验证机偏航轴动态逆控制器结构[15]

图 1.7 总结了近 70 年来自适应控制理论的发展及重要试飞试验。自适应控制技术的起源可追溯至 20 世纪 50 年代对大飞行包线高性能飞机飞控的研发工作。初期研究人员通过对经典控制律增益调度的方法进行控制设计。1967 年，Honeywell 公司 MH-96 自适应飞控应用至 NASA X-15 高超声速验证机的 3 号机，并进行试飞试验，使 X-15-3 验证机成为首批采用自适应控制律的飞机。然而，由于早期研究缺乏对自适应方法的理解，在几次成功试飞后，X-15-3 验证机不幸坠毁，研究人员通过数值仿真方式对事故进行复现，推测事故原因为右侧升降副翼效率下降 80%，导致控制算法发散。基于 X-15-3 飞行事故的教训，NASA 提出了改进的 GMS-LS 自适应控制器。相比 MH-96 自适应控制器的 3 个可变增益，GMS-LS 自适应器具有 21 个自适应参数，在操纵舵面部分故障的情况下仍能保证安全飞行，且具有更强的稳定性和鲁棒性。

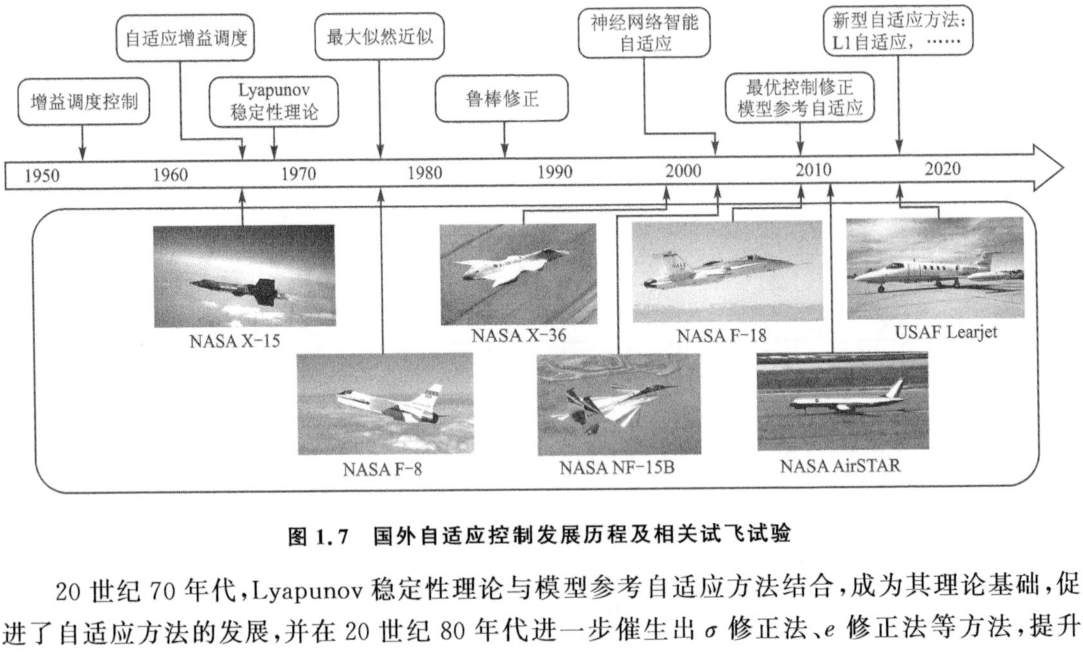

图 1.7 国外自适应控制发展历程及相关试飞试验

20 世纪 70 年代，Lyapunov 稳定性理论与模型参考自适应方法结合，成为其理论基础，促进了自适应方法的发展，并在 20 世纪 80 年代进一步催生出 σ 修正法、e 修正法等方法，提升自适应控制的鲁棒性。20世纪90年代以来,提升飞控系统性能的需求使自适应控制相关研究愈发活跃。2000年前后X-36验证机通过试飞验证了基于多层神经网络直接自适应方法的可重构控制器,显示了其相较基准控制器更优良的性能。在2002年开始的智能飞行控制系统(Intelligent Flight Control System,IFCS)项目中,NASA在NF-15B飞机上进行了基于Sigma-Pi型神经网络直接自适应控制方法的主动容错试飞试验[13]。该方法控制架构与模型参考自适应方法基本相同。早期版本的神经网络自适应控制器总体来说提高了故障后控制效果,但在某些情况下反而会增大期望指令跟踪误差并降低操纵品质。NASA研究人员通过修改神经网络输入参数及更新律,提出改进版本的控制算法。试验结果表明,改进型神经网络自适应控制器可以消除故障影响,获得更好的指令跟踪效果与操纵品质[14]。2010—2011年,NASA在集成弹性飞机控制(Integrated Resilient Aircraft Control,IRAC)项目中基于F/A-18飞机进行了三种模型参考自适应方法的试飞试验,每种控制方法都通过一系列模拟故障进行评估,包括飞机舵面卡死、引入各轴向间显著耦合等。与非线性动态逆基准控制器相比,所有三种模式在跟踪误差方面都有所改进,且总体来看,随着自适应算法复杂性的提高,控制性能也有所提升[18-19]。

在对自适应控制进行长期大量研究的基础上,美国在联合直接攻击弹药(Joint Direct Attack Munition,JDMA)上采用自适应控制方法,替代了先前采用的鲁棒伺服控制算法,并已装备部队。

此外,近年来还涌现出L1自适应、最小二乘自适应、多变量模型参考自适应、Q修正等一系列新型自适应方法[20]。在近年来提出的新型自适应控制方法中,L1自适应方法具有优良性能和较高的可行性。L1自适应方法为模型参考自适应方法的一种,通过快速自适应技术提高瞬态性能,并通过低通滤波器抑制系统高频信号,提高鲁棒性[21]。这种方法自提出以来,已在NASA空中缩比运输机研究系统(Airborne Subscale Transport Aircraft Research, AirSTAR)、美国空军Learjet飞机上进行了试飞,并针对X-29、X-48B飞机动力学模型进行了高精度仿真。研究结果表明,L1自适应控制方法能够在操纵舵面故障和变化的大气条件下实现对期望指令的跟踪,同时保证系统稳定性和鲁棒性。

(3) 反步法姿态控制技术

针对高阶非线性系统的控制问题,美国控制学教授Kokotouic和Kanellakopoulos等于1991年提出反步法(backstepping)。反步法基于级联控制与递归设计思想,将难以直接设计控制律的高阶非线性系统分解为多个低阶子系统,之后针对低阶子系统设计构造Lyapunov函数,并逐步设计和构造中间虚拟控制量,保证低阶子系统镇定,最终使得系统误差收敛,达到渐近稳定。在应对非线性复杂系统时,该方法具备改善过渡品质的优势。罗马尼亚克拉约瓦大学的Lungu等基于反步法和动态逆设计了多种无人机全自动着陆控制律,通过设计参考模型减小导数计算量,并通过自适应、神经网络、干扰观测器方式等补偿外界扰动。此外,反步法被广泛应用于高超声速飞行器、无人船、无人飞艇的控制器设计中。

(4) 基于干扰观测器的非线性控制

在舰载机全自动着舰过程中控制性能不可避免地受到各种干扰和不确定性的影响,如舰载机建模误差引起的模型不确定、以舰艉流为代表的外界扰动、传感器噪声等。为消除干扰对系统稳定性与控制精度带来的不良影响,研究人员提出了基于干扰观测器控制(Disturbance Observer Based Control,DOBC)的方法。英国格拉斯哥大学的Chen等于2000年首次提出了非线性干扰观测器，并将其应用在机械臂控制中，用于观测及抵消摩擦力等外界扰动产生的干扰。之后 Chen 等将非线性干扰观测器应用于采用非线性动态逆的导弹控制器中，并且进一步给出了非线性干扰观测器的数学分析，证明该观测器可观测一阶导数有界的时变扰动。在此基础上，研究人员提出了高阶干扰观测器设计方法，可估计外界干扰本身及其高阶导数。干扰观测器技术被广泛应用于航空航天及其他工业系统控制中，如无人机自动着船、无人船路径跟踪等。DOBC 方法为将模型不确定性、外界扰动等影响因素统一视为集总干扰，观测集总干扰大小，并在控制器中进行补偿。受此方法启发，研究人员设计了智能算法，优势在于不依赖被控对象的精确数学模型，通过神经网络的逼近性能实现对未知集总干扰的观测及补偿，实现了对无人船、无人飞艇路径跟踪以及无人机自动着陆的控制。

(5) 自抗扰姿态控制

我国韩京清研究员提出的自抗扰控制方法也可实现较好的抗干扰性能。该方法通过跟踪微分器从存在随机噪声的离散信号中，提取连续信号及去除噪声的微分信号；通过扩张状态观测器将影响被控对象输出的扰动作用扩张成新的状态变量，予以观测；根据跟踪微分器得出的指令信号、指令信号导数与扩张状态观测器估计的系统输出，计算误差项，并进行控制和扰动补偿。自抗扰控制参数调整远比常规 PID 调节器参数调整容易，显示出强大的实用前景。北京航空航天大学的王宏伦等设计了基于自抗扰理论的舰载机纵向着舰控制器，通过设计跟踪微分器对甲板运动进行预报，并提出了控制参数自动优化方案。

(6) 有限时间及固定时间姿态控制

舰载机着舰过程中下滑及对中时间短，要求控制器收敛速度快。传统的基于 Lyapunov 稳定性设计的控制器可实现渐近镇定，但无法得出准确的收敛时间。有限时间控制方法可根据系统初始状态计算出系统收敛时间，并保证系统在该时间内镇定，但收敛时间与系统初始相关，随初始误差增大而变长。在此基础上，Polyakov 首次提出了判定非线性系统固定时间稳定的 Lyapunov 方法，形成了固定时间控制理论。固定时间控制方法保证了系统镇定对应的收敛时间可依据系统参数进行估计，即镇定参数不依赖系统初值。由于固定时间控制收敛速度快，鲁棒性强，因此越来越受学者们的关注。Basin 首次将固定时间控制扩展至多变量系统，并分别基于有限时间及固定时间方法设计了控制器、微分器，通过对比分析，证明了固定时间方法在收敛速度上的优势。

此外，可解决匹配不确定性问题的滑模控制方法，可滚动优化性能指标的预测控制方法，也在全自动着舰及航空航天其他领域得到应用与验证。

1.2.4 进场功率补偿技术

舰载机进场动力补偿系统（Approach Power Compensator System，APCS）是为解决舰载机在低速进场时的“速度不稳”问题而提出来的。在舰载机进场着舰过程中，利用 APCS 对发动机的推力进行控制，以补偿单独操纵飞机舵面进行飞行控制的不足，解决飞机在低速时的“速度不稳”问题。在 APCS 出现之前，对发动机的操纵只能靠飞行员通过手动进行，飞行员必须手脚并用，同时控制升降舵和油门，才能操纵飞机按预定下滑线着舰，这使飞行员在进场着舰时的操作负荷很大，而且对飞行员的要求也很高。早期的 APCS 主要是在舰载机进场着舰过程中，实现对发动机油门的自动控制，以减轻飞行员的工作负担，使飞行员能够专注于控制飞行姿态和航迹。而 APCS 则更多地用于实现动态和精确的进场动力补偿，以控制飞机的速度,保证飞机长周期运动的稳定性,提高舰载机进场航迹的动态响应速度和控制精度,保持飞机的迎角和下滑轨迹不变,提高舰载机进场着舰的准确性和安全性。

在舰载机的进场功率补偿系统发展进程中,主要有两种补偿方式:保持速度恒定的进场功率补偿和保持迎角恒定的进场功率补偿。在早期飞机上的实际应用中,APCS 以飞机空速反馈为主要控制信息,以保持飞机速度不变为控制目标,来控制发动机推力,进行动力补偿。这样的 APCS 实质上是一个速度稳定系统,称为速度恒定的 APCS。由于缺乏阻尼,这种速度稳定系统会使轨迹响应出现严重超调。当前最常用的 APCS 实际上已改进为控制迎角的迎角稳定系统,其基本反馈是飞机的迎角而不只是空速,并在迎角反馈之外引入法向过载反馈以增加长周期运动阻尼。在舰载机的进场着舰过程中,这种迎角恒定系统能保证航迹角对姿态变化有良好的动态响应。因此,保持迎角恒定是普遍采用的进场动力补偿方式。

1.2.5　舰艉流抑制技术

在航母顶风行驶过程中,海上气流经过舰体在舰艉突然向海面下沉然后再上升,从而形成舰艉流。舰艉流的大小、形态与甲板风的风向和风速、航母的航向和航速、舰船的形状、海面的大气状况、航母甲板的运动以及风浪等因素有关。

当舰载机经过舰艉流影响的区域时,舰艉流会造成舰载机飞行品质的下降,严重时甚至会导致撞舰事故。舰艉流对舰载机最主要的影响是垂直方向气流引起的垂直轨迹偏差,其中影响最大的分量称为雄鸡艉流,其方向与距离舰艉的位置有关,距离舰艉较近时为下沉风,触及海面后会变为上洗风,形状似雄鸡尾。如果仅仅采用姿态稳定而无轨迹控制,单单雄鸡艉流一项就可能造成 3 m 以上的高度轨迹偏差,增大了舰载机的着舰事故风险。因此,必须研究舰艉流特性及其对舰载机着舰的影响激励,有针对性地对其影响进行抑制。

在全自动着舰过程中,为引导指令选取合适的物理量,对于抑制舰艉流扰动具有重要意义。如美军将全自动着舰系统中采用的俯仰角引导指令过渡为 H-dot(垂直速率)引导指令,在俯仰角引导指令控制器与 H-dot 引导指令控制器尽力设计情况下,通过 F-4J 飞机的试飞,表明 H-dot 引导指令相较俯仰角引导指令可以更好地抑制舰艉流扰动,提高触舰精度。此外,可通过前文叙述的直接升力控制技术、具有鲁棒性的姿态控制技术对舰艉流进行主动抑制。

1.2.6　甲板运动补偿技术

1. 纵向甲板运动补偿技术

舰载机在着舰过程中,为保证飞机最终安全降落在航母飞行甲板上,必须在飞机接近着舰时,将甲板运动信息加入纵向自动着舰引导系统 $ACLS_{Long}$ 引导律信息中,使飞机可以跟踪甲板运动。由于纵向自动着舰引导系统在有效频率段内不可避免地存在一定的相位滞后,造成了较大的飞机跟踪误差,因此为了减小跟踪误差,应该研究纵向甲板运动预估与补偿技术,以保证飞机可以在预定理想着舰点位置安全着舰。甲板运动超前网络可以使 $ACLS_{Long}$ 在有效频率段内的相位延迟得到了一定的补偿,提高了飞机对甲板运动的跟踪能力。但受甲板运动补偿网络结构的限制,仅利用甲板运动补偿网络不能使 $ACLS_{Long}$ 的相位滞后得到完全补偿,仍会造成很大的飞机着舰误差,不能达到着舰引导军用规范的要求。在这种情况下,可以通过甲板运动预估技术进一步对 $ACLS_{Long}$ 进行相位超前补偿，以减小飞机的跟踪误差。引入甲板运动预估器与补偿器的纵向自动着舰引导系统结构图如图 1.8 所示。在舰船的甲板运动频率较大的情况下，舰载机对甲板运动的跟踪能力会变差，这时可以考虑加入甲板运动速度信号进行补偿，以提高飞机对甲板运动的跟踪能力。引入甲板运动速度信号进行补偿的纵向自动着舰引导系统 $ACLS_{Long}$ 结构图如图 1.9 所示。

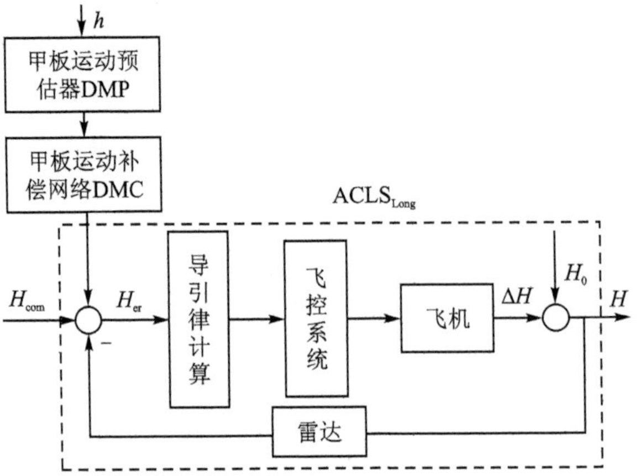

图 1.8　引入甲板运动预估器及补偿器的纵向自动着舰引导系统结构图

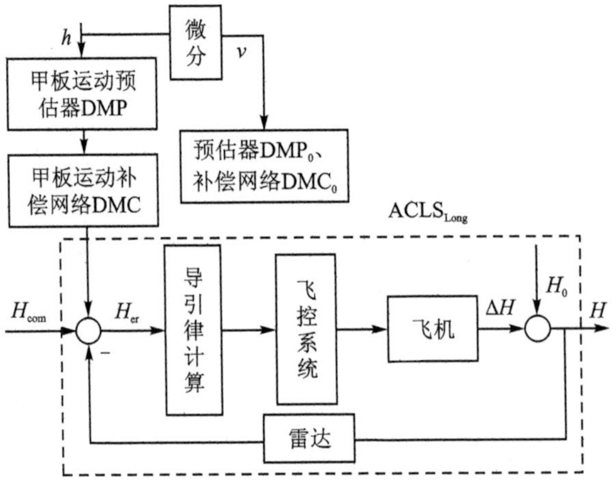

图 1.9　引入甲板运动速度信号进行补偿的纵向自动着舰引导系统结构图

为了避免过早加入甲板运动信息造成飞机不必要的机动飞行，在着舰过程中的大部分时间内舰载机按照不考虑甲板运动的理想轨迹飞行，只是在着舰前 12.5 s 将甲板运动信息加入纵向自动着舰引导系统引导律信息中，使飞机跟踪甲板运动飞行。舰载机着舰过程中纵向自动着舰引导系统的工作时序如图 1.10 所示。

2. 侧向甲板运动补偿技术

侧向自动着舰引导系统的甲板运动补偿主要是消除由偏航运动引起的飞机着舰侧向偏差，即消除甲板中心线对 ACLS 惯性稳定坐标系测量水平轴的偏移误差。舰载机着舰的侧向几何如图 1.11 所示。

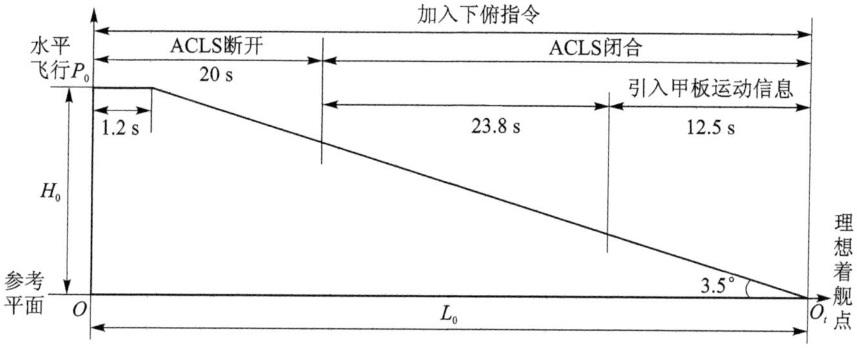

图 1.10　舰载机理想轨迹下滑阶段的工作时序

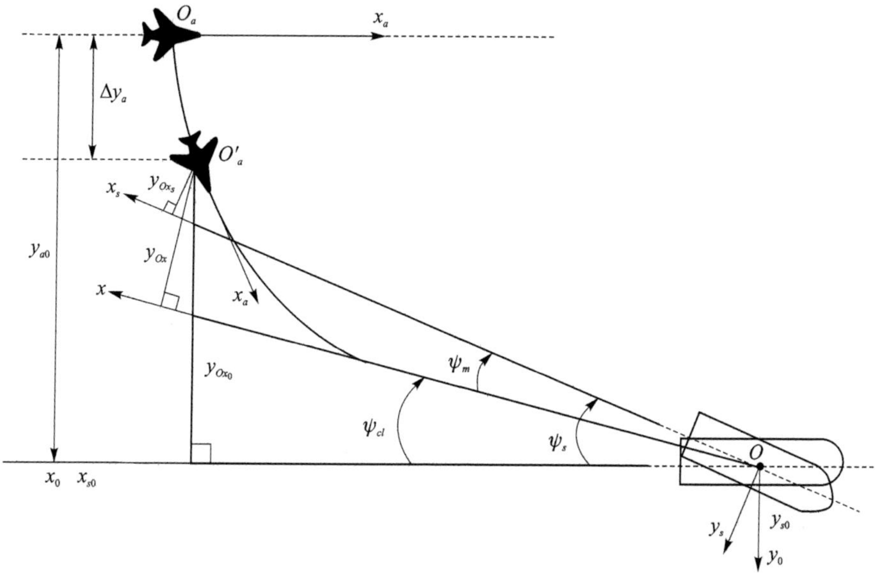

图 1.11　舰载机着舰的侧向几何

图中有关符号定义如下：

$O_ax_ay_az_a$：机体坐标系；

$O_sx_sy_sz_s$：坐标原点为理想着舰点的舰体坐标系，以甲板中心线为水平轴；

$Oxyz$：坐标原点为理想着舰点的自动着舰引导系统 ACLS 惯性稳定坐标系；

ψ_s：舰体坐标系中甲板的偏航角；

ψ_{cl}：ACLS 惯性稳定坐标系的水平轴 Ox 轴跟踪舰体坐标系的水平轴 Ox_s 的偏摆角；

ψ_m：ACLS 惯性稳定坐标系的水平轴 Ox 轴跟踪舰体坐标系的水平轴 Ox_s 的偏差角；

y_{a0}：稳定坐标系中飞机的起始侧向偏差；

Δy_a：由于飞机运动造成的相对侧向偏差。

为避免 ACLS 惯性稳定坐标系测量水平轴 Ox 轴过早地跟踪舰体坐标系水平轴 Ox_s 轴造成飞机不必要的机动飞行，一般是在飞机着舰过程的末端，即在飞机与理想着舰点的水平间距 $x \leqslant 0.5$ n mile(926 m)时，将侧向甲板运动信息加入侧向自动着舰引导系统中，使 Ox 轴开始跟踪 Ox_s 轴，同时加入侧向甲板运动补偿指令，消除飞机着舰的侧向偏差，使飞机沿着正在跟

踪 Ox_s 轴的 Ox 轴着舰。

本章小结

本章论述了发展舰载机全自动着舰系统的意义，分析了全自动着舰控制器的设计难点，概述了近几十年来国外全自动着舰系统的发展历程，总结了舰载机引导、姿态控制、进场功率补偿、舰艉流抑制、甲板运动补偿等关键技术及相关研究成果。

第 2 章　全自动着舰模型及任务分析

舰载机着舰不仅涉及舰载机本体，还涉及航母着舰设施及着舰环境。为设计固定翼舰载机全自动着舰控制系统，首先需建立舰载机着舰模型和着舰流程。本章中以 F/A－18 为被控对象，基于 NASA 试验和试飞中总结的飞机气动和惯性数据，推导建立了舰载机六自由度运动学和动力学模型。由于来自海浪和风场的干扰对着舰落点精度与成败有重要影响，本章分别对航母甲板运动和舰艉流扰动进行了分析建模。为明确全自动着舰控制任务需求和指标，本章进一步建立分析了舰载机全自动着舰流程和航线。依据机舰相对距离，由远及近将着舰分为返航区、进场区、进近区、着舰区四个子区间，设计了需自动控制系统接入闭环的着舰区航线。由着舰甲板几何尺寸，推导出全自动着舰控制系统落点控制精度指标，为后续控制方案设计提供了依据。

2.1　舰载机运动与动力学模型

本章主要针对固定翼舰载机全自动着舰问题进行研究。目前美国海军装备最多的固定翼多用途舰载机——F/A－18 为典型的固定翼舰载机，其总体布置具有代表性，可用来说明舰载机运动及动力学建模。F/A－18 舰载机由麦克唐纳·道格拉斯公司(现被波音公司收购)研制，其性能参数、主要执行器动力学模型及空气动力参数可由公开文献得到[12,22-23]。

以 F/A－18 舰载机为代表的固定翼舰载机主要作动面如图 2.1 所示，包括副翼、全动平尾/升降舵、方向舵、后缘襟翼。根据舵面外沿偏转方向规定舵面偏转正方向如下：

副翼偏转角 δ_a：右副翼上偏，左副翼下偏，产生向右的滚转力矩，飞机向右滚转为正；

图 2.1　F/A－18 舰载机主要作动面

升降舵 δ_e：升降舵后缘上偏，产生负升力，飞机产生抬头力矩，飞机抬头为正；

方向舵 δ_r：方向舵右偏，产生向右的偏航力矩，飞机向右偏航为正；

后缘襟翼 δ_{tef}：后缘襟翼后沿向下偏转，增大机翼弯度，增大升力为正。

2.1.1 基本假设与坐标系定义

为降低问题的复杂度，使研究结果具有一般性和推广性，首先做出如下合理假设：

假设 2.1 忽略飞机机体形变，将飞机视为刚体。

假设 2.2 忽略地球曲率，以及地球公转、自转等运动，将大地坐标系视为惯性平面坐标系。

假设 2.3 忽略飞机中发动机涡轮等旋转部件的影响。

假设 2.4 忽略飞机油量变化等因素带来的质量变化，认为其质量为常数。

为方便描述舰载机运动，定义大地坐标系、机体坐标系、气流坐标系、航迹坐标系、与机体牵连的惯性坐标系如下：

定义 2.1 大地坐标系 $I=\{O_g x_g y_g z_g\}$，即惯性坐标系，原点 O_g 设定于地面上某一点，$O_g x_g y_g$ 为当地地平面，$O_g z_g$ 轴垂直向下，指向地心；$O_g x_g$ 轴在地平面内指向某方向（如正北）；$O_g y_g$ 轴在地平面内，由右手定则确定。

定义 2.2 机体坐标系 $B=\{O_b x_b y_b z_b\}$，原点 O_b 固连于舰载机质心，$O_b x_b$ 在舰载机对称面内，沿机身轴线指向前方；$O_b y_b$ 垂直于舰载机对称平面，指向右；$O_b z_b$ 在舰载机对称面内，指向下。

定义 2.3 气流坐标系 $A=\{O_a x_a y_a z_a\}$，如图 2.2 所示，原点 O_a 固连于飞机质心，$O_a x_a$ 轴沿着舰载机气流速度的方向，指向机头；$O_a z_a$ 轴在舰载机的对称平面内，且垂直于气流速度，指向下方；$O_a y_a$ 轴垂直于 $O_a x_a z_a$ 平面指向右方，其指向遵从右手定则。

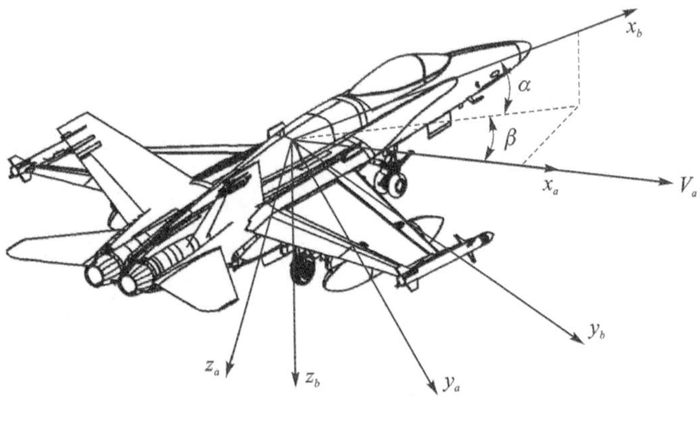

图 2.2 气流坐标系及气动角定义

定义 2.4 航迹坐标系 $W=\{O_w x_w y_w z_w\}$，如图 2.3 所示，原点 O_w 固连于飞机质心，$O_w x_w$ 轴沿着舰载机航迹速度方向；$O_w z_w$ 在航迹速度所在铅垂面内，与 $O_w x_w$ 轴垂直，指向下方；$O_w y_w$ 轴垂直于 $O_w x_w z_w$ 平面指向右侧，其指向遵从右手定则。

定义 2.5 与机体牵连的惯性坐标系 $V=\{O_{bg} x_{bg} y_{bg} z_{bg}\}$，原点 O_{bg} 固连于飞机质心，

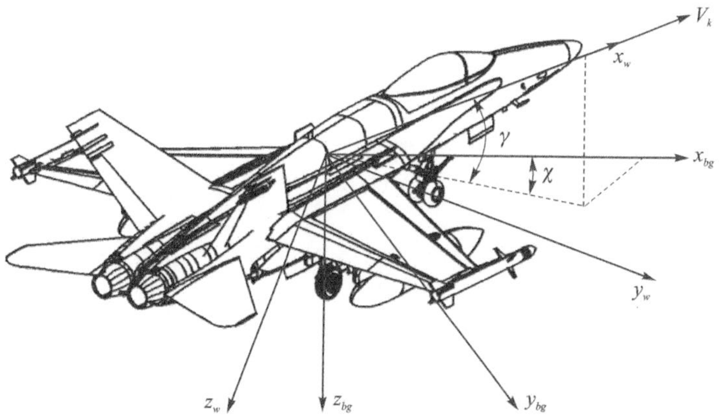

图 2.3　航迹坐标系及航迹角定义

$O_{bg}x_{bg}$、$O_{bg}y_{bg}$、$O_{bg}z_{bg}$ 三轴分别与惯性坐标系的三轴 O_gx_g、O_gy_g、O_gz_g 平行。

定义 2.6　位置矢量$[x,y,z]$，为机体坐标系 B 原点在大地坐标系 I 中的三维坐标。

定义 2.7　姿态角$[\phi,\theta,\psi]$，为机体坐标系 B 与大地坐标系 I 的夹角。其中：

① 偏航角 ψ：机体轴 O_bx_b 在惯性系平面 $O_gx_gy_g$ 上的投影与 O_gx_g 轴之间的夹角，向右偏航为正。

② 俯仰角 θ：机体轴 O_bx_b 与惯性系平面 $O_gx_gy_g$ 的夹角，抬头为正。

③ 滚转角 ϕ：飞机对称平面 $O_bx_bz_b$ 与通过 O_bx_b 的铅垂平面的夹角，向右滚转为正。

定义 2.8　气动角 $[\alpha,\beta]$，如图 2.2 所示，α 为迎角，是气流速度 V_a 在飞机对称平面 Ox_bz_b 上的投影与 O_bx_b 轴之间的夹角，当投影线位于纵轴下侧时，迎角为正；β 为侧滑角，是气流速度 V_a 与飞机对称平面 Ox_bz_b 的夹角，当气流速度偏向 Ox_bz_b 平面的右侧时为正。

定义 2.9　航迹角 $[\chi,\gamma]$，如图 2.3 所示，χ 为航向角，是航迹速度在水平面上的投影和 O_gx_g 或 $O_{bg}x_{bg}$ 轴之间的夹角，当 O_gx_g 或 $O_{bg}x_{bg}$ 轴位于投影左侧时，航向角 χ 为正；γ 为爬升角，是航迹速度 V_k 与水平面 $O_gx_gy_g$ 或 $O_{bg}x_{bg}y_{bg}$ 之间的夹角，当航迹速度 V_k 在水平面上方时爬升角 γ 为正。

定义 2.10　速度滚转角 μ，飞机对称平面 $O_bx_bz_b$ 与含空速矢量的铅垂平面之间的夹角，向右滚转为正。

定义 2.11　旋转角速度矢量$[p,q,r]$，为舰载机角速度在机体坐标系 B 中绕 O_bx_b、O_by_b、O_bz_b 轴的分量。

2.1.2　舰载机运动学与动力学方程

舰载机在飞行过程中，所受气动力和气动力矩决定了其运动状态。在气流坐标系下，舰载机所受气动力可分为沿 O_ax_a 的阻力分量 D，沿 O_ay_a 轴的侧力分量 C，沿 O_az_a 轴的升力分量 Y。在机体坐标系下，舰载机所受气动力矩可分为绕 O_bx_b 轴滚转力矩 L，绕 O_by_b 轴俯仰力矩 M，绕 O_bz_b 轴偏航力矩 N。

气动力和气动力矩计算公式如下：

$$\begin{bmatrix} Y \\ D \\ C \end{bmatrix} = QS \begin{bmatrix} C_Y \\ C_D \\ C_C \end{bmatrix} = QS \begin{bmatrix} C_{Y0} + C_{Y\alpha}\alpha + C_{Y\delta_e}\delta_e + C_{Y\delta_{\text{lef}}}\delta_{\text{lef}} + C_{Y\delta_{\text{tef}}}\delta_{\text{tef}} \\ C_{D0} + C_{D\alpha}\alpha + C_{D\delta_e}\delta_e + C_{D\delta_{\text{lef}}}\delta_{\text{lef}} + C_{D\delta_{\text{tef}}}\delta_{\text{tef}} \\ C_{C\beta}\beta + C_{C\delta_a}\delta_a + C_{C\delta_r}\delta_r \end{bmatrix}$$

$$\begin{bmatrix} L \\ M \\ N \end{bmatrix} = QS \begin{bmatrix} lC_L \\ cC_M \\ lC_N \end{bmatrix} = QS \begin{bmatrix} l\left(C_{L\beta}\beta + C_{L\delta_a}\delta_a + C_{L\delta_r}\delta_r + \dfrac{l}{2V_k}C_{Lp}p + \dfrac{l}{2V_k}C_{Lr}r\right) \\ c\begin{pmatrix} C_{M_0} + C_{M\delta_e}\delta_e + \dfrac{c}{2V_k}C_{Mq}q + \\ C_{M\delta_{\text{lef}}}\delta_{\text{lef}} + C_{M\delta_{\text{tef}}}\delta_{\text{tef}} \end{pmatrix} \\ l\left(C_{N\beta}\beta + C_{N\delta_r}\delta_r + C_{N\delta_a}\delta_a + \dfrac{l}{2V_k}C_{Np}p + \dfrac{l}{2V_k}C_{Nr}r\right) \end{bmatrix}$$

以上式中:$Q=\frac{1}{2}\rho V^2$ 为动压,其中 ρ 为大气密度;C_Y,C_D,C_C 分别为升力系数、阻力系数和侧向力系数;C_L,C_M,C_N 分别表示滚转力矩系数、俯仰力矩系数与偏航力矩系数;S 表示机翼面积;l 表示翼展;c 表示平均气动弦长;$\delta_a,\delta_e,\delta_r$ 分别表示副翼偏转角度、升降舵偏转角度、方向舵偏转角度;δ_{lef}、δ_{tef} 分别表示前缘襟翼偏转角度、后缘襟翼偏转角度。

舰载机运动学与动力学方程可表示如下:

① 平动运动学方程

$$\begin{cases} \dot{x} = V_k \cos\gamma\cos\chi \\ \dot{y} = V_k \cos\gamma\sin\chi \\ \dot{z} = -V_k \sin\gamma \end{cases} \tag{2.1}$$

② 平动动力学方程

$$\begin{cases} \dot{V}_k = \dfrac{1}{m}(T\cos\alpha\cos\beta - D - mg\sin\gamma) + d_v \\ \dot{\chi} = \dfrac{1}{mV_k\cos\gamma}[T(\sin\alpha\sin\mu - \cos\alpha\sin\beta\cos\mu) + C\cos\mu + Y\sin\mu] + d_\chi \\ \dot{\gamma} = \dfrac{1}{-mV_k}[T(-\sin\alpha\cos\mu - \cos\alpha\sin\beta\sin\mu) + C\sin\mu - Y\cos\mu + mg\cos\gamma] + d_\gamma \end{cases} \tag{2.2}$$

③ 转动运动学方程

$$\begin{cases} \dot{\alpha} = q - [(p\cos\alpha + r\sin\alpha)\sin\beta - \dot{\gamma}\cos\mu - \dot{\chi}\sin\mu\cos\gamma]/\cos\beta \\ \dot{\beta} = p\sin\alpha - r\cos\alpha - \dot{\gamma}\sin\mu + \dot{\chi}\cos\mu\cos\gamma \\ \dot{\mu} = [p\cos\alpha + r\sin\alpha + \dot{\gamma}\sin\beta\cos\mu + \dot{\chi}(\sin\gamma\cos\beta + \sin\beta\sin\mu\cos\gamma)]/\cos\beta \end{cases} \tag{2.3}$$

④ 转动动力学方程

$$\begin{cases}\dot{p}=\dfrac{1}{I_xI_z-I_{xz}^2}[(I_yI_z-I_z^2-I_{xz}^2)rq+(I_xI_{xz}+I_zI_{xz}-I_yI_{xz})pq+I_zL+I_{xz}N]+d_p\\ \dot{q}=\dfrac{1}{I_y}[(I_z-I_x)pr-I_{xz}p^2+I_{xz}r^2+M]+d_q\\ \dot{r}=\dfrac{1}{I_xI_z-I_{xz}^2}[(I_x^2+I_{xz}^2-I_xI_y)pq+(I_yI_{xz}-I_xI_{xz}-I_zI_{xz})rq+I_{xz}L+I_xN]+d_r\end{cases} \tag{2.4}$$

式(2.1)～式(2.4)中：T 表示发动机推力，可记为 $T=T_{\max}\delta_p$，其中，δ_p 表示油门开度，$T_{\max}$ 表示最大推力；m 表示飞机质量；$d_v,d_\chi,d_\gamma,d_p,d_q,d_r$ 表示外界扰动。

设飞机受到纵向舰艉流扰动为 w，侧向舰艉流扰动为 v，则舰艉流引起的附加迎角可记为 $\alpha_w=-\dfrac{w}{V_k}$，引起的附加侧滑角可记为 $\beta_w=-\dfrac{v}{V_k}$，通过分析 α_w 及 β_w 产生的附加气动力及气动力矩，可定量求解得到表示外界扰动 $d_v,d_\chi,d_\gamma,d_p,d_q,d_r$ 的具体表达式。

舰艉流扰动对气动力的影响如图 2.4 所示，以爬升角动力学方程为例，考虑扰动后的爬升角动力学方程变为

$$\begin{aligned}\dot{\gamma}&=-\frac{1}{mV_k}[T(-\sin\alpha\cos\mu-\cos\alpha\sin\beta\sin\mu)+(C+C_w-D\beta_w)\sin\mu-\\&\quad(Y+Y_w+D\alpha_w)\cos\mu+mg\cos\gamma]\\&=-\frac{1}{mV_k}[T(-\sin\alpha\cos\mu-\cos\alpha\sin\beta\sin\mu)+C\sin\mu-Y\cos\mu+mg\cos\gamma]+\\&\quad\frac{1}{mV_k}[(D\alpha_w+Y_w)\cos\mu+(D\beta_w-C_w)\sin\mu]\end{aligned}\tag{2.5}$$

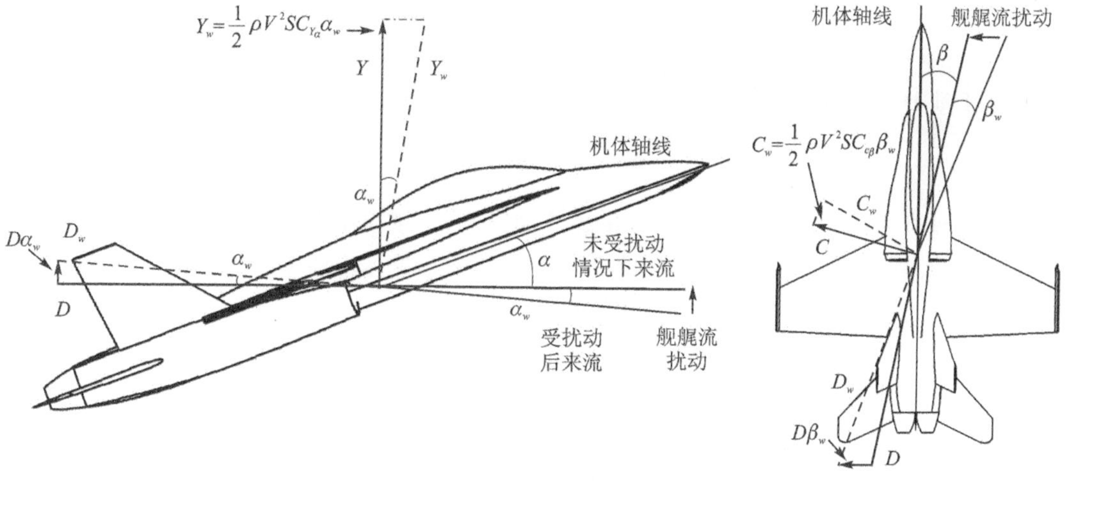

图 2.4　舰艉流对气动力扰动示意图

因此，可提取扰动 d_γ 表达式为

$$d_\gamma=\frac{1}{mV_k}[(D\alpha_w+Y_w)\cos\mu+(D\beta_w-C_w)\sin\mu]\tag{2.6}$$

同理，可求解得到其他扰动表达式为

$$\begin{cases} d_\chi = \dfrac{1}{mV_k \cos\gamma}[(D\alpha_w + Y_w)\sin\mu + (-D\beta_w + C_w)\cos\mu] \\ d_v = \dfrac{1}{m}(Y\alpha_w - QSC_{D\alpha}\alpha_w) \\ d_p = \dfrac{QSl}{I_x I_z - I_{xz}^2}(I_z C_L^\beta \beta_w + I_{xz} C_N^\beta \beta_w) \\ d_q = \dfrac{QSc}{I_y}(C_M^\alpha \alpha_w) \\ d_r = \dfrac{QSl}{I_x I_z - I_{xz}^2}(I_{xz} C_L^\beta \beta_w + I_z C_N^\beta \beta_w) \end{cases} \tag{2.7}$$

2.1.3 舰载机非线性仿射形式方程变换

应注意到，式(2.1)～式(2.4)所表述的舰载机飞行模型各变量间存在较大耦合，呈现较强的非线性特点，所以首先应对舰载机六自由度运动学与动力学模型进行必要变换，使其满足标准仿射形式，便于应用先进控制算法。其次，舰载机在着舰阶段，因为飞行速度比较低，常常工作在阻力曲线背面，造成航迹控制不稳定。为了处理着舰过程低速特性，美海军舰载机通常装备进场功率补偿系统(Approach Power Compensation System, APCS)，即通过调整发动机推力将舰载机迎角维持在所设定的期望迎角附近。因此，在对固定翼飞机模型进行变换时，还应使其迎角由推力通道单独控制。

考虑到飞机着舰过程中处于协调飞行状态，期望侧滑角 β_c 为零。当 β 很小时，爬升角 γ、俯仰角 θ 和迎角 α 存在的关系表示为 $\theta=\alpha+\gamma$。因此，可将飞机运动方程中的公式

$$\dot{\alpha} = [q - (p\cos\alpha + r\sin\alpha)\sin\beta - \dot{\gamma}\cos\mu - \dot{\chi}\sin\mu\cos\gamma]/\cos\beta + d_\alpha$$

改写为

$$\dot{\theta} = \dot{\gamma} + [q - (p\cos\alpha + r\sin\alpha)\sin\beta - \dot{\gamma}\cos\mu - \dot{\chi}\sin\mu\cos\gamma]/\cos\beta$$

此外，基于推力的迎角控制模型可写为

$$\dot{\alpha} = q - \frac{1}{mV_k}Y + \frac{g\cos\gamma}{V_k} - \frac{\sin\alpha T_{\max}}{mV_k}\delta_p + d_\alpha$$

综上，可定义新变量 $\boldsymbol{x}_1=[y,z]^{\mathrm{T}}$，$\boldsymbol{x}_2=[\chi,\gamma]^{\mathrm{T}}$，$\boldsymbol{x}_3=[\theta,\beta,\mu]^{\mathrm{T}}$，$\boldsymbol{x}_4=[p,q,r]^{\mathrm{T}}$，$\boldsymbol{u}_a=[\delta_a,\delta_e,\delta_r]^{\mathrm{T}}$，$\boldsymbol{d}_m=[d_p,d_q,d_r]^{\mathrm{T}}$，固定翼飞机六自由度模型可变换为如下形式：

$$\begin{cases} \dot{\boldsymbol{x}}_1 = \boldsymbol{f}_1(\boldsymbol{x}_2, V_k) + \boldsymbol{b}_1(V_k)\boldsymbol{x}_2 \\ \dot{\boldsymbol{x}}_2(1) = f_2(\boldsymbol{x}_2, \boldsymbol{x}_3, V_k) + b_2(\boldsymbol{x}_2, V_k)\boldsymbol{x}_3(3) + d_\chi \\ \dot{\boldsymbol{x}}_3 = \boldsymbol{f}_3(\dot{\boldsymbol{x}}_2, \boldsymbol{x}_2, \boldsymbol{x}_3) + \boldsymbol{b}_3(\boldsymbol{x}_2, \boldsymbol{x}_3)\boldsymbol{x}_4 \\ \dot{\boldsymbol{x}}_4 = \boldsymbol{f}_4(\boldsymbol{x}_3, \boldsymbol{x}_4, V_k) + \boldsymbol{b}_4(V_k)\boldsymbol{u}_a + \boldsymbol{d}_m \\ \dot{\alpha} = f_\alpha(x_2, x_4, V_k) + b_\alpha(V_k)\delta_p + d_\alpha \end{cases} \tag{2.8}$$

式中：

$$\boldsymbol{f}_1 = \begin{bmatrix} V_k(\cos\gamma\sin\chi - \chi) \\ -V_k(\sin\gamma - \gamma) \end{bmatrix}, \quad \boldsymbol{b}_1 = \begin{bmatrix} V_k & 0 \\ 0 & -V_k \end{bmatrix}$$

$$f_2 = \frac{1}{mV_k\cos\gamma}[T(\sin\alpha\sin\mu - \cos\alpha\sin\beta\cos\mu) + C\cos\mu + Y(\sin\mu - \mu)]$$

$$b_2 = \frac{Y}{mV_k \cos\gamma}$$

$$\boldsymbol{f}_3 = \begin{bmatrix} \dot{\gamma} + \dfrac{-\dot{\gamma}\cos\mu - \dot{\chi}\sin\mu\cos\gamma}{\cos\beta} \\ -\dot{\gamma}\sin\mu + \dot{\chi}\cos\mu\cos\gamma \\ \dfrac{\dot{\gamma}\sin\beta\cos\mu + \dot{\chi}(\sin\gamma\cos\beta + \sin\beta\sin\mu\cos\gamma)}{\cos\beta} \end{bmatrix}$$

$$\boldsymbol{b}_3 = \begin{bmatrix} -\cos\alpha\tan\beta & 1 & -\sin\alpha\tan\beta \\ \sin\alpha & 0 & -\cos\alpha \\ \dfrac{\cos\alpha}{\cos\beta} & 0 & \dfrac{\sin\alpha}{\cos\beta} \end{bmatrix}$$

$$\boldsymbol{f}_4(1) = \frac{1}{I_x I_z - I_{xz}^2}\{(I_y I_z - I_z^2 - I_{xz}^2)rq + (I_x I_{xz} + I_z I_{xz} - I_y I_{xz})pq + I_z[L - QSl(C_{L\delta_a}\delta_a + C_{L\delta_r}\delta_r)] + I_{xz}[N - QSl(C_{N\delta_r}\delta_r + C_{N\delta_a}\delta_a)]\}$$

$$\boldsymbol{f}_4(2) = \frac{1}{I_y}[(I_z - I_x)pr - I_{xz}p^2 + I_{xz}r^2 + (M - QScC_{M\delta_e}\delta_e)]$$

$$\boldsymbol{f}_4(3) = \frac{1}{I_x I_z - I_{xz}^2}\{(I_x^2 + I_{xz}^2 - I_x I_y)pq + (I_y I_{xz} - I_x I_{xz} - I_z I_{xz})rq + I_{xz}[L - QSl(C_{L\delta_a}\delta_a + C_{L\delta_r}\delta_r)] + I_x[N - QSl(C_{N\delta_r}\delta_r + C_{N\delta_a}\delta_a)]\}$$

$$\boldsymbol{b}_4 = QS\begin{bmatrix} l\dfrac{I_z C_{L\delta_a} + I_{xz}C_{N\delta_a}}{I_x I_z - I_{xz}^2} & 0 & l\dfrac{I_z C_{L\delta_r} + I_{xz}C_{N\delta_r}}{I_x I_z - I_{xz}^2} \\ 0 & c\dfrac{C_{M\delta_e}}{I_y} & 0 \\ l\dfrac{I_{xz}C_{L\delta_a} + I_x C_{N\delta_a}}{I_x I_z - I_{xz}^2} & 0 & l\dfrac{I_{xz}C_{L\delta_r} + I_x C_{N\delta_r}}{I_x I_z - I_{xz}^2} \end{bmatrix}$$

$$f_a = q - \frac{1}{mV_k}Y + \frac{g\cos\gamma}{V_k}, \quad b_a = -\frac{\sin\alpha T_{\max}}{mV_k}$$

2.2 航母甲板运动模型

航母在航行过程中，受海浪、海风等影响，将存在沿三轴的平动：纵荡、横荡、垂荡，以及绕三轴的旋转运动：横摇、纵摇、艏摇。其中，纵摇、横摇和垂荡运动对理想着舰点影响最为明显，需要着重分析。依据美国 AD 报告 AD－7435209，可通过组合不一样的正弦波表示甲板运动。纵摇、横摇及垂荡运动模型表达如下：

纵摇运动(°)：$\theta_s = 0.5\sin(0.6t) + 0.3\sin(0.63t) + 0.25$

横摇运动(°)：$\varphi_s = 2.5\sin(0.5t) + 3.0\sin(0.52t) + 0.5$

垂荡运动(m)：$z_{s,g} = 1.22\sin(0.6t) + 0.3\sin(0.2t)$

上述航母运动综合结果将产生幅值为 1.05°左右的纵摇角，6°左右的滚转角，以及 1.5 m 左右的浮沉运动，对理想着舰点的垂向运动影响可表示为 $z_s = z_{s,g} + \theta_s l_s$，对理想着舰点的横向运动影响可表示为 $y_s=\phi_s g_s$。其中，l_s 为理想着舰点与航母摇摆中心的纵向距离，g_s 为理想着舰点与航母摇摆中心的垂向距离。航母运动对于理想着舰点的纵向与侧向位置影响如图 2.5 所示。

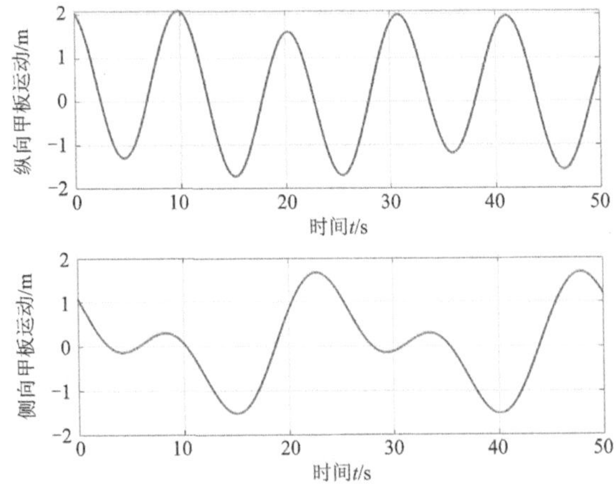

图 2.5 航母运动对理想着舰点的纵向及侧向位置影响

2.3 舰艉流扰动模型

舰艉流是着舰过程中存在的独特扰动，由航母外形作用于大气流场产生，是产生着舰误差的主要来源之一。舰艉流为变化流场，具有随机性和非线性的特点，可通过 CFD 计算方法、数据库方法或工程化模型方法模拟得到。其中，工程化模型方法通过对经验数据进行分析，略去一些次要因素，保留主要特性，工程运用效果较好。美军标 MIL－F－8785C 于 1980 年形成，对舰艉流模型进行了描述。该标准目前已不再使用，但其中描述的舰艉流模型在 1997 年的美军标 MIL－STD－1797A 中继续使用，说明该模型得到了持续认可，可满足着舰仿真与控制器设计要求。

该模型在舰载机距离航母舰艉 800 m 左右时开始使用，将舰艉流分为随机自由大气紊流分量、舰艉流稳态分量、舰艉流周期分量和舰艉流随机分量。侧向舰艉流 v 及纵向舰艉流 w 可表示为

$$\begin{cases} v=v_1+v_4 \\ w_1=w_1+w_2+w_3+w_4 \end{cases}$$

式中：v_1、w_1 分别为侧向及纵向舰艉流自由大气紊流分量；w_2 为纵向舰艉流稳态分量；w_3 为纵向舰艉流周期分量；v_4、w_4 分别为侧向及纵向舰艉流随机分量。

2.3.1 自由大气紊流分量

自由大气紊流分量与机舰相对位置无关，可由白噪声信号经成形滤波器滤波后得到。侧向及纵向成形滤波器可表示如下：

$$\begin{cases} G_{v_1}(s)=\dfrac{K_{v_1}\sqrt{\pi}}{T_{v_1}s+1} \\ G_{w_1}(s)=\dfrac{K_{w_1}\sqrt{\pi}}{T_{w_1}s+1} \end{cases}$$

式中：K_{v_1}、K_{w_1}、T_{v_1}、T_{w_1} 为滤波器参数。

2.3.2 舰艉流稳态分量

舰艉流稳态分量，又称雄鸡尾流，是着舰大气扰动中的主要组成部分。距航母较远处为向上的风，随着与航母距离的拉近，向上风力逐渐变小，靠近舰艉处变为向下的风。美军标 MIL－F－8785C 及 MIL－STD－1797A 采用分段函数对其进行描述。

2.3.3 舰艉流周期分量

舰艉流周期分量为与航母纵摇幅度、纵摇频率、舰载机速度、甲板风速、机舰相对距离等要素相关的变量，可由下式计算：

$$\begin{cases} w_3 = \vartheta_s V_{\text{wod}}(4.98 + 0.0018 \cdot 0.3048 x_{dg})C \\ C = \cos\left\{\omega_p\left[t + \left(1 + \dfrac{V_a - V_{\text{wod}}}{0.85V_{\text{wod}}}\right) + \dfrac{x_{dg}}{0.85V_{\text{wod}}}\right] + p\right\} \end{cases}$$

式中：ϑ_s 为航母纵摇幅度，rad；ω_p 为航母的纵摇频率，rad/s；x_{dg} 为舰载机距离航母纵摇中心的距离，m；V_a 为舰载机空速，m/s；V_{wod} 为甲板风速，m/s；p 为随机相位，rad。

2.3.4 舰艉流随机分量

与航母运动相关的随机速度分量可以通过对一个白噪声信号进行滤波来计算，计算方法为

$$v_4, w_4 = \frac{0.035V_{\text{wod}}\sqrt{6.66}}{3.33s + 1} r_4$$

式中：$r_4 = \dfrac{s}{s+0.1}\sin(10\pi t) \cdot$［单位白噪声］。

仿真可得到侧向及纵向舰艉流，如图 2.6 所示。

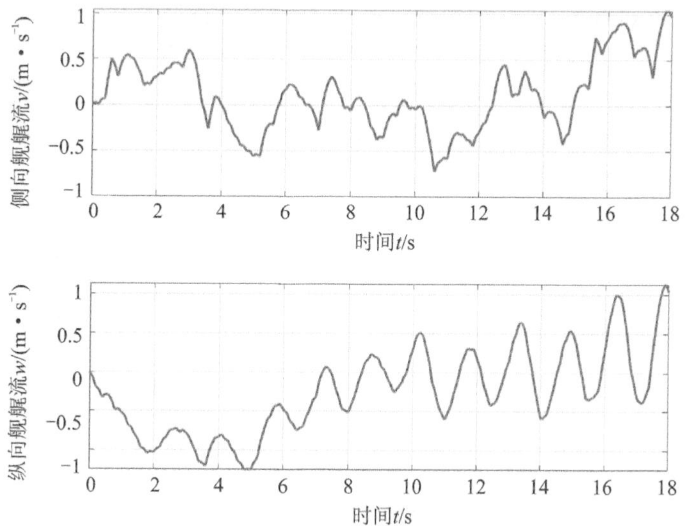

图 2.6　舰艉流侧向及纵向曲线

2.4 全自动着舰流程及任务分析

舰载机返航着舰过程可根据机舰相对距离分为返航、进场、进近、着舰 4 个阶段：

① 返航　舰载机从空中执行任务完毕返回时，在离航母 370～100 km 处接受舰上航空飞行管制中心的航行管制和指挥。若舰载机出现故障或燃油不足，则可由飞行员向航母汇报，由航母调整着舰顺序、组织空中加油或引导至陆基机场着陆。

② 进场　在距航母 100～40 km 处，舰载机进入进场区。如图 2.7 所示，在此阶段舰载机按照马歇尔等待航线飞行，可由航母获取本机距航母的距离、方位、高度以及航母的航向、航速等信息，并等待进场着舰的命令。

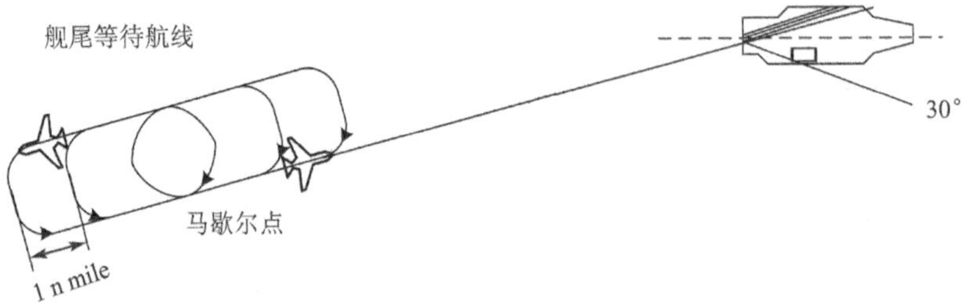

图 2.7　马歇尔等待航线

③ 进近　舰载机在进场区收到允许着舰指令后，经由马歇尔点离开等待航线，向航母后方飞去，并不断降低高度，在离舰约 18 km 处，高度降至约 400 m，并放下尾钩和起落架转为着舰构型，在离舰约 10 km 处进行着舰检查。进近飞行完成时，飞机的高度、速度、航向、飞机构型等飞行状态需达到下滑着舰的要求。在离舰约 6 km 处捕获下滑点，进行下滑着舰。

④ 着舰　在离航母约 6 km 处，舰载机进入着舰阶段。全自动着舰系统接通控制闭环，接管舰载机飞行直至触舰均发生在着舰区。全自动着舰系统包若Ⅰ、ⅠA、Ⅱ、Ⅲ四种工作模态：

- 模态Ⅰ：全自动着舰方式，即舰载机从进入引导设备捕获窗口直至与航母甲板啮合的过程完全由全自动着舰系统控制，无需飞行员手动操纵。
- 模态ⅠA：由模态Ⅰ派生而来，与模态Ⅰ不同之处在于，全自动着舰系统将舰载机引导至距航母 0.75 n mile 的光学助降系统工作区域后，由飞行员手动操作，依靠菲涅尔透镜系统的光学信号引导完成终端着舰。
- 模态Ⅱ：仪表着舰（Instrument Carrier Landing，ICL）模式，该模式下全自动着舰控制系统并不与舰载机飞控系统耦合，由飞行员参考自动着舰系统发送的相关状态与跟踪误差进行手动修正和着舰。
- 模态Ⅲ：舰上控制进场（Carrier Controlled Approach，CCA）模式，即由航母上着舰指挥官通过机舰数据传输链路以语音方式告知飞行员修正信息，并由飞行员手动操作调整，直至舰载机进入菲涅尔光学助降系统工作范围内。

由上述信息可知，模态Ⅰ为真正意义上无需飞行员干预的全自动着舰。模态Ⅰ航线俯视图与剖视图如图 2.8 所示。操作流程概括如下：

① 全自动着舰前，完成着舰检查；

② 舰载机被舰载雷达截获后（3.7～7.4 km），舰上向飞行员发送飞机被截获指令；

③ 若飞机处于可着舰空间内，则系统发出飞控可接入耦合指令；

④ 飞行员接通飞控系统，由全自动着舰系统接管飞机自动着舰；

⑤ 舰载机按固定角度(3.5°～4°)下滑道下滑，着舰前 12.5 s 接入甲板运动补偿信息。

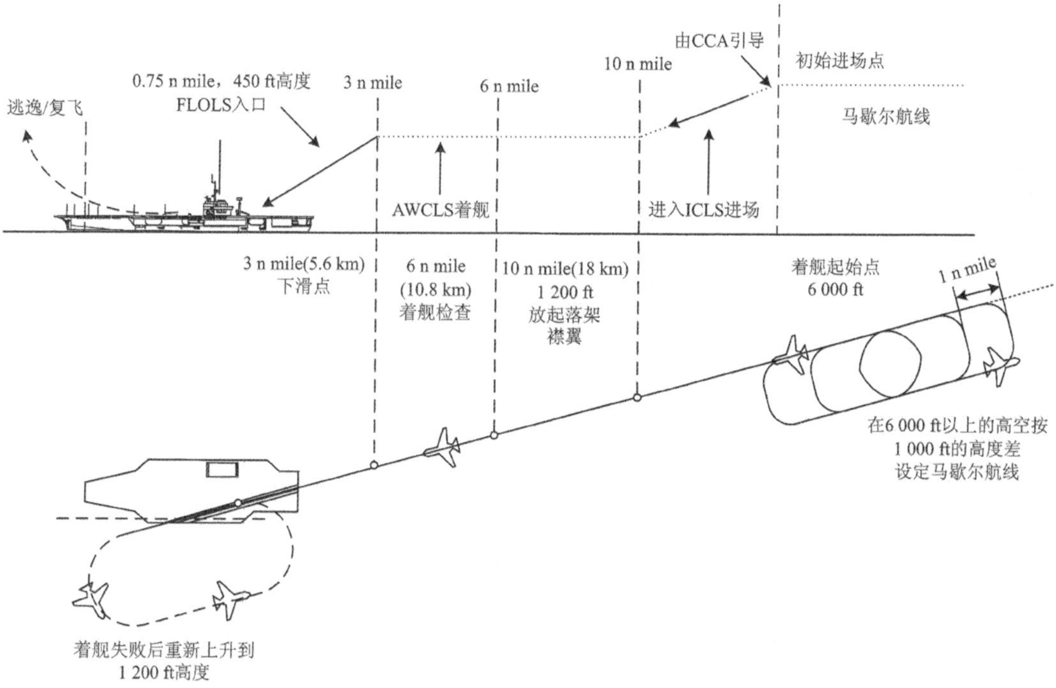

图 2.8　全自动着舰模态 I 航线剖视图与俯视图

航母着舰甲板如图 2.9 所示。为使航母同时具备起飞与回收舰载机的能力，多数航母采用斜直两段式甲板设计，即飞行甲板包括直通甲板和斜角甲板。其中，斜角甲板专供舰载机降落，位于航母左舷，与航母首尾中心线夹角为 6°～13°，长 220～270 m，宽 27～30 m。斜角甲板通常安装 4 根间隔约为 12 m 的拦阻索(目前美国最新服役的“尼米兹”级航母“布什”号及“福特”级航母减少至 3 根拦阻索)，舰载机触舰后，由尾钩钩住任意一根拦阻索，由拦阻索产生的阻尼力使舰载机在短距离内减速制动。理想着舰点为第 2、3 根拦阻索中点，着舰区域长约

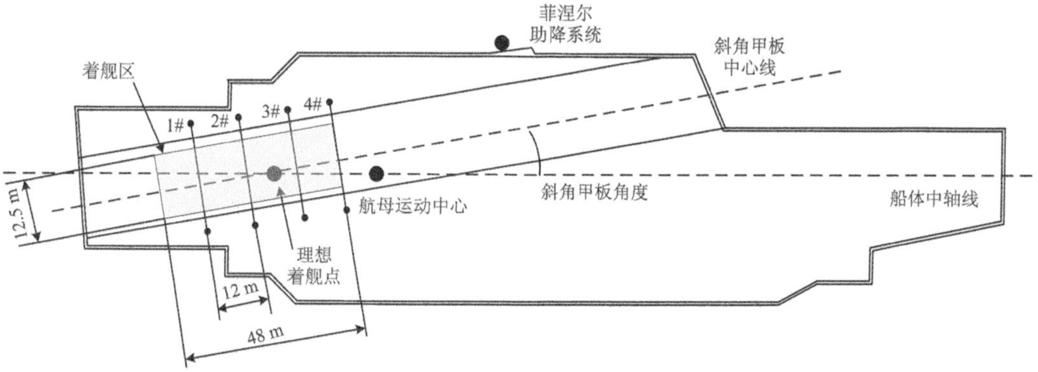

图 2.9　着舰区域与理想着舰点示意图

48 m，宽约 12.5 m。考虑舰载机沿 3.5°下滑道下滑着舰的场景，此时舰载机对期望下滑道高度跟踪最大误差应在(48/2)·tan(3.5°)=1.47 m 以内。参考美军试飞结果，侧向跟踪误差应在 4.5 m 以内[4]。

本章小结

本章针对固定翼舰载机全自动着舰问题，分别分析建立了以 F/A-18 为对象机的舰载机六自由度运动模型、航母运动模型及舰艉流扰动模型。之后建立了舰载机全自动着舰流程及进近着舰航线，并基于着舰环境分析了全自动着舰对控制精度的要求，为后续章节中全自动着舰控制器的设计做准备。

第 3 章　非线性固定时间着舰控制方法

基于第 2 章建立的全自动着舰模型及流程，为满足着舰控制任务需求，本章进一步设计了基于固定时间的非线性着舰控制方法。首先将舰载机六自由度非线性模型进行变量代换，转换为适用于控制设计的仿射形式。之后基于 backstepping 方法，将舰载机高阶非线性系统分解为若干级联低阶子系统，针对每个子系统构造 Lyapunov 函数并设计中间虚拟控制量，反推至整个系统，完成总体控制律设计。所提出的着舰控制器分为引导环、航迹控制环、角度控制环及角速度控制环，并通过进场功率补偿系统维持恒定迎角。在所提出的非线性控制架构基础上，基于固定时间稳定性理论，设计一阶非线性固定时间滤波器及固定时间反馈，实现对期望下滑道及虚拟控制指令的快速跟踪。同时，通过设计固定时间干扰观测器，实现对舰艉流等外界扰动的快速估计与抑制。

本章提出的基于固定时间的非线性着舰控制方法具有如下特点：

① 将固定翼舰载机通用六自由度模型变换为适用于控制设计的仿射形式。与空中加油或自动着陆任务中对固定翼飞机的模型变换不同，本章进行的模型变换考虑了舰载机着舰进场功率补偿需求，变换后模型中迎角可由推力单独控制。

② 针对舰载机仿射形式模型，基于 backstepping 方法提出了非线性着舰控制架构，考虑舰载机纵向和横侧向耦合，提高了控制精度。

③ 与适用于单输入单输出(Single-Input Single-Output, SISO)系统的固定时间控制方法不同，本章将固定时间控制方法扩展至多输入多输出(Multi-Input Multi-Output, MIMO)系统。此外，设计一阶非线性固定时间滤波器对输入指令滤波并提取其导数，并设计固定时间干扰观测器对外界未知扰动进行估计与补偿。

④ 将本章提出的适用于 MIMO 系统的固定时间控制方法应用于全自动着舰控制器设计中，实现了对期望下滑道的快速跟踪及对舰艉流扰动的快速观测与抑制，与标准 backstepping 方法及有限时间方法相比加快了跟踪误差收敛速度，提高了着舰精度。

3.1　数学准备

对于向量 $\boldsymbol{a}=[a_1,a_2,\cdots,a_n]^{\mathrm{T}}\in\mathbb{R}^n$ 及标量 $k\in\mathbb{R}$，定义 $\boldsymbol{a}^k=[a_1^k,a_2^k,\cdots,a_n^k]^{\mathrm{T}}$。$\mathrm{sgn}(\cdot)$ 表示符号函数，定义为 $\mathrm{sgn}(x)=\begin{cases}1, & x>0\\ 0, & x=0\\ -1, & x<0\end{cases}$。对于标量 $x\in\mathbb{R}$，定义 $\mathrm{sig}(x^r)=\mathrm{sgn}(x)\cdot|x|^r$；对于矢量 $\boldsymbol{a}\in\mathbb{R}^n$，定义 $\mathrm{sig}(\boldsymbol{a}^r)=[\mathrm{sig}(a_1^r),\mathrm{sig}(a_2^r),\cdots,\mathrm{sig}(a_n^r)]^{\mathrm{T}}$。$|\cdot|$ 表示标量的绝对值，$\|\cdot\|$ 表示矢量的 Euclidean 范数或矩阵的 Frobenius 范数，$\|\cdot\|_\infty$ 表示矩阵的无穷范数，$\lambda_{\min}(\cdot)$ 表示方阵的最小特征值。

定义 3.1　考虑定义在零的邻域 D_0 上的连续函数 $\boldsymbol{f}:D_0\to\mathbb{R}^n$

$$\dot{\boldsymbol{x}}(t)=\boldsymbol{f}(\boldsymbol{x}(t)),\quad \boldsymbol{x}(0)=\boldsymbol{x}_0,\quad \boldsymbol{f}(0)=0,\quad \boldsymbol{x}\in\mathbb{R}^n$$

其中，$\boldsymbol{x}=\boldsymbol{0}$ 为系统平衡点，针对该系统有不同的稳定性定义：

渐近稳定 若 $\lim\limits_{t\to\infty}\boldsymbol{x}(t)=\boldsymbol{0}$，即在无限时间内，系统状态到达平衡点，则称系统为渐近稳定。若存在 Lyapunov 函数 $V(x)$，且满足 $\dot{V}(x)\leqslant aV(x)$，则可判定系统渐近稳定。

有限时间稳定 若 $\lim\limits_{t\to T(\boldsymbol{x}_0)}\boldsymbol{x}(t)=\boldsymbol{0}$，即在某个与系统初始状态 $\boldsymbol{x}_0$ 相关的时间 $T(\boldsymbol{x}_0)$ 内，系统到达平衡点，则称系统为有限时间稳定。

固定时间稳定 若 $\lim\limits_{t\to T_0}\boldsymbol{x}(t)=\boldsymbol{0}$，即在某个与系统初始状态无关的固定时间 T_0 内，系统到达平衡点，则称系统为固定时间稳定。

系统渐近稳定、有限时间稳定、固定时间稳定的判据分别如下：

引理 3.1（Lyapunov 第二法） 若存在 Lyapunov 函数 $V(\boldsymbol{x})$ 满足 $\dot{V}(\boldsymbol{x})<0$，或 $\dot{V}(\boldsymbol{x})\leqslant 0$，当且仅当 $\boldsymbol{x}=\boldsymbol{0}$ 时，$\dot{V}(\boldsymbol{x})=0$，则系统渐近稳定。

引理 3.2 若存在 Lyapunov 函数 $V(\boldsymbol{x})$ 满足 $\dot{V}(\boldsymbol{x})<-cV^{a}(\boldsymbol{x})$，其中 $c>0$ 为某正常数，$a\in(0,1)$，则系统有限时间稳定。

证明 $V(x)$ 导数满足不等式 $\dfrac{\mathrm{d}V(\boldsymbol{x})}{\mathrm{d}t}<-cV(\boldsymbol{x})^{a}$，因此有

$$\frac{\mathrm{d}V(\boldsymbol{x})}{V(\boldsymbol{x})^{a}}<-c\,\mathrm{d}t \tag{3.1}$$

对不等式(3.1)两侧积分，可得

$$\frac{1}{1-a}V(\boldsymbol{x})^{1-a}-\frac{1}{1-a}V(\boldsymbol{x}_0)\leqslant -ct$$

因此可知，存在一个与初始状态 $\boldsymbol{x}_0$ 有关的时间 $T\leqslant\dfrac{1}{c(1-a)}\mathrm{V}(\boldsymbol{x}_0)^{1-a}$，当 $t>T(x_0)$ 时 $V(\boldsymbol{x})$ 收敛至 0。证毕。

引理 3.3 若存在 Lyapunov 函数 $V(\boldsymbol{x})$ 满足 $\dot{V}(\boldsymbol{x})\leqslant-(aV(\boldsymbol{x})^{p}+bV(\boldsymbol{x})^{q}]^{k}$，其中 $a,b,p,q,k>0$ 为正常数，$pk\in(0,1)$，$qk\in(1,+\infty)$，则系统固定时间稳定。

证明 对引理 3.3 分 $V(x)>1$ 及 $V(x)\leqslant 1$ 两种情况进行讨论。

① 当 $V(x)>1$ 时，$\dot{V}(x)\leqslant -b^{k}V(x)^{qk}$，对不等式两侧积分可得

$$\frac{1}{qk-1}V(\boldsymbol{x})^{1-qk}-\frac{1}{qk-1}V(\boldsymbol{x}_0)^{1-qk}\geqslant b^{k}t$$

因此存在时间 $T_1\leqslant\dfrac{1}{b^{k}(qk-1)}$，当 $t>T_1$ 时，$V(\boldsymbol{x})$ 收敛至 1。

② 当 $V(x)\leqslant 1$ 时，$\dot{V}(\boldsymbol{x})\leqslant -a^{k}V(\boldsymbol{x})^{pk}$，对不等式两侧积分可得

$$\frac{1}{pk-1}V(\boldsymbol{x})^{1-pk}-\frac{1}{pk-1}V(\boldsymbol{x}_0)^{1-pk}\geqslant a^{k}t$$

此时，$V(\boldsymbol{x}_0)=1$，因此存在时间 $T_2\leqslant\dfrac{1}{a^{k}(1-pk)}$，当 $t>T_2$ 时，$V(\boldsymbol{x})$ 收敛至 0。

综上，存在与初始状态无关的总收敛时间 $T_0=T_1+T_2\leqslant\dfrac{1}{b^{k}(qk-1)}+\dfrac{1}{a^{k}(1-pk)}$，使 $V(\boldsymbol{x})$ 收敛至 0。证毕。

引理 3.4　若引理 3.3 中 Lyapunov 函数 $V(\boldsymbol{x})$ 满足

$$\dot{V}(\boldsymbol{x}) \leqslant -[aV(\boldsymbol{x})^p + bV(\boldsymbol{x})^q]^k + \vartheta$$

其中 $\vartheta>0$，则系统实际固定时间稳定，收敛区间为 $\min\left\{a^{-\frac{1}{p}}\left(\frac{\vartheta}{1-\eta}\right)^{\frac{1}{p}}, b^{-\frac{1}{q}}\left(\frac{\vartheta}{1-\eta}\right)^{\frac{1}{q}}\right\}$，收敛时间为 $T\leqslant\frac{1}{a\eta(1-p)}+\frac{1}{b\eta(q-1)}$，其中 $\eta\in(0,1]$。

引理 3.5　对任意 $\xi_1,\xi_2,\cdots,\xi_n\in\mathbb{R}$ 及 $k\in\mathbb{R}^+$，有

$$\max(n^{k-1},1)(|\xi_1|^k+|\xi_2|^k+\cdots+|\xi_n|^k)\geqslant(|\xi_1|+|\xi_2|+\cdots+|\xi_n|)^k$$

引理 3.6（杨氏不等式）　对于任意 $x,y\in\mathbb{R}$，有不等式成立：

$$xy\leqslant\frac{\varepsilon^p}{p}|x|^p+\frac{1}{q\varepsilon^q}|y|^q \tag{3.2}$$

式中：$\varepsilon>0,p>1,q>1,(p-1)(q-1)=1$。

3.2　固定时间引导律设计

舰载机着舰过程中，理想下滑道 $\boldsymbol{x}_{1c}(t)=[y_c(t),z_c(t)]^{\mathrm{T}}$ 在大地坐标系中的表达式可写为

$$\begin{cases}y_c=\Delta x\tan\theta_s+y_s\\ z_c=\Delta x\tan\gamma_s-h_d+h_s\end{cases} \tag{3.3}$$

式中：$\Delta x=x_d-x_b$ 表示舰载机距期望着舰点距离；γ_s 为期望下滑道下滑角；θ_s 为斜角甲板角度；h_d 为航母甲板距海平面高度；y_s、h_s 分别为航母理想着舰点受海浪影响产生的侧向和纵向位移。

本章所设计的非线性固定时间着舰控制器架构如图 3.1 所示，控制器分为引导子系统、姿态控制子系统及进场功率补偿子系统。其中，引导子系统通过生成期望爬升角指令及期望航向角指令以消除对期望下滑道跟踪误差，姿态控制子系统通过控制舵面偏转跟踪引导指令，进场功率补偿子系统通过调节油门维持恒定迎角。

为避免复杂导数计算且不影响闭环控制系统固定时间收敛性能，本章首先引入变量 $\boldsymbol{x}_{1d}$ 及 $\dot{\boldsymbol{x}}_{1d}$。其中，$\boldsymbol{x}_{1d}$ 为原始指令 $\boldsymbol{x}_{1c}$ 的滤波值，$\dot{\boldsymbol{x}}_{1d}$ 为 $\boldsymbol{x}_{1c}$ 导数的估计值，两者均由如下一阶非线性固定时间滤波器求得：

$$\boldsymbol{k}_1\dot{\boldsymbol{x}}_{1d}=\mathrm{sig}[(\boldsymbol{x}_{1c}-\boldsymbol{x}_{1d})^{r_1}]+\mathrm{sig}[(\boldsymbol{x}_{1c}-\boldsymbol{x}_{1d})^{r_2}] \tag{3.4}$$

式中：$\boldsymbol{k}_1\in\mathbb{R}^{2\times2}$ 为滤波器增益；$0<r_1<1,r_2>1$ 为待设计常数。

注 3.1　传统 backstepping 方法应用于舰载机的高阶非线性系统时，将会由于复杂的导数计算导致“微分爆炸”问题。目前大多数文献通过设计指令滤波器解决此问题。然而，指令滤波器难以从理论上保证闭环系统固定时间收敛。因此，本章设计的式(3.4)一阶非线性固定时间滤波器对输入指令滤波并提取其导数。根据文献[24]中的定理 2，滤波器跟踪误差 $\boldsymbol{\varepsilon}_1=\boldsymbol{x}_{1d}-\boldsymbol{x}_{1c}$ 将在如下固定时间内收敛：

$$T_f\leqslant\frac{1}{2\lambda(\boldsymbol{k}_1^{-1})(1-r_1)}+\frac{1}{2\lambda(\boldsymbol{k}_1^{-1})(r_2-1)\Upsilon^{(r_2-1)}},\quad \Upsilon\in(0,1]$$

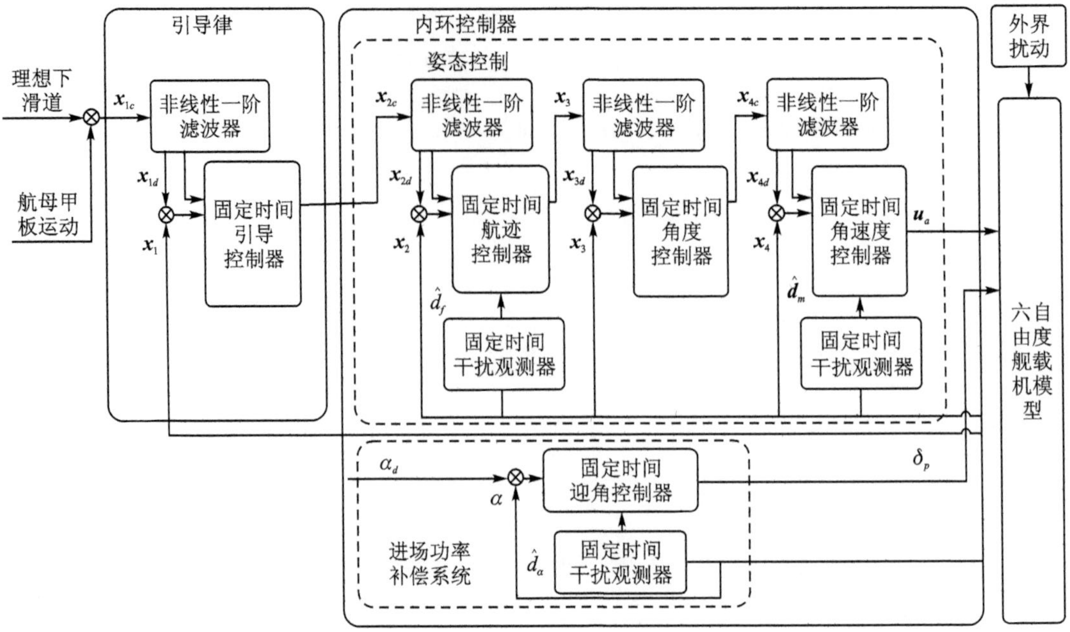

图 3.1 非线性固定时间着舰控制器架构

从而保证了全系统固定时间收敛特性不受影响。闭环系统固定时间收敛性质在 3.4 节中将得到分析证明。

定义引导跟踪误差

$$\boldsymbol{\xi}_1 = [\xi_{1,1}, \xi_{2,1}]^{\mathrm{T}} = [y_b - y_d, z_b - z_d]^{\mathrm{T}}$$

$$\boldsymbol{\varepsilon}_1 = [\varepsilon_{1,1}, \varepsilon_{2,1}]^{\mathrm{T}} = [y_d - y_c, z_d - z_c]^{\mathrm{T}}$$

可设计引导指令为

$$\boldsymbol{x}_{2c} = \boldsymbol{b}_1^{-1}[\dot{\boldsymbol{x}}_{1d} - \boldsymbol{f}_1 - \boldsymbol{\alpha}_1 \operatorname{sig}(\boldsymbol{\xi}_1^{r_1}) - \boldsymbol{\beta}_1 \operatorname{sig}(\boldsymbol{\xi}_1^{r_2})] \tag{3.5}$$

式中：$\boldsymbol{\alpha}_1 \in \mathbb{R}^{2\times 2}$、$\boldsymbol{\beta}_1 \in \mathbb{R}^{2\times 2}$均为待设计正定矩阵；$r_1$、$r_2$ 满足 $0<r_1<1, r_2>1$。

定义引导指令跟踪误差

$$\boldsymbol{\xi}_2 = [\xi_{1,2}, \xi_{2,2}]^{\mathrm{T}} = [\chi - \chi_d, \gamma - \gamma_d]^{\mathrm{T}}$$

$$\boldsymbol{\varepsilon}_2 = [\varepsilon_{1,2}, \varepsilon_{2,2}]^{\mathrm{T}} = [\chi_d - \chi_c, \gamma_d - \gamma_c]^{\mathrm{T}}$$

可得 $\boldsymbol{\xi}_1$ 和 $\boldsymbol{\varepsilon}_1$ 的导数表达式为

$$\begin{cases} \dot{\boldsymbol{\xi}}_1 = \boldsymbol{b}_1\boldsymbol{\xi}_2 + \boldsymbol{b}_1\boldsymbol{\varepsilon}_2 - \boldsymbol{\alpha}_1 \operatorname{sig}(\boldsymbol{\xi}_1^{r_1}) - \boldsymbol{\beta}_1 \operatorname{sig}(\boldsymbol{\xi}_1^{r_2}) \\ \dot{\boldsymbol{\varepsilon}}_1 = -\boldsymbol{k}_1^{-1}[\operatorname{sig}(\boldsymbol{\varepsilon}_1^{r_1}) + \operatorname{sig}(\boldsymbol{\varepsilon}_1^{r_2})] - \dot{\boldsymbol{x}}_{1c} \end{cases} \tag{3.6}$$

选取 Lyapunov 候选函数 $V_1 = \frac{1}{2}\boldsymbol{\xi}_1^{\mathrm{T}}\boldsymbol{\xi}_1 + \frac{1}{2}\boldsymbol{\varepsilon}_1^{\mathrm{T}}\boldsymbol{\varepsilon}_1$，可得 V_1 的导数为 $\dot{V}_1 = \boldsymbol{\xi}_1^{\mathrm{T}}\dot{\boldsymbol{\xi}}_1 + \boldsymbol{\varepsilon}_1^{\mathrm{T}}\dot{\boldsymbol{\varepsilon}}_1$。将式(3.6)代入 $\dot{V}_1$ 表达式中，可得

$$\begin{aligned} \dot{V}_1 \leqslant & -\lambda_{\min}(\boldsymbol{k}_1^{-1}) \sum_{i=1}^{2} \left[(\varepsilon_{i,1}^2)^{\frac{r_1+1}{2}} + (\varepsilon_{i,1}^2)^{\frac{r_2+1}{2}} \right] - \lambda_{\min}(\boldsymbol{\alpha}_1) \sum_{i=1}^{2} (\xi_{i,1}^2)^{\frac{r_1+1}{2}} - \\ & \lambda_{\min}(\boldsymbol{\beta}_1) \sum_{i=1}^{2} (\xi_{i,1}^2)^{\frac{r_2+1}{2}} + \boldsymbol{\xi}_1^{\mathrm{T}}\boldsymbol{b}_1\boldsymbol{\xi}_2 + \boldsymbol{\xi}_1^{\mathrm{T}}\boldsymbol{b}_1\boldsymbol{\varepsilon}_2 - \boldsymbol{\varepsilon}_1^{\mathrm{T}}\dot{\boldsymbol{x}}_{1c} \end{aligned} \tag{3.7}$$

根据杨氏不等式，式(3.7)可进一步写为

$$\dot{V}_1 \leqslant -\lambda_{\min}(\boldsymbol{k}_1^{-1})\sum_{i=1}^{2}\left[(\varepsilon_{i,1}^2)^{\frac{r_1+1}{2}}+(\varepsilon_{i,1}^2)^{\frac{r_2+1}{2}}\right]-\lambda_{\min}(\boldsymbol{\alpha}_1)\sum_{i=1}^{2}(\xi_{i,1}^2)^{\frac{r_1+1}{2}}-$$

$$\lambda_{\min}(\boldsymbol{\beta}_1)\sum_{i=1}^{2}(\xi_{i,1}^2)^{\frac{r_2+1}{2}}+\tau_1\boldsymbol{\xi}_1^{\mathrm{T}}\boldsymbol{\xi}_1+\frac{\tau_1}{2}\boldsymbol{\xi}_2^{\mathrm{T}}\boldsymbol{\xi}_2+\frac{1}{2}\boldsymbol{\varepsilon}_1^{\mathrm{T}}\boldsymbol{\varepsilon}_1+\frac{\tau_1}{2}\boldsymbol{\varepsilon}_2^{\mathrm{T}}\boldsymbol{\varepsilon}_2+\frac{1}{2}\omega_1^2 \tag{3.8}$$

式中：$\tau_1=\|\boldsymbol{b}_1\|_\infty$，$\omega_1\geqslant\|\dot{\boldsymbol{x}}_{1c}\|$。不等式(3.8)的结果将用于 3.4 节中闭环系统稳定性分析。

3.3　固定时间内环控制律设计

如图 3.1 所示，内环控制分为姿态控制和进场功率补偿。姿态控制子系统分为航迹控制环、角度控制环及角速度控制环，最终通过生成副翼、升降舵、方向舵偏转指令，控制舰载机跟踪期望引导指令。此外，通过进场功率补偿子系统控制发动机推力，在着舰过程中保持恒定迎角。

注意到变换为仿射形式的舰载机六自由度模型(2.8)中，包含舰艉流引起的扰动项 d_χ、$\boldsymbol{d}_m$ 及 d_α，因此首先设计固定时间干扰观测器对外界扰动进行估计。

假设 3.1　外界扰动 d_χ、$\boldsymbol{d}_m$、d_α 及其导数有界，表示为 $|\dot{d}_\chi|\leqslant L_1$，$\|\dot{\boldsymbol{d}}_m\|\leqslant L_2$，$|\dot{d}_\alpha|\leqslant L_3$，其中 L_1、L_2、L_3 为未知正常数。

定理 3.1　考虑舰载机六自由度模型(2.8)，在假设 3.1 的条件下，若构造观测器(3.9)、(3.10)及(3.11)，且所设计观测器参数 $l_1, l_2, \cdots, l_9\in\mathbb{R}^+$ 分别满足 $l_3>L_1$，$l_1\left[\frac{1}{l_1}+\left(\frac{2e}{(l_3-L_1)l_1}\right)^{\frac{1}{3}}\right]^{-1}>l_3+L_1$，$l_6>4L_2$，$l_4>\sqrt{2l_6}$，$l_9>L_1$，$l_7\left[\frac{1}{l_7}+\left(\frac{2e}{(l_9-L_3)}\right)^{\frac{1}{3}}\right]^{-1}>l_9+L_3$，则外界未知扰动 d_χ、$\boldsymbol{d}_m$、d_α 可分别由 z_2，$\boldsymbol{z}_4$，z_6 近似估计，且估计误差可在与系统初始状态无关的固定时间内收敛。观测器表达式如下：

$$\begin{cases}\dot{z}_1=-l_1\dfrac{e_1}{|e_1|^{\frac{1}{2}}}-l_2e_1|e_1|^{p_d-1}+z_2+f_2+b_2\boldsymbol{x}_3(3)\\ \dot{z}_2=-l_3\dfrac{e_1}{|e_1|}\end{cases} \tag{3.9}$$

$$\begin{cases}\dot{\boldsymbol{z}}_3=-l_4\dfrac{\boldsymbol{e}_2}{\|\boldsymbol{e}_2\|^{\frac{1}{2}}}-l_5\boldsymbol{e}_2\|\boldsymbol{e}_2\|^{p_d-1}+\boldsymbol{z}_4+\boldsymbol{f}_4+\boldsymbol{b}_4\boldsymbol{u}_a\\ \dot{\boldsymbol{z}}_4=-l_6\dfrac{\boldsymbol{e}_2}{\|\boldsymbol{e}_2\|}\end{cases} \tag{3.10}$$

$$\begin{cases}\dot{z}_5=-l_7\dfrac{e_3}{|e_3|^{\frac{1}{2}}}-l_8e_3|e_3|^{p_d-1}+z_6+f_a+b_a\delta_p\\ \dot{z}_6=-l_9\dfrac{e_3}{|e_3|}\end{cases} \tag{3.11}$$

式中：$e_1=z_1-\boldsymbol{x}_2(1)$，$\boldsymbol{e}_2=\boldsymbol{z}_3-\boldsymbol{x}_4$，$e_3=z_5-\alpha$。

证明　以观测器(3.9)为例，定义观测误差为 $\tilde{d}_\chi=z_2-d_\chi$，则观测误差导数可写为 $\dot{\tilde{d}}_\chi=$

$z_2-\dot{d}_\chi=-l_3\dfrac{e_1}{|e_1|}-\dot{d}_\chi$。由 e_1 定义可知，$\dot{e}_1=\dot{z}_1-\dot{\boldsymbol{x}}_2(1)$，将其与舰载机平动动力学模型 $\dot{\boldsymbol{x}}_2(1)=f_2+b_2\boldsymbol{x}_3(3)+d_\chi$ 联立，可得 $\dot{e}_1=-l_1\dfrac{e_1}{|e_1|^{\frac{1}{2}}}-l_2e_1|e_1|^{p_d-1}+\tilde{d}_\chi$。因此，观测器(3.9)误差模型可记为

$$\begin{cases}\dot{e}_1=-l_1\dfrac{e_1}{|e_1|^{\frac{1}{2}}}-l_2e_1|e_1|^{p_d-1}+\tilde{d}_\chi\\ \dot{\tilde{d}}_\chi=-l_3\dfrac{e_1}{|e_1|}-\dot{d}_\chi\end{cases}\tag{3.12}$$

由文献[25]中的定理1和定理2可知，观测器(3.9)的误差模型(3.12)中状态量 e_1 与 $\tilde{d}_\chi$ 将在固定时间 $T_1\leqslant\left[\dfrac{1}{l_2(p_d-1)\epsilon_1^{\frac{p_d-1}{2}}}+\dfrac{2\epsilon^{\frac{1}{2}}}{l_1}\right]\left[1+\dfrac{\Gamma_1}{\Gamma_2(1-\Gamma_2h(l_1)/l_1)}\right]$ 内一致收敛至原点，即观测器(3.9)对 d_χ 的观测误差将在固定时间 T_1 内收敛。其中，ϵ_1 为正实数，$p_d>1$ 为控制参数，$\Gamma_1=l_3+L_1$，$\Gamma_2=l_3-L_1$，$h(l_1)=1/l_1+(2e/\Gamma_2l_1)^{1/3}$，观测器参数满足 $l_3>L_1$，$l_1h^{-1}(l_1)>\Gamma_1$。

同理，矢量形式观测器(3.10)与标量形式观测器(3.11)可分别对外界扰动 $\boldsymbol{d}_m$ 和 d_a 进行估计，且估计误差将分别在固定时间 T_2 和 T_3 内收敛。其中：

$$T_2\leqslant\left[\frac{1}{l_5(p_d-1)\epsilon_2^{\frac{p_d-1}{2}}}+\frac{2(\sqrt{3}\epsilon_2)^{\frac{1}{2}}}{l_4}\right]\left[1+\frac{\Gamma_3}{\Gamma_4(1-\sqrt{2l_6}/l_4)}\right]$$

$$T_3\leqslant\left[\frac{1}{l_8(p_d-1)\epsilon_3^{\frac{p_d-1}{2}}}+\frac{2\epsilon_3^{\frac{1}{2}}}{l_7}\right]\left[1+\frac{\Gamma_5}{\Gamma_6(1-\Gamma_5h(l_7)/l_7)}\right]$$

式中：$\Gamma_3=l_6+L_2$，$\Gamma_4=l_6-L_2$，$\Gamma_5=l_9+L_3$，$\Gamma_6=l_9-L_3$，$h(l_7)=1/l_7+(2e/\Gamma_6l_7)^{1/3}$ 观测器参数满足 $l_6>4L_2$，$l_4>\sqrt{2l_6}$，$l_9>L_3$，$l_7h^{-1}(l_7)>\Gamma_5$。证毕。

完成对外界扰动观测后，可依次设计航迹控制环、角度控制环、角速度控制环及进场功率补偿系统。

(1) 航迹控制环

着舰过程中需通过消除侧滑角维持协调转弯，因此期望侧滑角设置为 $\beta_c=0°$。当侧滑角较小时，存在几何关系 $\theta=\alpha+\gamma$，同时进场功率补偿系统可维持恒定进场迎角，因此期望俯仰角可设计为 $\theta_c=\gamma_c+\alpha$。为设计速度滚转角虚拟控制量 μ_c 以跟踪期望航向角 χ_c，首先构造一阶非线性固定时间滤波器提取期望指令滤波值 χ_d 及导数 $\dot{\chi}_d$：

$$k_2\dot{\chi}_d=\mathrm{sig}[(\chi_c-\chi_d)^{r_1}]+\mathrm{sig}[(\chi_c-\chi_d)^{r_2}]\tag{3.13}$$

则航向角控制器可设计为

$$\mu_c=b_2^{-1}[\dot{\chi}_d-f_2-\alpha_2\mathrm{sig}(\xi_{1,2}^{r_1})-\beta_2\mathrm{sig}(\xi_{1,2}^{r_2})-z_2]\tag{3.14}$$

式中：k_2、α_2、β_2 为待设计参数。因此航迹控制环输出的期望角度可写为

$$\boldsymbol{x}_{3c}=[\theta_c,\beta_c,\mu_c]^{\mathrm{T}}=[\gamma_c+\alpha,0,\mu_c]^{\mathrm{T}}\tag{3.15}$$

选取 Lyapunov 候选函数 $V_2=\dfrac{1}{2}\xi_{1,2}^2+\dfrac{1}{2}\varepsilon_{1,2}^2$，类似式(3.8)，可得 V_2 导数为

$$\dot{V}_2 \leqslant -\alpha_2(\xi^2 1,2)^{\frac{r_1+1}{2}} - \beta_2(\xi_{1,2}^2)^{\frac{r_2+1}{2}} - \frac{1}{k_2}(\varepsilon_{1,2}^2)^{\frac{r_1+1}{2}} - \frac{1}{k_2}(\varepsilon_{1,2}^2)^{\frac{r_2+1}{2}} + b_2\xi_{1,2}^2 + \frac{b_2}{2}\xi_\mu^2 + \frac{b_2}{2}\varepsilon_\mu^2 + \frac{1}{2}\varepsilon_{1,2}^2 + \frac{1}{2}\omega_2^2 \tag{3.16}$$

式中：$\xi_\mu = \mu - \mu_d$，$\varepsilon_\mu = \mu_d - \mu_c$，$\omega_2 \geqslant |\dot{\chi}_c|$。

(2) 角度控制环

定义角度跟踪误差

$$\boldsymbol{\xi}_3 = [\theta - \theta_d, \beta - \beta_d, \mu - \mu_d]^{\mathrm{T}}$$

$$\boldsymbol{\varepsilon}_3 = [\theta_d - \theta_c, \beta_d - \beta_c, \mu_d - \mu_c]^{\mathrm{T}}$$

式中，$\boldsymbol{x}_{3d} = [\theta_d, \beta_d, \mu_d]^{\mathrm{T}}$ 及 $\dot{\boldsymbol{x}}_{3d}$ 通过以下一阶非线性固定时间滤波器求得：

$$\boldsymbol{k}_3\dot{\boldsymbol{x}}_{3d} = \mathrm{sig}[(\boldsymbol{x}_{3c} - \boldsymbol{x}_{3d})^{r_1}] + \mathrm{sig}[(\boldsymbol{x}_{3c} - \boldsymbol{x}_{3d})^{r_2}] \tag{3.17}$$

可设计期望角速度指令为

$$\boldsymbol{x}_{4c} = \boldsymbol{b}_3^{-1}[\dot{\boldsymbol{x}}_{3d} - \boldsymbol{f}_3 - \boldsymbol{\alpha}_3\mathrm{sig}(\boldsymbol{\xi}_3^{r_1}) - \boldsymbol{\beta}_3\mathrm{sig}(\boldsymbol{\xi}_3^{r_2})] \tag{3.18}$$

式中：$\boldsymbol{k}_3, \boldsymbol{\alpha}_3, \boldsymbol{\beta}_3 \in \mathbb{R}^{3\times3}$ 为待设计正定矩阵。定义角速度跟踪误差为

$$\boldsymbol{\xi}_4 = [p - p_d, q - q_d, r - r_d]^{\mathrm{T}}$$

$$\boldsymbol{\varepsilon}_4 = [p_d - p_c, q_d - q_c, r_d - r_c]^{\mathrm{T}}$$

选取 Lyapunov 候选函数 $V_1 = \frac{1}{2}\boldsymbol{\xi}_3^{\mathrm{T}}\boldsymbol{\xi}_3 + \frac{1}{2}\boldsymbol{\varepsilon}_3^{\mathrm{T}}\boldsymbol{\varepsilon}_3$，类似式(3.8)、(3.16)，可得 V_3 导数为

$$\dot{V}_3 \leqslant -\lambda_{\min}(\boldsymbol{k}_3^{-1})\sum_{i=1}^{3}[(\varepsilon_{i,3}^2)^{\frac{r_1+1}{2}} + (\varepsilon_{i,3}^2)^{\frac{r_2+1}{2}}] - \lambda_{\min}(\boldsymbol{\alpha}_3)\sum_{i=1}^{3}(\xi_{i,3}^2)^{\frac{r_1+1}{2}} - \lambda_{\min}(\boldsymbol{\beta}_3)\sum_{i=1}^{3}(\xi_{i,3}^2)^{\frac{r_2+1}{2}} + \tau_3\boldsymbol{\xi}_3^{\mathrm{T}}\boldsymbol{\xi}_3 + \frac{\tau_3}{2}\boldsymbol{\xi}_4^{\mathrm{T}}\boldsymbol{\xi}_4 + \frac{1}{2}\boldsymbol{\varepsilon}_3^{\mathrm{T}}\boldsymbol{\varepsilon}_3 + \frac{\tau_3}{2}\boldsymbol{\varepsilon}_4^{\mathrm{T}}\boldsymbol{\varepsilon}_4 + \frac{1}{2}\omega_3^2 \tag{3.19}$$

式中：$\tau_3 = \|\boldsymbol{b}_3\|_\infty$，$\omega_3 \geqslant \|\dot{\boldsymbol{x}}_{3c}\|$。

(3) 角速度控制环

期望角速度由一阶非线性固定时间滤波器处理，得到滤波后指令 $\boldsymbol{x}_{4d}$ 及导数 $\dot{\boldsymbol{x}}_{4d}$ 为

$$\boldsymbol{k}_4\dot{\boldsymbol{x}}_{4d} = \mathrm{sig}[(\boldsymbol{x}_{4c} - \boldsymbol{x}_{4d})^{r_1}] + \mathrm{sig}[(\boldsymbol{x}_{4c} - \boldsymbol{x}_{4d})^{r_2}] \tag{3.20}$$

可进一步设计舵面偏转指令如下：

$$\boldsymbol{u}_a = \boldsymbol{b}_4^{-1}[\dot{\boldsymbol{x}}_{4d} - \boldsymbol{f}_4 - \boldsymbol{\alpha}_4\mathrm{sig}(\boldsymbol{\xi}_4^{r_1}) - \boldsymbol{\beta}_4\mathrm{sig}(\boldsymbol{\xi})_4^{r_2} - z_4] \tag{3.21}$$

式中：$\boldsymbol{k}_4, \boldsymbol{\alpha}_4, \boldsymbol{\beta}_4 \in \mathbb{R}^{3\times3}$ 为待设计整定矩阵。

选取 Lyapunov 候选函数 $V_4 = \frac{1}{2}\boldsymbol{\xi}_4^{\mathrm{T}}\boldsymbol{\xi}_4 + \frac{1}{2}\boldsymbol{\varepsilon}_4^{\mathrm{T}}\boldsymbol{\varepsilon}_4$，定义 $\omega_4 \geqslant \|\dot{\boldsymbol{x}}_{4c}\|$，可推得 V_4 一阶导数为

$$\dot{V}_4 \leqslant -\lambda_{\min}(\boldsymbol{k}_4^{-1})\sum_{i=1}^{3}\left[(\varepsilon_{i,4}^2)^{\frac{r_1+1}{2}} + (\varepsilon_{i,4}^2)^{\frac{r_2+1}{2}}\right] - \lambda_{\min}(\boldsymbol{\alpha}_4)\sum_{i=1}^{3}(\xi_{i,4}^2)^{\frac{r_1+1}{2}} - \lambda_{\min}(\boldsymbol{\beta}_4)\sum_{i=1}^{3}(\xi_{i,4}^2)^{\frac{r_2+1}{2}} + \frac{\boldsymbol{\varepsilon}_4^{\mathrm{T}}\boldsymbol{\varepsilon}_4}{2} + \frac{\omega_4^2}{2} \tag{3.22}$$

(4) 进场功率补偿系统

在着舰过程中，舰载机迎角通过进场功率补偿系统调节发动机推力维持恒定。设期望迎角为 α_d，迎角跟踪误差为 $\xi_p = \alpha - \alpha_d$，则可设计油门控制量为

$$\delta_p = b_a^{-1}[-f_a - \alpha_p \mathrm{sig}(\xi_p^{r_1}) - \beta_p \mathrm{sig}(\xi_p^{r_2}) + z_6] \tag{3.23}$$

式中：$\alpha_p,\beta_p>0$ 为待设计控制参数。选取 Lyapunov 候选函数 $V_a=\frac{1}{2}\xi_a^2$，其导数可写为

$$\dot{V}_a = -\alpha_p(\xi_p^2)^{\frac{r_1+1}{2}} - \beta_p(\xi_p^2)^{\frac{r_2+1}{2}} \tag{3.24}$$

3.4 系统稳定性分析

定理 3.2 考虑舰载机六自由度数学模型(2.8)及期望下滑道(3.3)，在假设 3.1 的条件下，所设计控制输入引导律(3.5)、航迹控制器(3.14)、角度控制器(3.18)、角速度控制器(3.21)、进场功率补偿控制器(3.23)，一阶非线性固定时间滤波器(3.4)、(3.13)、(3.17)、(3.18)及固定时间干扰观测器(3.9)、(3.10)、(3.11)，可保证舰载机对期望下滑道跟踪误差在与初始状态无关的固定时间内收敛。

证明 选取 Lyapunov 候选函数 $V_0=V_1+V_2+V_3+V_4+V_a$，代入式(3.8)、(3.16)、(3.19)、(3.22)、(3.24)，可得 V_0 导数为

$$\begin{aligned}\dot{V}_0 \leqslant & -\sum_{j=1}^{4}\sum_{i=1}^{n_j}\lambda_{\min}(\boldsymbol{\alpha}_j)(\xi_{i,j}^2)^{\frac{r_1+1}{2}} - \alpha_p(\xi_p^2)^{\frac{r_1+1}{2}} - \sum_{j=1}^{4}\sum_{i=1}^{n_j}\lambda_{\min}(\boldsymbol{\beta}_j)(\xi_{i,j}^2)^{\frac{r_2+1}{2}} - \beta_p(\xi_p^2)^{\frac{r_2+1}{2}} - \\ & \sum_{j=1}^{4}\sum_{i=1}^{n_j}\lambda_{\min}(k_j^{-1})(\varepsilon_{i,j}^2)^{\frac{r_1+1}{2}} + \tau_1\boldsymbol{\xi}_1^{\mathrm{T}}\boldsymbol{\xi}_1 + \frac{1}{2}\boldsymbol{\varepsilon}_1^{\mathrm{T}}\boldsymbol{\varepsilon}_1 - \sum_{j=1}^{4}\sum_{i=1}^{n_j}\lambda_{\min}(k_j^{-1})(\varepsilon_{i,j}^2)^{\frac{r_2+1}{2}} + \\ & b_2\xi_{1,2}^2 + \frac{1}{2}\varepsilon_{1,2}^2 + \frac{\tau_1}{2}\boldsymbol{\xi}_2^{\mathrm{T}}\boldsymbol{\xi}_2 + \frac{\tau_1}{2}\boldsymbol{\varepsilon}_2^{\mathrm{T}}\boldsymbol{\varepsilon}_2 + \frac{b_2}{2}\xi_\mu^2 + \frac{b_2}{2}\varepsilon_\mu^2 + \\ & \tau_3\boldsymbol{\xi}_3^{\mathrm{T}}\boldsymbol{\xi}_3 + \frac{1}{2}\boldsymbol{\varepsilon}_3^{\mathrm{T}}\boldsymbol{\varepsilon}_3 + \frac{\tau_3}{2}\boldsymbol{\xi}_4^{\mathrm{T}}\boldsymbol{\xi}_4 + \frac{\tau_3+1}{2}\boldsymbol{\varepsilon}_4^{\mathrm{T}}\boldsymbol{\varepsilon}_4 + \frac{1}{2}\sum_{i=1}^{4}\omega_i^2\end{aligned} \tag{3.25}$$

式中：$n_1=2,n_2=1,n_3=n_4=3$。注意到 $\xi_{2,2}=\theta-\theta_d=\gamma-\gamma_d$，因此有 $\boldsymbol{\xi}_2^{\mathrm{T}}\boldsymbol{\xi}_2=\xi_{1,2}^2+\xi_{2,2}^2=\xi_{1,2}^2+\xi_{1,3}^2$。定义 $\tau_{12}=\max\left\{\frac{\tau_1}{2},\frac{b_2}{2}\right\}$，可得

$$\frac{\tau_1}{2}\boldsymbol{\xi}_2^{\mathrm{T}}\boldsymbol{\xi}_2 + b_2\xi_{1,2}^2 + \frac{b_2}{2}\xi_\mu^2 + \tau_3\boldsymbol{\xi}_3^{\mathrm{T}}\boldsymbol{\xi}_3 \leqslant \left(\frac{\tau_1}{2}+b_2\right)\xi_{1,2}^2 + (\tau_{12}+\tau_3)\boldsymbol{\xi}_3^{\mathrm{T}}\boldsymbol{\xi}_3 \tag{3.26}$$

类似地，可得

$$\frac{\tau_1}{2}\boldsymbol{\varepsilon}_2^{\mathrm{T}}\boldsymbol{\varepsilon}_2 + \frac{1}{2}\varepsilon_{1,2}^2 + \frac{b_2}{2}\varepsilon_\mu^2 + \frac{1}{2}\boldsymbol{\varepsilon}_3^{\mathrm{T}}\boldsymbol{\varepsilon}_3 \leqslant \left(\frac{\tau_1}{2}+\frac{1}{2}\right)\varepsilon_{1,2}^2 + \left(\tau_{12}+\frac{1}{2}\right)\boldsymbol{\varepsilon}_3^{\mathrm{T}}\boldsymbol{\varepsilon}_3 \tag{3.27}$$

将不等式(3.26)、(3.27)代入不等式(3.25)中，可得 $\dot{V}_0$ 满足如下不等式：

$$\begin{aligned}\dot{V}_0 \leqslant & -\sum_{j=1}^{4}\sum_{i=1}^{n_j}\lambda_{\min}(\boldsymbol{\alpha}_j)(\xi_{i,j}^2)^{\frac{r_1+1}{2}} - \alpha_p(\xi_p^2)^{\frac{r_1+1}{2}} - \sum_{j=1}^{4}\sum_{i=1}^{n_j}\lambda_{\min}(\boldsymbol{\beta}_j)(\xi_{i,j}^2)^{\frac{r_2+1}{2}} - \beta_p(\xi_p^2)^{\frac{r_2+1}{2}} - \\ & \sum_{j=1}^{4}\sum_{i=1}^{n_j}\lambda_{\min}(\boldsymbol{k}_j^{-1})(\varepsilon_{i,j}^2)^{\frac{r_1+1}{2}} + \tau_1\boldsymbol{\xi}_1^{\mathrm{T}}\boldsymbol{\xi}_1 + \frac{1}{2}\boldsymbol{\varepsilon}_1^{\mathrm{T}}\boldsymbol{\varepsilon}_1 - \sum_{j=1}^{4}\sum_{i=1}^{n_j}\lambda_{\min}(\boldsymbol{k}_j^{-1})(\varepsilon_{i,j}^2)^{\frac{r_2+1}{2}} + \\ & \left(\frac{\tau_1}{2}+b_{11,2}\right)\xi_{1,2}^2 + \left(\frac{\tau_1+1}{2}\right)\varepsilon_{1,2}^2 + (\tau_{12}+\tau_3)\boldsymbol{\xi}_3^{\mathrm{T}}\boldsymbol{\xi}_3 + \left(\tau_{12}+\frac{1}{2}\right)\boldsymbol{\varepsilon}_3^{\mathrm{T}}\boldsymbol{\varepsilon}_3 + \\ & \frac{\tau_3}{2}\boldsymbol{\xi}_4^{\mathrm{T}}\boldsymbol{\xi}_4 + \frac{\tau_3+1}{2}\boldsymbol{\varepsilon}_4^{\mathrm{T}}\boldsymbol{\varepsilon}_4 + \frac{1}{2}\sum_{i=1}^{4}\omega_i^2\end{aligned} \tag{3.28}$$

定义 $\{g_1, g_2, g_3, g_4\}=\left\{\tau_1, \frac{\tau_1}{2}+b_2, \tau_{12}+\tau_3, \frac{\tau_3}{2}\right\}$, $\{h_1, h_2, h_3, h_4\}=\left\{\frac{1}{2}, \frac{\tau_1+1}{2}, \tau_{12}+\frac{1}{2}, \frac{\tau_3+1}{2}\right\}$,对 $\dot{V}_0$ 可分如下四种情况讨论:

情况 1:若 $\xi_{i,j}\geqslant 1$,则定义 $\lambda_{\min}(\hat{\boldsymbol{\beta}}_j)=\lambda(\boldsymbol{\beta}_j)-|g_j|$,可得

$$-\lambda_{\min}(\boldsymbol{\beta}_j)(\xi_{i,j}^2)^{\frac{r_2+1}{2}}+g_j\xi_{i,j}^2\leqslant-\lambda_{\min}(\hat{\boldsymbol{\beta}}_j)(\xi_{i,j}^2)^{\frac{r_2+1}{2}}$$

情况 2:若 $\xi_{i,j}<1$,则定义 $\lambda_{\min}(\hat{\boldsymbol{\alpha}}_j)=\lambda_{\min}(\boldsymbol{\alpha}_j)-|g_j|$,可得

$$-\lambda_{\min}(\boldsymbol{\alpha}_j)(\xi_{i,j}^2)^{\frac{r_1+1}{2}}+g_j\xi_{i,j}^2\leqslant-\lambda_{\min}(\hat{\boldsymbol{\alpha}}_j)(\xi_{i,j}^2)^{\frac{r_1+1}{2}}$$

情况 3:若 $\varepsilon_{i,j}\geqslant 1$,则定义 $\lambda_{\min}(\hat{\boldsymbol{k}}_j^{-1})=\lambda_{\min}(\boldsymbol{k}_j^{-1})-|h_j|$,可得

$$-\lambda_{\min}(\boldsymbol{k}_j^{-1})(\varepsilon_{i,j}^2)^{\frac{r_2+1}{2}}+h_j\varepsilon_{i,j}^2\leqslant-\lambda_{\min}(\hat{\boldsymbol{k}}_j^{-1})(\xi_{i,j}^2)^{\frac{r_2+1}{2}}$$

情况 4:若 $\varepsilon_{i,j}<1$,则定义 $\lambda_{\min}(\hat{\boldsymbol{k}}_j^{-1})=\lambda_{\min}(\boldsymbol{k}_j^{-1})-|h_j|$,可得

$$-\lambda_{\min}(\boldsymbol{k}_j^{-1})(\varepsilon_{i,j}^2)^{\frac{r_1+1}{2}}+h_j\varepsilon_{i,j}^2\leqslant-\lambda_{\min}(\hat{\boldsymbol{k}}_j^{-1})(\xi_{i,j}^2)^{\frac{r_1+1}{2}}$$

将上述四种情况总结,并结合引理 3.5,则不等式(3.28)可写为

$$\begin{aligned}\dot{V}_0\leqslant&-A\left(\sum_{j=1}^{4}\sum_{i=1}^{n_j}\xi_{i,j}^2+\xi_p^2\right)^{\frac{r_1+1}{2}}-K\left(\sum_{j=1}^{4}\sum_{i=1}^{n_j}\varepsilon_{i,j}^2\right)^{\frac{r_1+1}{2}}-\\&\left(\sum_{j=1}^{4}n_j\right)^{\frac{1-r_2}{2}}B\left(\sum_{j=1}^{4}\sum_{i=1}^{n_j}\xi_{i,j}^2+\xi_p^2\right)^{\frac{r_2+1}{2}}-\\&\left(\sum_{j=1}^{4}n_j\right)^{\frac{1-r_2}{2}}K\left(\sum_{j=1}^{4}\sum_{i=1}^{n_j}\varepsilon_{i,j}^2\right)^{\frac{r_2+1}{2}}+\frac{1}{2}\sum_{i=1}^{4}\omega_i^2\end{aligned}\tag{3.29}$$

式中:$A=\min\{\lambda_{\min}(\hat{\boldsymbol{\alpha}}_j),\alpha_p\}$,$B=\min\{\lambda_{\min}(\hat{\boldsymbol{\beta}}_j),\beta_p\}$,$K=\min\{\lambda_{\min}(\hat{\boldsymbol{k}}_j^{-1})\}$。由引理 3.5 可知,不等式(3.29)可写为

$$\dot{V}_0\leqslant-\min(A,K)V_0^{\frac{r_1+1}{2}}-\left(\sum_{j=1}^{4}n_j\right)^{\frac{1-r_2}{2}}\min(B,K)V_0^{\frac{r_2+1}{2}}+\frac{1}{2}\sum_{i=1}^{4}\omega_i^2\tag{3.30}$$

不等式(3.30)满足引理 3.4 中实际固定时间收敛判据,可得收敛时间 T_4 及收敛域 Ω 为

$$T_4\leqslant\frac{2}{\Gamma_\alpha\eta(1-r_1)}+\frac{2}{\Gamma_\beta\eta(r_2-1)}$$

$$\Omega=\min\left\{\left(\frac{\Gamma_w}{\Gamma_\alpha(1-\eta)}\right)^{\frac{1}{r_1+1}},\left(\frac{\Gamma_w}{\Gamma_\beta(1-\eta)}\right)^{\frac{1}{r_2+1}}\right\}$$

式中:$\Gamma_\alpha=\min(A,K)$,$\Gamma_\beta=\left(\sum_{j=1}^{4}n_j\right)^{\frac{1-r_2}{2}}\min(B,K)$,$\Gamma_w=\frac{1}{2}\sum_{i=1}^{4}\omega_i^2$。对于受扰动的闭环系统,考虑固定时间干扰观测器收敛时间,可得闭环系统收敛时间为

$$T_{\max}\leqslant T_4+\max(T_1,T_2,T_3)$$

即舰载机对期望下滑道跟踪误差可在 $T_{\max}$ 内收敛至 Ω。证毕。

注 3.2 本章针对全自动着舰问题提出了固定时间着舰控制方法。若设定控制参数 $\beta_i=0,(i=1,\cdots,4,p)$，则固定时间控制器(3.5)、(3.14)、(3.18)、(3.21)、(3.23)可简化为如下形式的有限时间控制器：

$$\boldsymbol{x}_{2c}=\boldsymbol{b}_1^{-1}\left[\dot{\boldsymbol{x}}_{1d}-\boldsymbol{f}_1-\boldsymbol{\alpha}_1\operatorname{sig}(\boldsymbol{\xi}_1^{r_1})\right]$$

$$\mu_c=b_2^{-1}\left[\dot{\chi}_d-f_2-\alpha_2\operatorname{sig}(\xi_{1,2}^{r_1})-z_2\right]$$

$$\boldsymbol{x}_{4c}=\boldsymbol{b}_3^{-1}\left[\dot{\boldsymbol{x}}_{3d}-\boldsymbol{f}_3-\boldsymbol{\alpha}_3\operatorname{sig}(\boldsymbol{\xi}_3^{r_1})\right]$$

$$\boldsymbol{u}_{\mathrm{act}}=\boldsymbol{b}_4^{-1}\left[\dot{\boldsymbol{x}}_{4d}-\boldsymbol{f}_4-\boldsymbol{\alpha}_4\operatorname{sig}(\boldsymbol{\xi}_4^{r_1})-\boldsymbol{z}_4\right]$$

进一步，若设定控制参数 $\beta_i=0,(i=1,\cdots,4,p)$ 且设定 $r_1=1$，则固定时间控制器(3.5)、(3.14)、(3.18)、(3.21)、(3.23)可简化为如下形式的反步法控制器：

$$\boldsymbol{x}_{2c}=\boldsymbol{b}_1^{-1}(\dot{\boldsymbol{x}}_{1d}-\boldsymbol{f}_1-\boldsymbol{\alpha}_1\boldsymbol{\xi}_1)$$

$$\mu_c=b_2^{-1}(\dot{\chi}_d-f_2-\alpha_2\xi_{1,2}-z_2)$$

$$\boldsymbol{x}_{4c}=\boldsymbol{b}_3^{-1}(\dot{\boldsymbol{x}}_{3d}-\boldsymbol{f}_3-\boldsymbol{\alpha}_3\boldsymbol{\xi}_3)$$

$$\boldsymbol{u}_{act}=\boldsymbol{b}_4^{-1}(\dot{\boldsymbol{x}}_{4d}-\boldsymbol{f}_4-\boldsymbol{\alpha}_4\boldsymbol{\xi}_4-\boldsymbol{z}_4)$$

固定时间控制方法、有限时间控制方法及普通反步法的控制效果在 3.5 节中已进行对比仿真。

3.5 数值仿真

为验证本章提出的固定时间着舰控制方法的有效性，本节进行了一系列数值仿真试验。仿真试验以 2.1 节中介绍的 F/A-18 舰载机为对象机，设定着舰期望下滑角为 $\gamma_s=-3.5°$，斜角甲板与航母舰体中轴偏角为 $\theta_s=9°$。舰载机在大地坐标系中初始位置设置为 $[x_{b0},y_{b0},z_{b0}]=[-1\,600,-5,-109]$，即距期望下滑道纵向误差 10 m，侧向误差 5 m。舰载机初始速度设置为 $V_{k0}=60$ m/s，初始爬升角设置为 $\gamma_0=0°$，初始俯仰角与迎角设置为 $\theta_0=\alpha_0=6°$，初始航向角设置为 $\chi_0=-9°$，初始滚转角与侧滑角设置为 $\mu_0=\beta_0=0°$，初始滚转、俯仰、偏航角速度设置为 $p_0=q_0=r_0=0(°)/\mathrm{s}$，初始舵面偏转量设置为 $\delta_{a0}=\delta_{e0}=\delta_{r0}=0°$，初始油门位置设置为 $\delta_p=10\%$。

控制器控制参数设计为 $\boldsymbol{\alpha}_1=\boldsymbol{\beta}_1=\operatorname{diag}\{0.95,0.25\}$，$\alpha_2=\beta_2=0.45$，$\boldsymbol{\alpha}_3=\boldsymbol{\beta}_3=\operatorname{diag}\{0.4,0.4,0.4\}$，$\boldsymbol{\alpha}_4=\boldsymbol{\beta}_4=\operatorname{diag}\{0.21,0.28,0.21\}$，$\alpha_p=\beta_p=0.35$。一阶非线性固定时间滤波器参数设计为 $\boldsymbol{k}_1=\operatorname{diag}\{0.06,0.06\}$，$k_2=0.1$，$\boldsymbol{k}_3=\operatorname{diag}\{0.15,0.15,0.15\}$，$\boldsymbol{k}_4=\operatorname{diag}\{0.2,0.2,0.2\}$，$r_1=\frac{11}{13}$，$r_2=\frac{9}{7}$。固定时间干扰观测器参数为 $p_d=1.5$，$l_1=l_4=l_7=0.15$，$l_2=l_5=l_8=0.05$，$l_3=l_6=l_9=0.01$。

在仿真过程中，假设航母以 13.89 m/s(27 kn)的航速向前航行，甲板受海浪等外界扰动产生纵摇、横摇及垂荡运动的表达式见 2.2 节。仿真中舰艉流设定见 2.3 节，由舰艉流引起的舰载机六自由度模型中扰动项表达式见式(2.7)。

仿真结果如图 3.2～图 3.7 所示及表 3.1、表 3.2 所列。在本章所提出的固定时间方法控制下舰载机着舰三维轨迹如图 3.2 所示，可以看出，航母持续向前航行，并受海浪等扰动影响有上下起伏；舰载机可调整航迹跟踪航母甲板运动，舰载机与航母轨迹重合，实现着舰。图 3.3

所示为本章提出的固定时间干扰观测器可实现对舰艉流等外界未知扰动的快速准确估计。

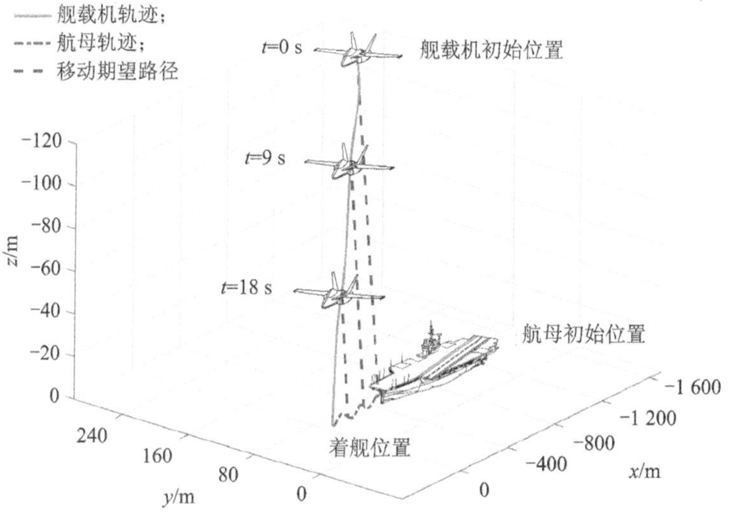

图 3.2　固定时间方法控制下着舰轨迹

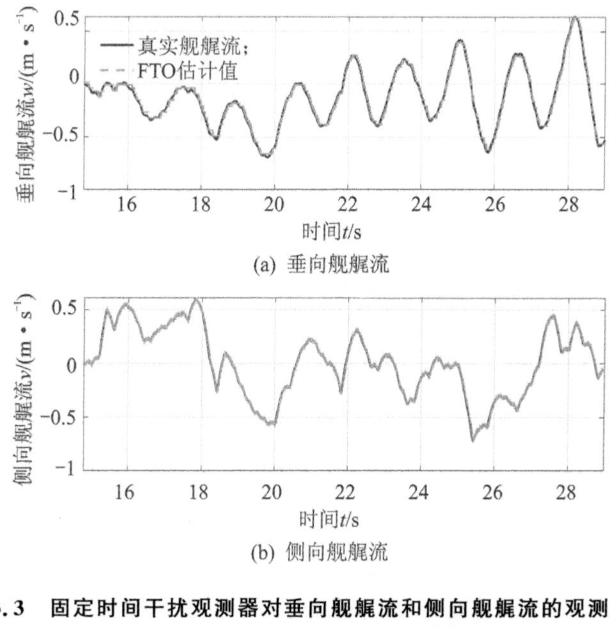

图 3.3　固定时间干扰观测器对垂向舰艉流和侧向舰艉流的观测效果

本章通过数值仿真对 3.4 节中总结的固定时间着舰控制方法、有限时间着舰控制方法及反步着舰控制方法的控制效果进行了对比。不同方法控制下舰载机对期望下滑道纵向跟踪误差及侧向跟踪误差如图 3.4 所示。由图 3.4 可以看出，三种方法控制下舰载机期望下滑道纵向及侧向误差均可收敛，但本章提出的固定时间方法相较另外两种方法具有更快的收敛速度。为定量比较三种方法对下滑道跟踪的性能，本节采用绝对误差积分 IAE $\left(\int_0^t |e(\tau)|\,\mathrm{d}\tau\right)$ 评估瞬态性能；采用时间与绝对误差乘积积分 ITAE $\left(\int_0^t \tau|e(\tau)|\,\mathrm{d}\tau\right)$ 评估稳态控制性能。不同方

法控制下跟踪误差定量对比分析如表 3.1 和表 3.2 所列。可以看出,固定时间方法控制下侧向及纵向跟踪误差具有最小的 IAE 及 ITAE 指标,因此控制效能最佳。

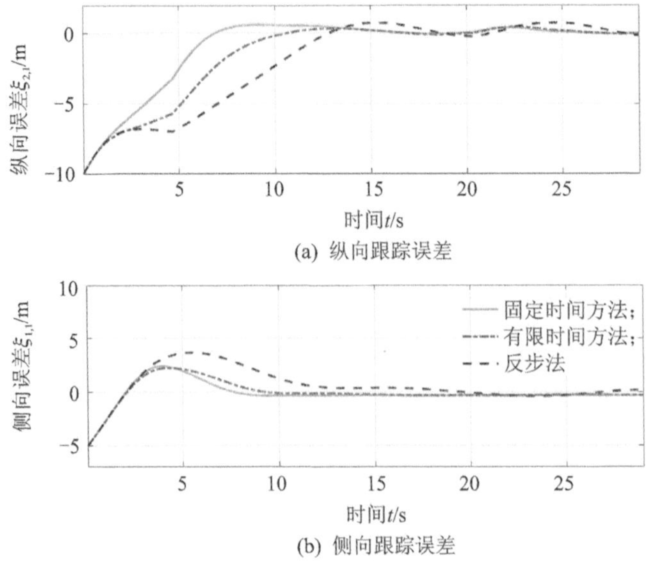

图 3.4 固定时间、有限时间与反步法着舰的纵向和侧向跟踪误差

表 3.1 固定时间、有限时间与反步法跟踪误差 IAE 指标对比

误差 \ 方法	固定时间方法	有限时间方法	反步法
$\xi_{1,1}$/m	32.379 4	32.897 7	48.077 3
$\xi_{2,1}$/m	62.138 3	74.368 5	84.320 6

表 3.2 固定时间、有限时间与反步法跟踪误差 ITAE 指标对比

误差 \ 方法	固定时间方法	有限时间方法	反步法
$\xi_{1,1}$/m	422.937 8	426.242 9	695.715 1
$\xi_{2,1}$/m	1.750 3	1.770 8	1.879 9

着舰过程中主要飞行状态参数及舵面偏转曲线如图 3.5 和图 3.6 所示。可以看出,在三种方法控制下,爬升角 γ 与航向角 χ 不断变化以跟踪甲板运动。在进场功率补偿系统控制下,迎角误差不超过 1.2°,同时可通过控制迎角保持进场速度波动在±3 m/s 范围内。飞行参数及控制输入范围合理。

为进一步验证所提出的着舰控制方法的有效性及鲁棒性,本节通过修改舰艉流扰动及甲板运动对落点误差进行了蒙特卡洛仿真。落点处纵向及侧向跟踪误差分布如图 3.7 所示。可以看出,三种方法的高度跟踪误差在±0.6 m 范围内,侧向跟踪误差在±0.8 m 范围内,均满足着舰精度要求。本章提出的固定时间控制方法分布更加紧密,且落点处误差更小,因此控制性能更优。此外还可注意到,三种方法落点处纵向及侧向跟踪误差主要分布在图 3.7 中的第三象限，因此舰载机落点位置相对理想下滑道偏“下”且偏“右”。该现象由期望下滑道跟随在大地坐标系中前进的航母做牵连运动引起，使着舰控制器存在静态误差。后续章节在引导律设计过程中通过考虑期望下滑道时变特性，消除了该静态误差，获得了更好的控制性能。

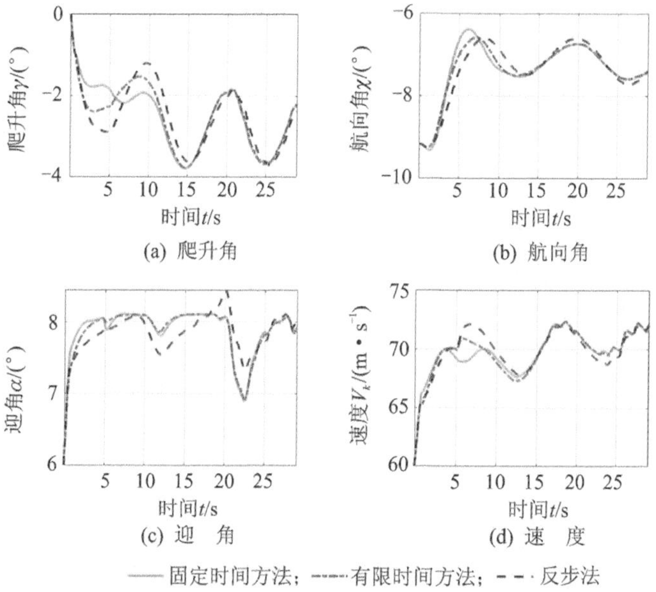

图 3.5　固定时间方法、有限时间方法及反步法着舰的爬升角、航向角、迎角、速度

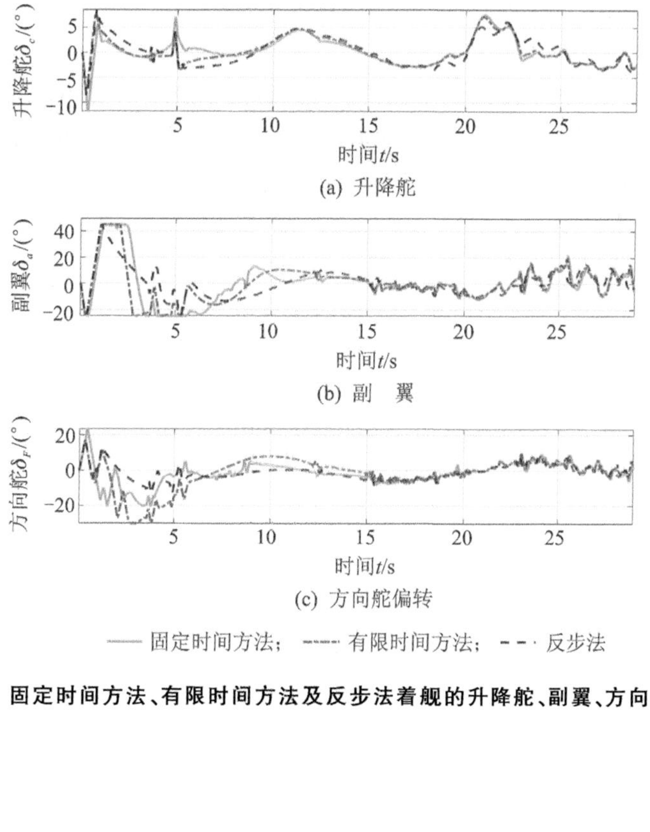

图 3.6　固定时间方法、有限时间方法及反步法着舰的升降舵、副翼、方向舵偏转

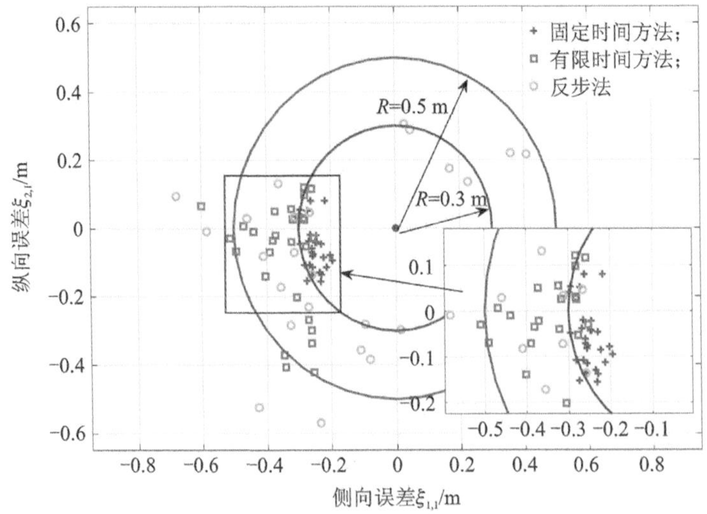

图 3.7 固定时间方法、有限时间方法及反步法触舰点跟踪误差分布

本章小结

为满足舰载机全自动着舰控制需求，本章首先将舰载机六自由度模型变换为适合控制设计的仿射形式，基于 backstepping 设计了全自动着舰非线性控制架构。在所提出的控制架构基础上，基于固定时间理论设计了非线性固定时间着舰控制方法。其中，固定时间干扰观测器可实现对舰艉流等未知外界扰动的估计与补偿，从而抑制舰艉流对落点位置的影响。一阶非线性固定时间滤波器及固定时间反馈，保证了舰载机对期望下滑道跟踪误差在与初始值状态无关的固定时间内快速收敛。数值仿真结果证明了所设计的固定时间控制方法在固定翼飞机全自动着舰应用中的有效性。

第 4 章　基于预设性能时变矢量场的移动路径跟踪着舰方法

本章在第 2 章建立的全自动着舰流程与运动学、动力学模型和所提出的舰载机着舰非线性控制架构的基础上，除考虑着舰过程中受海浪影响产生的纵摇、垂荡、横摇等运动外，还进一步考虑了航母前进运动所引起的期望下滑道在惯性系中的牵连运动，提出了通过移动路径跟踪解决全自动着舰引导问题的方法。首先提出了时变矢量场移动路径跟踪方法，在纵向及侧向引导律设计过程中考虑期望下滑道的时变特性，解决了对移动下滑道的跟踪问题；并进一步通过预设性能控制理论增强所提出的时变矢量场方法，从理论上定量约束了下滑道跟踪误差的范围与收敛速度。其次，结合跟踪微分器、扩张状态观测器、非线性反馈设计了自抗扰着舰姿态控制器。其中，跟踪微分器用于对指令滤波并估计指令导数项，扩张状态观测器用于观测和补偿舰艉流在内的外界扰动，非线性反馈用于消除姿态跟踪误差。

本章提出的基于预设性能时变矢量场的移动路径跟踪着舰控制方法具有如下特点：

① 与现有的着舰控制方法相比，本章提出的方法除考虑着舰甲板垂向和侧向运动外，还考虑了着舰过程中期望下滑道在惯性系中的前进运动，进一步提高了着舰控制精度。

② 通过引入预设性能控制理论，改善了所提出的着舰控制方法对期望下滑道跟踪的动态特性，定量约束了跟踪误差大小及收敛速度。

③ 所设计的控制器对舰艉流等外界扰动进行了观测并抑制其影响。

④ 所设计的控制器通过跟踪微分器提取指令导数项，避免了高阶控制系统中复杂的微分运算。

4.1　预设性能时变矢量场

4.1.1　问题描述

本章以舰载机跟踪移动下滑道着舰任务为研究对象，如图 4.1 所示，定义舰载机质心在大地坐标系 $\{I\}$ 中的坐标为 $[x,y,z]^{\mathrm{T}}$，定义理想着舰点在大地坐标系中的坐标为 $[x_s,y_s,z_s]^{\mathrm{T}}$，则舰载机运动学模型如式(2.1)。

定义舰载机在纵向平面和横侧向平面内的坐标矢量分别为 $\boldsymbol{r}_{\mathrm{lon}}=[x,z]^{\mathrm{T}}$，$\boldsymbol{r}_{\mathrm{lat}}=[x,y]^{\mathrm{T}}$。期望下滑道在纵向平面与横侧向平面内的投影可表示为对舰载机位置矢量与时间的函数 $\varphi_{\mathrm{lon}}(\boldsymbol{r}_{\mathrm{lon}},t)=0$，$\varphi_{\mathrm{lat}}(\boldsymbol{r}_{\mathrm{lat}},t)=0$。以横侧向平面为例，如图 4.2 所示，将位置矢量 $\boldsymbol{r}_1=(x_1,y_1)$ 代入期望路径表达式中，可得 $\varphi_{\mathrm{lat}}(\boldsymbol{r}_1,t)=c_1>0$，则将 c_1 定义为该点跟踪误差；同理，将位置矢量 $\boldsymbol{r}_2=(x_2,y_2)$ 代入期望路径表达式中，可得 $\varphi_{\mathrm{lat}}(\boldsymbol{r}_2,t)=c_2<0$，则将 c_2 定义为该点跟踪误差；若某点位于期望路径上，如 $\boldsymbol{r}_3=(x_3,y_3)$，则有 $\varphi_{\mathrm{lat}}(\boldsymbol{r}_3,t)=0$，即跟踪误差为 0。

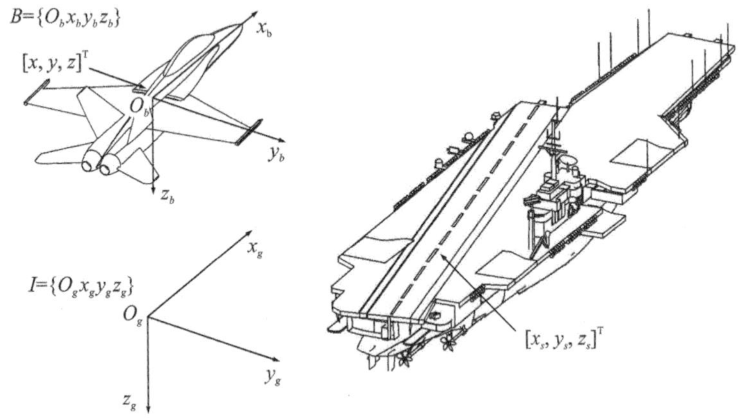

图 4.1 舰载机着舰坐标系定义

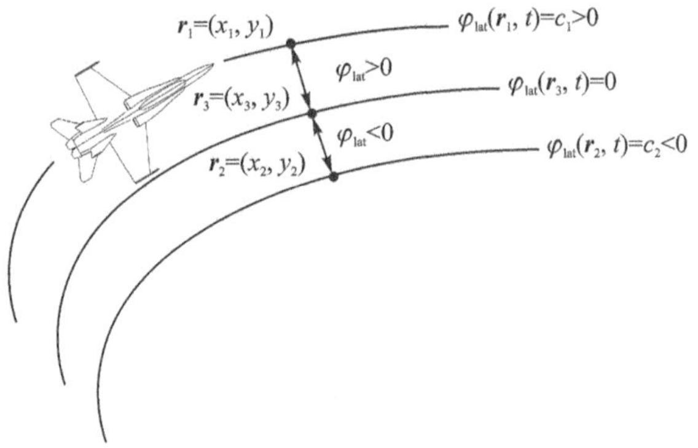

图 4.2 期望路径与跟踪误差定义

假设 4.1 期望路径函数 $\varphi_{\text{lon}}:R^2\to R$、$\varphi_{\text{lat}}:R^2\to R$ 的二阶导数连续，且为正则函数，即 $\|\nabla\varphi_{\text{lon}}\|=\left\|\left[\dfrac{\partial\varphi_{\text{lon}}}{\partial x},\dfrac{\partial\varphi_{\text{lon}}}{\partial z}\right]^{\mathrm{T}}\right\|\neq 0$，$\|\nabla\varphi_{\text{lat}}\|=\left\|\left[\dfrac{\partial\varphi_{\text{lat}}}{\partial x},\dfrac{\partial\varphi_{\text{lat}}}{\partial y}\right]^{\mathrm{T}}\right\|\neq 0$。

设计着舰控制器引导部分时，可假设存在内环控制器跟踪期望航迹指令。当内环控制器跟踪精度与速度足够时，可将航迹矢量作为引导部分的控制输入。因此，引导算法设计目标为计算期望航向角 χ_d 与期望爬升角 γ_d，使式(2.1)描述的舰载机可跟踪移动期望路径。

4.1.2 时变矢量场设计

在传统固定路径跟踪问题中，期望路径 φ_{lon} 与 φ_{lat} 相对大地坐标系固定。然而，在移动路径跟踪问题中，由于期望路径的时变特性，传统方法无法确保闭环系统的稳定性。在此种情况下，期望路径 φ_{lon} 与 φ_{lat} 中的时间变量 t 不能被省略。以横侧向为例，位于坐标点 $\boldsymbol{r}_{\text{lat}}=[x_b, y_b]^{\mathrm{T}}$ 的舰载机对期望路径的侧向跟踪误差写为 $\varphi_{\text{lat}}(\boldsymbol{r}_{\text{lat}},t)$。

考虑 Lyapunov 候选函数

$$V_{\text{lat}}=\frac{1}{2}\varphi_{\text{lat}}^2(\boldsymbol{r}_{\text{lat}},t) \tag{4.1}$$

式(4.1)对时间的一阶导数为

$$\dot{V}_{\text{lat}}=\varphi_{\text{lat}}(\boldsymbol{r}_{\text{lat}},t)\cdot\boldsymbol{n}_{\text{lat}}^{\text{T}}\cdot\dot{\boldsymbol{r}}_{\text{lat}}+\varphi_{\text{lat}}(\boldsymbol{r}_{\text{lat}},t)\frac{\partial\varphi_{\text{lat}}(\boldsymbol{r}_{\text{lat}},t)}{\partial t}\tag{4.2}$$

式中：$\boldsymbol{n}_{\text{lat}}=\nabla\varphi_{\text{lat}}=\left[\dfrac{\partial\varphi_{\text{lat}}}{\partial x_b},\dfrac{\partial\varphi_{\text{lat}}}{\partial y_b}\right]^{\text{T}}$ 为期望轨迹法向量；$\dot{\boldsymbol{r}}_{\text{lat}}=[\dot{x},\dot{y}]^{\text{T}}$。定义期望轨迹切向量为 $\boldsymbol{\tau}_{\text{lat}}=\boldsymbol{E}\boldsymbol{n}_{\text{lat}}$，$\boldsymbol{E}=\begin{bmatrix}0 & \pm 1\\ \mp 1 & 0\end{bmatrix}$。之后，可设计新型时变矢量场为

$$\dot{\boldsymbol{r}}_{d_{\text{lat}}}=V_k\bar{\boldsymbol{\tau}}_{\text{lat}}-k_{\text{lat}}\varphi_{\text{lat}}\bar{\boldsymbol{n}}_{\text{lat}}-\frac{\bar{\boldsymbol{n}}_{\text{lat}}}{\|\boldsymbol{n}_{\text{lat}}\|}\frac{\partial\varphi_{\text{lat}}}{\partial t}\tag{4.3}$$

式中：k_{lat} 为控制增益；$\bar{\boldsymbol{\tau}}_{\text{lat}}=\dfrac{\boldsymbol{\tau}_{\text{lat}}}{\|\boldsymbol{\tau}_{\text{lat}}\|}$ 及 $\bar{\boldsymbol{n}}_{\text{lat}}=\dfrac{\boldsymbol{n}_{\text{lat}}}{\|\boldsymbol{n}_{\text{lat}}\|}$ 分别表示期望路径横侧向投影的切向单位向量及法向单位向量。

注 4.1　切向量 $\boldsymbol{\tau}_{\text{lat}}$ 可指向两个方向，分别通过 $\boldsymbol{\tau}_{\text{lat}}=\begin{bmatrix}0 & 1\\ -1 & 0\end{bmatrix}\boldsymbol{n}_{\text{lat}}$ 与 $\boldsymbol{\tau}_{\text{lat}}=\begin{bmatrix}0 & -1\\ 1 & 0\end{bmatrix}\boldsymbol{n}_{\text{lat}}$ 获得。实际使用过程中，应选取指向舰载机运动方向的切向量。

注 4.2　与传统矢量场引导方法相比，本章提出的新型矢量场引导律增加了时变项 $-\dfrac{\bar{\boldsymbol{n}}_{\text{lat}}}{\|\boldsymbol{n}_{\text{lat}}\|}\dfrac{\partial\varphi_{\text{lat}}}{\partial t}$，该项可补偿期望路径运动的影响。对于与大地坐标系固连的固定路径，有 $\dfrac{\bar{\boldsymbol{n}}_{\text{lat}}}{\|\boldsymbol{n}_{\text{lat}}\|}\dfrac{\partial\varphi_{\text{lat}}}{\partial t}=0$，则此时时变矢量场引导律变为

$$\dot{\boldsymbol{r}}_{d_{\text{lat}}}=V_k\bar{\boldsymbol{\tau}}_{\text{lat}}-k_{\text{lat}}\varphi_{\text{lat}}\bar{\boldsymbol{n}}_{\text{lat}}\tag{4.4}$$

式(4.4)所示的引导律即为固定路径跟踪引导律。因此，本章提出的时变矢量场引导律为对移动路径和固定路径均适用的通用方法。

基于横侧向期望航向矢量 $\dot{\boldsymbol{r}}_{d_{\text{lat}}}$，可得期望航向角表达式为

$$\chi_d=\operatorname{atan}2\left[\frac{\dot{\boldsymbol{r}}_{d_{\text{lat}}}(2)}{\dot{\boldsymbol{r}}_{d_{\text{lat}}}(1)}\right]\tag{4.5}$$

类似的，可得到纵向平面内时变矢量场为

$$\dot{\boldsymbol{r}}_{d_{\text{lon}}}=V_k\bar{\boldsymbol{\tau}}_{\text{lon}}-k_{\text{lon}}\varphi_{\text{lon}}\bar{\boldsymbol{n}}_{\text{lon}}-\frac{\bar{\boldsymbol{n}}_{\text{lon}}}{\|\boldsymbol{n}_{\text{lon}}\|}\frac{\partial\varphi_{\text{lon}}}{\partial t}\tag{4.6}$$

式中：k_{lon} 为控制增益；$\bar{\boldsymbol{n}}_{\text{lon}}$ 与 $\bar{\boldsymbol{\tau}}_{\text{lon}}$ 分别为纵向期望轨迹的法向单位向量与切向单位向量。基于纵向期望航向矢量 $\dot{\boldsymbol{r}}_{d_{\text{lon}}}$，可得期望爬升角表达式为

$$\gamma_d=\operatorname{atan}2\left[-\cos\chi\frac{\dot{\boldsymbol{r}}_{d_{\text{lon}}}(2)}{\dot{\boldsymbol{r}}_{d_{\text{lon}}}(1)}\right]\tag{4.7}$$

定理 4.1　考虑舰载机平动运动模型(2.1)，若期望路径 $\varphi_{\text{lat}}(\boldsymbol{r}_{\text{lat}},t)$ 与 $\varphi_{\text{lon}}(\boldsymbol{r}_{\text{lon}},t)$ 满足假设 4.1，则所设计的时变矢量场(4.3)和(4.6)与航迹角指令(4.5)和(4.7)可引导舰载机至移动期望路径，且跟踪误差渐近收敛至 0。

证明　将时变矢量场(4.3)代入 Lyapunov 候选函数导数(4.2)中，应用杨氏不等式，可得

$$\begin{aligned}\dot{V}_{\text{lat}}&=\varphi_{\text{lat}}(\boldsymbol{r}_{\text{lat}},t)\boldsymbol{n}_{\text{lat}}^{\text{T}}(\dot{\boldsymbol{r}}_{d_{\text{lat}}}-\boldsymbol{e}_{\dot{r}_{\text{lat}}})+\varphi_{\text{lat}}(\boldsymbol{r}_{\text{lat}},t)\frac{\partial\varphi_{\text{lat}}(\boldsymbol{r}_{\text{lat}},t)}{\partial t}\\&=-k_{\text{lat}}\|\boldsymbol{n}_{\text{lat}}\|\varphi_{\text{lat}}^2(\boldsymbol{r}_{\text{lat}},t)-\varphi_{\text{lat}}(\boldsymbol{r}_{\text{lat}},t)\boldsymbol{n}_{\text{lat}}^{\text{T}}\boldsymbol{e}_{\dot{r}_{\text{lat}}}\end{aligned}$$

$$\leqslant -\left(k_{\mathrm{lat}}\|\boldsymbol{n}_{\mathrm{lat}}\| - \frac{\|\boldsymbol{n}_{\mathrm{lat}}\|^2}{2}\right)\varphi_{\mathrm{lat}}^2(\boldsymbol{r}_{\mathrm{lat}},t) + \frac{1}{2}\boldsymbol{e}_{\dot{r}_{\mathrm{lat}}}^{\mathrm{T}}\boldsymbol{e}_{\dot{r}_{\mathrm{lat}}} \tag{4.8}$$

式中：$\boldsymbol{e}_{\dot{r}_{\mathrm{lat}}}=\dot{\boldsymbol{r}}_{d_{\mathrm{lat}}}-\dot{\boldsymbol{r}}_{\mathrm{lat}}$。将舰载机平动运动学方程(2.1)代入 $\boldsymbol{e}_{\dot{r}_{\mathrm{lat}}}$ 表达式中，可得

$$\boldsymbol{e}_{\dot{r}_{\mathrm{lat}}}=\begin{bmatrix} V_k\cos\gamma(\cos\chi_d-\cos\chi) \\ V_k\cos\gamma(\sin\chi_d-\sin\chi)\end{bmatrix}$$

根据三角函数公式可得

$$\begin{aligned}&(\cos\chi_d-\cos\chi)^2+(\sin\chi_d-\sin\chi)^2\\ =&\left[-2\sin\left(\frac{\chi_d+\chi}{2}\right)\sin\left(\frac{\chi_d-\chi}{2}\right)\right]^2+\left[2\sin\left(\frac{\chi_d-\chi}{2}\right)\cos\left(\frac{\chi_d+\chi}{2}\right)\right]^2\\ =&4\sin^2\left(\frac{\chi_d-\chi}{2}\right)\leqslant e_\chi^2\end{aligned}$$

因此式(4.8)可写为

$$\dot{V}_{\mathrm{lat}}\leqslant\left(k_{\mathrm{lat}}\|\boldsymbol{n}_{\mathrm{lat}}\|-\frac{\|\boldsymbol{n}_{\mathrm{lat}}\|^2}{2}\right)\varphi_{\mathrm{lat}}^2+\frac{1}{2}V_k^2\cos^2\gamma e_\chi^2$$

式中：$e_\chi=\chi_d-\chi$ 表示期望航向角跟踪误差。

同理，在纵向平面选取 Lyapunov 候选函数 $V_{\mathrm{lon}}=\frac{1}{2}\varphi_{\mathrm{lon}}^2$，对 V_{lon} 求导，可得

$$\begin{aligned}\dot{V}_{\mathrm{lon}}&=-k_{\mathrm{lon}}\|\boldsymbol{n}_{\mathrm{lon}}\|\varphi_{\mathrm{lon}}^2-\varphi_{\mathrm{lon}}\boldsymbol{n}_{\mathrm{lon}}^{\mathrm{T}}\boldsymbol{e}_{\dot{r}_{\mathrm{lon}}}\\ &\leqslant -k_{\mathrm{lon}}\|\boldsymbol{n}_{\mathrm{lon}}\|\varphi_{\mathrm{lon}}^2+\frac{\|\boldsymbol{n}_{\mathrm{lon}}\|^2}{2}\varphi_{\mathrm{lon}}^2+\frac{1}{2}\boldsymbol{e}_{\dot{r}_{\mathrm{lon}}}^{\mathrm{T}}\boldsymbol{e}_{\dot{r}_{\mathrm{lon}}}\\ &\leqslant -\left(k_{\mathrm{lon}}\|\boldsymbol{n}_{\mathrm{lon}}\|-\frac{\|\boldsymbol{n}_{\mathrm{lon}}\|^2}{2}\right)\varphi_{\mathrm{lon}}^2+\frac{1}{2}V_k^2e_\gamma^2\end{aligned}$$

式中：$\boldsymbol{e}_{\dot{r}_{\mathrm{lon}}}=\dot{\boldsymbol{r}}_{d_{\mathrm{lon}}}-\dot{\boldsymbol{r}}_{\mathrm{lon}}$；$e_\gamma=\gamma_d-\gamma$ 为期望爬升角跟踪误差。

若有内环控制器，可实现对期望航向角 χ_d 与期望爬升角 γ_d 足够精确与快速的跟踪，则有 $\dot{V}_{\mathrm{lat}}<0$，$\dot{V}_{\mathrm{lon}}<0$，因此在时变矢量场(4.3)和(4.6)与航迹角指令(4.5)和(4.7)的控制下，舰载机平动运动闭环系统渐近稳定。证毕。

4.1.3 预设性能控制增强的时变矢量场设计

4.1.2 小节中提出了一种基于时变矢量场的移动路径跟踪引导方法，可实现跟踪误差的渐近收敛。但在对瞬态误差和稳态误差有更高约束要求的场景中，需提出控制性能更优良的移动路径跟踪算法。

例如，在对下滑道跟踪误差和落点误差有严格限制的全自动着舰任务中，希望纵向和横侧向跟踪误差满足如下约束：

$$\begin{cases}-\alpha_1\eta_1(t)<\varphi_{\mathrm{lon}}<\beta_1\eta_1(t)\\ -\alpha_2\eta_2(t)<\varphi_{\mathrm{lat}}<\beta_2\eta_2(t)\end{cases} \tag{4.9}$$

式中：$\eta_i(t)=(\eta_{i0}-\eta_{i\infty})\mathrm{e}^{-a_it}+\eta_{i\infty}$ 为预设性能函数，$a_i>0$，$\eta_{i0}>\eta_{i\infty}>0$，$i=1,2$；$\alpha_i>0$，$\beta_i>0$ 为预设性能函数的设计参数，$i=1,2$。

注 4.3 预设性能函数 $\eta_i(t)$ 有界且指数收敛。设计参数 a_i 表示收敛速率，η_{i0}，$\eta_{i\infty}$，α_i，β_i

决定了最大超调量和稳态误差。不等式(4.9)表示跟踪误差 φ_{lat} 和 φ_{lon} 在可设计的误差界限内。当不等式(4.9)成立时,φ_{lat} 和 φ_{lon} 的最大超调量不超过 $\{-\alpha_i\eta_{i0},\beta_i\eta_{i0}\}$,稳态误差不超过 $\{-\alpha_i\eta_{i\infty},\beta_i\eta_{i\infty}\}$,$i=1,2$。通过选择更大的 a_i,可以使预设性能函数 $\eta_i(t)$ 有更快的收敛速率,因此可加快跟踪误差收敛速率。同时,选取更小的 $\eta_{i\infty}$ 可将稳态误差限制在更小的区域。

假设 4.2　初始跟踪误差 φ_{lat} 与 φ_{lon} 在预设边界内,即

$$-\alpha_1\eta_1(0)<\varphi_{\text{lon}}(\boldsymbol{r}_{\text{lon}},0)<\beta_1\eta_1(0)$$
$$-\alpha_2\eta_2(0)<\varphi_{\text{lat}}(\boldsymbol{r}_{\text{lat}},0)<\beta_2\eta_2(0)$$

为满足不等式(4.9),预设性能方法被用于增强 4.1.2 小节中的引导律。由于难以直接对跟踪误差设计约束控制律,因此首先对跟踪误差进行以下变换:

$$\vartheta_1=\frac{1}{2}\ln\left(\frac{\lambda_{\text{lon}}\beta_1+\alpha_1\beta_1}{\alpha_1\beta_1-\lambda_{\text{lon}}\alpha_1}\right)$$
$$\vartheta_2=\frac{1}{2}\ln\left(\frac{\lambda_{\text{lat}}\beta_2+\alpha_2\beta_2}{\alpha_2\beta_2-\lambda_{\text{lat}}\alpha_2}\right)$$

式中:$\lambda_{\text{lon}}=\dfrac{\varphi_{\text{lon}}}{\eta_1}$,$\lambda_{\text{lat}}=\dfrac{\varphi_{\text{lat}}}{\eta_2}$。

引理 4.1　在假设 4.2 条件下,若 ϑ_1、ϑ_2 有界,则不等式(4.9)成立,即跟踪误差 φ_{lon}、φ_{lat} 始终不超出预设边界。

证明　定义变换方程

$$S_1(\vartheta_1)=\frac{\beta_1\mathrm{e}^{(\vartheta_1+\iota_1)}-\alpha_1\mathrm{e}^{-(\vartheta_1+\iota_1)}}{\mathrm{e}^{(\vartheta_1+\iota_1)}+\mathrm{e}^{-(\vartheta_1+\iota_1)}}$$
$$S_2(\vartheta_2)=\frac{\beta_2\mathrm{e}^{(\vartheta_2+\iota_2)}-\alpha_2\mathrm{e}^{-(\vartheta_2+\iota_2)}}{\mathrm{e}^{(\vartheta_2+\iota_2)}+\mathrm{e}^{-(\vartheta_2+\iota_2)}}$$

式中:$\iota_1=\dfrac{1}{2}\ln\dfrac{\alpha_1}{\beta_1}$,$\iota_2=\dfrac{1}{2}\ln\dfrac{\alpha_2}{\beta_2}$,则有 $\varphi_{\text{lon}}=\eta_1S_1(\vartheta_1)$,$\varphi_{\text{lat}}=\eta_2S_2(\vartheta_2)$。由定义可知,$S_i(\vartheta_i)$ $(i=1,2)$为单调递增函数,且具有如下特性:

① $-\alpha_i<S_i(\vartheta_i)<\beta_i$

② $\lim\limits_{\vartheta_i\to-\infty}S_i(\vartheta_i)=-\alpha_i$,$\lim\limits_{\vartheta_i\to+\infty}S_i(\vartheta_i)=\beta_i$

③ $S_i(0)=0$

因此,若初始误差 φ_{lon}、φ_{lat} 满足假设 4.2 且 ϑ_1、ϑ_2 有界,则由上述性质可知 $-\alpha_1\eta_1(t)<\varphi_{\text{lon}}<\beta_1\eta_1(t)$,$-\alpha_2\eta_2(t)<\varphi_{\text{lat}}<\beta_2\eta_2(t)$。证毕。

考虑 Lyapunov 候选函数 $V'_{\text{lon}}=\dfrac{1}{2}\vartheta_1^2$,$V'_{\text{lat}}=\dfrac{1}{2}\vartheta_2^2$,将两者对时间的导数写为

$$\begin{cases}\dot{V}'_{\text{lon}}=\vartheta_1\xi_1\left(\boldsymbol{n}_{\text{lon}}^{\mathrm{T}}\dot{\boldsymbol{r}}_{\text{lon}}+\dfrac{\partial\varphi_{\text{lon}}}{\partial t}-\dfrac{\varphi_{\text{lon}}\dot{\eta}_1}{\eta_1}\right)\\ \dot{V}'_{\text{lat}}=\vartheta_2\xi_2\left(\boldsymbol{n}_{\text{lat}}^{\mathrm{T}}\dot{\boldsymbol{r}}_{\text{lat}}+\dfrac{\partial\varphi_{\text{lat}}}{\partial t}-\dfrac{\varphi_{\text{lat}}\dot{\eta}_2}{\eta_2}\right)\end{cases}\tag{4.10}$$

式中:

$$\xi_1 = \frac{1}{2\eta_1}\left(\frac{1}{\lambda_{\text{lon}}+\alpha_1} - \frac{1}{\lambda_{\text{lon}}-\beta_1}\right)$$

$$\xi_2 = \frac{1}{2\eta_2}\left(\frac{1}{\lambda_{\text{lat}}+\alpha_2} - \frac{1}{\lambda_{\text{lat}}-\beta_2}\right)$$

基于预设性能的时变矢量场引导律可设计为

$$\begin{cases} \dot{\boldsymbol{r}}_{d_{\text{lon}}} = V_k \bar{\boldsymbol{\tau}}_{\text{lon}} - \dfrac{1}{\xi_1} k_{\text{lon}} \vartheta_1 \bar{\boldsymbol{n}}_{\text{lon}} - \dfrac{\bar{\boldsymbol{n}}_{\text{lon}}}{\| \boldsymbol{n}_{\text{lon}} \|} \dfrac{\partial \varphi_{\text{lon}}}{\partial t} + \dfrac{\varphi_{\text{lon}} \dot{\eta}_1}{\eta_1} \dfrac{\bar{\boldsymbol{n}}_{\text{lon}}}{\| \boldsymbol{n}_{\text{lon}} \|} \\ \dot{\boldsymbol{r}}_{d_{\text{lat}}} = V_k \bar{\boldsymbol{\tau}}_{\text{lat}} - \dfrac{1}{\xi_2} k_{\text{lat}} \vartheta_2 \bar{\boldsymbol{n}}_{\text{lat}} - \dfrac{\bar{\boldsymbol{n}}_{\text{lat}}}{\| \boldsymbol{n}_{\text{lat}} \|} \dfrac{\partial \varphi_{\text{lat}}}{\partial t} + \dfrac{\varphi_{\text{lat}} \dot{\eta}_2}{\eta_2} \dfrac{\bar{\boldsymbol{n}}_{\text{lat}}}{\| \boldsymbol{n}_{\text{lat}} \|} \end{cases} \tag{4.11}$$

期望航迹角为

$$\begin{cases} \gamma_d = \text{atan2}\left[-\cos\chi \dfrac{\dot{\boldsymbol{r}}_{d_{\text{lon}}}(2)}{\dot{\boldsymbol{r}}_{d_{\text{lon}}}(1)}\right] \\ \chi_d = \text{atan2}\left[\dfrac{\dot{\boldsymbol{r}}_{d_{\text{lat}}}(2)}{\dot{\boldsymbol{r}}_{d_{\text{lat}}}(1)}\right] \end{cases} \tag{4.12}$$

定理 4.2 考虑舰载机平动运动学模型(2.1),若期望路径 $\varphi_{\text{lat}}(\boldsymbol{r}_{\text{lat}},t)$ 与 $\varphi_{\text{lon}}(\boldsymbol{r}_{\text{lon}},t)$ 满足假设 4.1,初始误差满足假设 4.2,则基于预设性能方法增强的时变矢量场(4.11)与航迹角指令(4.12)可引导舰载机至移动期望路径,且跟踪误差满足约束条件(4.9)。

证明 联立式(4.10)与式(4.11),可推得

$$\begin{aligned} \dot{V}'_{\text{lon}} &= \vartheta_1 \xi_1 \left(-\frac{1}{\xi_1} k_{\text{lon}} \| \boldsymbol{n}_{\text{lon}} \| \vartheta_1 - \boldsymbol{n}_{\text{lon}}^{\text{T}} \boldsymbol{e}_{\dot{r}_{\text{lon}}}\right) \\ &\leqslant -\left(k_{\text{lon}} \| \boldsymbol{n}_{\text{lon}} \| - \frac{\xi_1^2 \| \boldsymbol{n}_{\text{lon}} \|^2}{2}\right) \vartheta_1^2 + \frac{1}{2} \boldsymbol{e}_{\dot{r}_{\text{lon}}}^{\text{T}} \boldsymbol{e}_{\dot{r}_{\text{lon}}} \\ &\leqslant -\left(k_{\text{lon}} \| \boldsymbol{n}_{\text{lon}} \| - \frac{\xi_1^2 \| \boldsymbol{n}_{\text{lon}} \|^2}{2}\right) \vartheta_1^2 + \frac{1}{2} V_k^2 e_\gamma^2 \end{aligned} \tag{4.13}$$

$$\begin{aligned} \dot{V}'_{\text{lat}} &= \vartheta_2 \xi_2 \left(-\frac{1}{\xi_2} k_{\text{lat}} \| \boldsymbol{n}_{\text{lat}} \| \vartheta_2 - \boldsymbol{n}_{\text{lat}}^{\text{T}} \boldsymbol{e}_{\dot{r}_{\text{lat}}}\right) \\ &\leqslant -\left(k_{\text{lat}} \| \boldsymbol{n}_{\text{lat}} \| - \frac{\xi_2^2 \| \boldsymbol{n}_{\text{lat}} \|^2}{2}\right) \vartheta_2^2 + \frac{1}{2} \boldsymbol{e}_{\dot{r}_{\text{lat}}}^{\text{T}} \boldsymbol{e}_{\dot{r}_{\text{lat}}} \\ &\leqslant -\left(k_{\text{lat}} \| \boldsymbol{n}_{\text{lat}} \| - \frac{\xi_2^2 \| \boldsymbol{n}_{\text{lat}} \|^2}{2}\right) \vartheta_2^2 + \frac{1}{2} V_k^2 \cos^2\gamma e_\chi^2 \end{aligned} \tag{4.14}$$

设 $\lambda_1 = k_{\text{lon}} \| \boldsymbol{n}_{\text{lon}} \| - \dfrac{\xi_1^2 \| \boldsymbol{n}_{\text{lon}} \|^2}{2}$,$\lambda_2 = k_{\text{lat}} \| \boldsymbol{n}_{\text{lat}} \| - \dfrac{\xi_2^2 \| \boldsymbol{n}_{\text{lat}} \|^2}{2}$,$\tau_1 = \dfrac{1}{2} V_k^2 e_\gamma^2$,$\tau_2 = \dfrac{1}{2} V_k^2 \cos^2\gamma e_\chi^2$,则式(4.13)和式(4.14)可记为

$$\dot{V}'_{\text{lon}} \leqslant -\lambda_1 V'_{\text{lon}} + \tau_1$$

$$\dot{V}'_{\text{lat}} \leqslant -\lambda_2 V'_{\text{lat}} + \tau_2$$

因此可得,$V'_{\text{lon}} \leqslant \left[V'_{\text{lon}}(0) - \dfrac{\tau_1}{\lambda_1}\right] \mathrm{e}^{-\lambda_1 t} + \dfrac{\tau_1}{\lambda_1}$,$V'_{\text{lat}} \leqslant \left[V'_{\text{lat}}(0) - \dfrac{\tau_2}{\lambda_2}\right] \mathrm{e}^{-\lambda_2 t} + \dfrac{\tau_2}{\lambda_2}$,即在基于预设性能的时变矢量场引导律(4.11)和航迹角指令(4.12)作用下,V'_{lon} 和 V'_{lat} 有界。由 V'_{lon} 和 V'_{lat} 定义可

知，有 ϑ_1 和 ϑ_2 有界。根据引理 4.1，跟踪误差 φ_{lat}、φ_{lon} 满足输出约束(4.9)。证毕。

注 4.4　对跟踪误差 φ_{lon}、φ_{lat} 进行误差变换后，保证输出状态受限等价于确保变换后误差 ϑ_1、ϑ_2 有界。通过对 ϑ_1、ϑ_2 设计控制律，当 ϑ_1、ϑ_2 有界时，变换前误差 φ_{lon}、φ_{lat} 即可满足预设的性能函数。对跟踪误差的变换简化了控制设计和稳定性分析。

4.2　基于预设性能时变矢量场的着舰控制器

本节将 4.1 节中提出的预设性能时变矢量场方法应用于典型移动路径跟踪问题——舰载机全自动着舰，设计了基于预设性能时变矢量场的着舰引导律，并基于自抗扰方法设计了非线性姿态控制律。

由 2.1.3 小节中转化为仿射形式的舰载机六自由度非线性数学模型可写为如下形式：

$$\begin{cases}\dot{\boldsymbol{x}}_1=\boldsymbol{f}_1(\boldsymbol{x}_2,V_k)+\boldsymbol{b}_1(V_k)\boldsymbol{x}_2\\ \dot{\boldsymbol{x}}_2(1)=f_2(\boldsymbol{x}_2,\boldsymbol{x}_3,V_k)+b_2(\boldsymbol{x}_2,V_k)\boldsymbol{x}_3(3)+d_\chi\\ \dot{\boldsymbol{x}}_3=\boldsymbol{f}_3(\dot{\boldsymbol{x}}_2,\boldsymbol{x}_2,\boldsymbol{x}_3)+\boldsymbol{b}_3(\boldsymbol{x}_2,\boldsymbol{x}_3)\boldsymbol{x}_4\\ \dot{\boldsymbol{x}}_4=\boldsymbol{f}_4(\boldsymbol{x}_3,\boldsymbol{x}_4,V_k)+\boldsymbol{b}_4(V_k)\boldsymbol{u}_a+\boldsymbol{d}_m\\ \dot{\alpha}=f_\alpha(x_2,x_4,V_k)+b_\alpha(V_k)\delta_p+d_\alpha\end{cases}\tag{4.15}$$

式中：$\boldsymbol{d}_\chi=[d_\chi,d_\gamma]^T$；$\boldsymbol{d}_m=[d_p,d_q,d_r]^T$；$d_\alpha$ 为舰艉流造成的外界扰动，表达式见式(2.7)。基于预设性能时变矢量场的自抗扰着舰控制架构如图 4.3 所示，着舰控制器主要分为引导和内环控制两部分，内环控制包括姿态控制和进场功率补偿系统，各子部分详细设计方案如下。

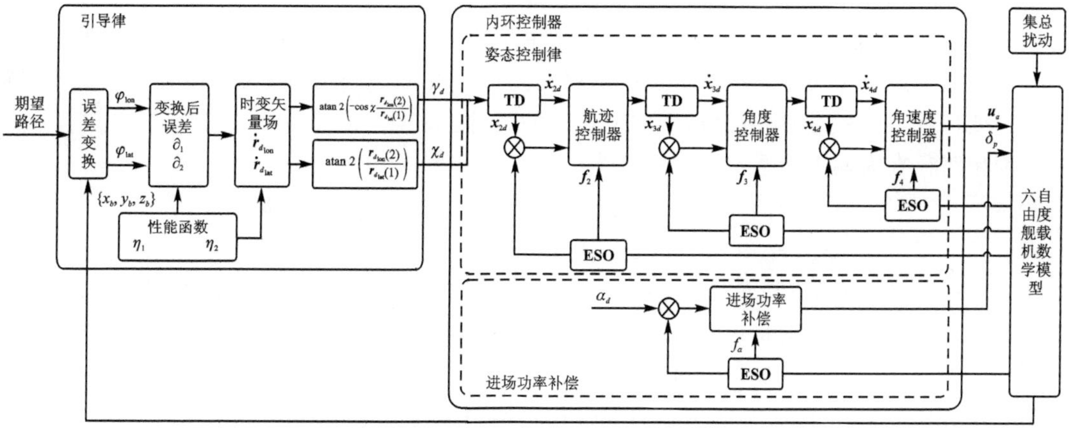

图 4.3　基于预设性能时变矢量场的自抗扰着舰控制架构

4.2.1　引导律设计

着舰引导律基于 4.1.3 小节中预设性能时变矢量场方法设计，生成期望爬升角指令 γ_d 和期望航向角指令 χ_d。着舰过程中期望路径几何描述如图 4.4 所示，可以看出，期望路径为与航母牵连的一条直线，随航母沿直线向前航行，期望路径在大地坐标系中表达式也随时间变化。

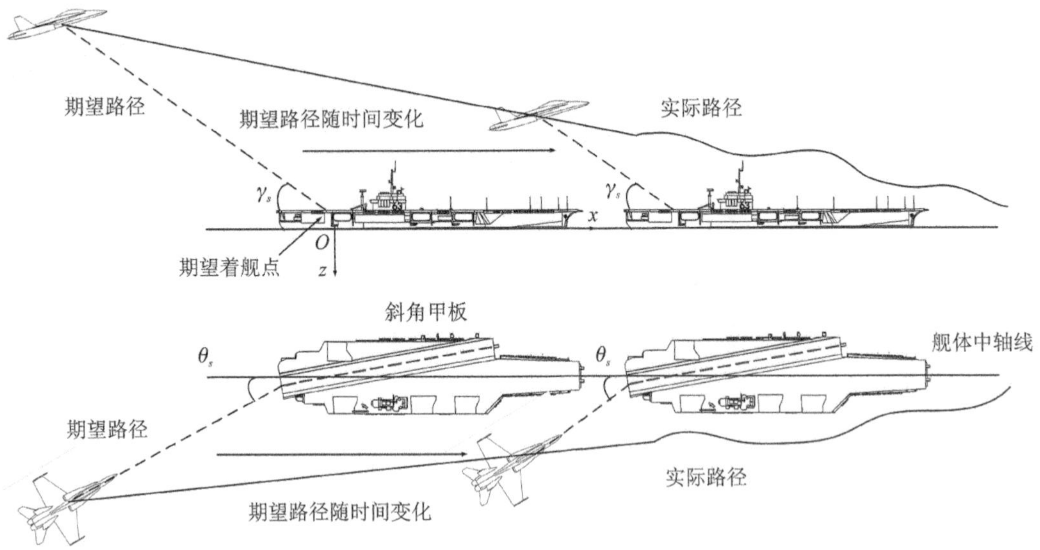

图 4.4　着舰期望路径示意

注 4.5　目前关于舰载机全自动着舰的文献主要是通过预测“触舰时间(Time-to-Touchdown)”来解决着舰中航母移动问题的,即若全自动着舰系统接通闭环时初始高度为 H_{c0},期望下滑角为 γ_c,期望速度为 V_c,则触舰时间为 $t_c=\dfrac{-H_{c0}}{V_c\sin\gamma_c}$。基于预测的触舰时间,可预报触舰时航母位置,从而依据航母终点位置建立参考下滑道。此种方法需保证舰载机下滑速度、航母运动速度与航向恒定。但实际操作中该假设难以保证,着舰过程中各参量的变化将不可避免地带来跟踪误差。本章通过提出移动路径跟踪方法,在控制器设计中考虑了期望路径的时变特性,解决了期望下滑道随航母运动的问题。

期望路径在大地坐标系中的表达式为

$$\begin{cases}\varphi_{\text{lon}}(\boldsymbol{r}_{\text{lon}},t)=\tan\gamma_s x+z-\tan\gamma_s x_s(t)-h_s-p_s(t)\\ \varphi_{\text{lat}}(\boldsymbol{r}_{\text{lat}},t)=\tan\theta_s x+y-\tan\theta_s x_s(t)-q_s(t)\end{cases}\tag{4.16}$$

式中:γ_s 为期望下滑道下滑角;h_s 为期望着舰点距海平面高度;p_s 和 q_s 分别为航母甲板在纵向平面和侧向平面的运动量;x_s 和 y_s 为航母期望着舰点在大地坐标系中的坐标;θ_s 为航母斜角甲板相对舰体中轴线的偏转角度。

基于式(4.11)和式(4.12),可得着舰过程中期望速度矢量为

$$\begin{cases}\dot{\boldsymbol{r}}_{d_{\text{lon}}}=V_k\begin{bmatrix}\cos\gamma_s\\-\sin\gamma_s\end{bmatrix}-\dfrac{1}{\xi_1}k_{\text{lon}}\vartheta_1\begin{bmatrix}\sin\gamma_s\\\cos\gamma_s\end{bmatrix}+\cos\gamma_s\begin{bmatrix}\sin\gamma_s\\\cos\gamma_s\end{bmatrix}(\tan\gamma_s\dot{x}_s+\dot{p}_s)+\\ \qquad\dfrac{\varphi_{\text{lon}}\dot{\eta}_1\cos\gamma_s}{\eta_1}\begin{bmatrix}\sin\gamma_s\\\cos\gamma_s\end{bmatrix}\\ \dot{\boldsymbol{r}}_{d_{\text{lat}}}=V_k\begin{bmatrix}\cos\theta_s\\\sin\theta_s\end{bmatrix}-\dfrac{1}{\xi_2}k_{\text{lat}}\vartheta_2\begin{bmatrix}\sin\theta_s\\\cos\theta_s\end{bmatrix}+\cos\theta_s\begin{bmatrix}\sin\theta_s\\\cos\theta_s\end{bmatrix}(\tan\theta_s\dot{x}_s+\dot{q}_s)+\\ \qquad\dfrac{\varphi_{\text{lat}}\dot{\eta}_2\cos\theta_s}{\eta_2}\begin{bmatrix}\sin\theta_s\\\cos\theta_s\end{bmatrix}\end{cases}\tag{4.17}$$

期望爬升角与期望航向角为

$$\begin{cases}\gamma_d = \operatorname{atan2}\left[-\cos\chi \dfrac{\dot{\boldsymbol{r}}_{d_{\mathrm{lon}}}(2)}{\dot{\boldsymbol{r}}_{d_{\mathrm{lon}}}(1)}\right] \\ \chi_d = \operatorname{atan2}\left[\dfrac{\dot{\boldsymbol{r}}_{d_{\mathrm{lat}}}(2)}{\dot{\boldsymbol{r}}_{d_{\mathrm{lat}}}(1)}\right]\end{cases} \tag{4.18}$$

考虑 Lyapunov 候选函数 $V_1 = \frac{1}{2}\vartheta_1^2 + \frac{1}{2}\vartheta_2^2$，由式(4.13)、(4.14)的结果可知，$V_1$ 对时间的一阶导数为

$$\dot{V}_1 \leqslant -\left(k_{\mathrm{lon}}\|\boldsymbol{n}_{\mathrm{lon}}\| - \frac{\xi_1^2\|\boldsymbol{n}_{\mathrm{lon}}\|^2}{2}\right)\vartheta_1^2 + \frac{1}{2}V_k^2 e_\gamma^2 - \left(k_{\mathrm{lat}}\|\boldsymbol{n}_{\mathrm{lat}}\| - \frac{\xi_2^2\|\boldsymbol{n}_{\mathrm{lat}}\|^2}{2}\right)\vartheta_2^2 + \frac{1}{2}V_k^2\cos^2\gamma e_\chi^2$$

对于式(4.17)给出的全自动着舰期望路径，有 $\|\boldsymbol{n}_{\mathrm{lon}}\| = \frac{1}{\cos\gamma_s}$，$\|\boldsymbol{n}_{\mathrm{lat}}\| = \frac{1}{\cos\theta_s}$，因此 $\dot{V}_1$ 可写为

$$\dot{V}_1 \leqslant -\left(\frac{k_{\mathrm{lon}}}{\cos\gamma_s} - \frac{\xi_1^2}{2\cos^2\gamma_s}\right)\vartheta_1^2 + \frac{1}{2}V_k^2 e_\gamma^2 - \left(\frac{k_{\mathrm{lat}}}{\cos\theta_s} - \frac{\xi_2^2}{2\cos^2\theta_s}\right)\vartheta_2^2 + \frac{1}{2}V_k^2\cos^2\gamma e_\chi^2 \tag{4.19}$$

式(4.19)的结果将在系统稳定性分析中使用。

4.2.2　内环控制律设计

内环控制器通过解算包括副翼偏转角 δ_a、升降舵偏转角 δ_e、方向舵偏转角 δ_r 及油门位置 δ_p 在内的控制输入，控制舰载机追踪引导律生成的期望爬升角、期望航向角指令，并维持着舰过程中恒定迎角。为满足着舰控制快速性和精确性要求，本章基于反步法架构与自抗扰控制理论设计姿态控制器，控制器分为航迹控制环、角度控制环、角速度控制环和进场功率补偿系统。各子部分详细设计如下：

1. 航迹控制环

在全自动着舰过程中，需舰载机维持协调转弯，因此期望侧滑角为 $\boldsymbol{x}_{3d}(2) = \beta_d = 0$。此外，当侧滑角较小时，俯仰角、爬升角和迎角存在的几何关系为 $\theta = \gamma + \alpha$，因此当已知期望爬升角 γ_d 时，可得期望俯仰角 $\boldsymbol{x}_{3d}(1) = \theta_d = \gamma_d + \alpha$。由式(2.8)可知，航向角动力学方程为

$$\dot{\chi} = f_2 + g_2\mu + d_\chi$$

基于自抗扰控制原理，可设计航向角控制器为

$$\mu_d = b_2^{-1}(-\hat{f}_2 + k_2 e_\chi + \dot{\chi}_d) \tag{4.20}$$

式中：k_2 为控制参数；$\hat{f}_2$ 为通过扩张状态观测器（Extended State Observer，ESO）对集总扰动 f_2 和 d_χ 的观测值。扩展状态观测器具有如下形式：

$$\begin{cases}\dot{\hat{\chi}}=\hat{f}_2+\beta_{21}(\chi-\hat{\chi})+b_2\mu \\ \dot{\hat{f}}_2=\beta_{22}(\chi-\hat{\chi})\end{cases} \tag{4.21}$$

式中：$\beta_{21}=2\omega_2$，$\beta_{22}=\omega_2^2$，ω_2 为扩张状态观测器带宽。

引理 4.2 定义扩张状态观测器观测误差为 $\tilde{f}_2=f_2+d_\chi-\hat{f}_2$，若外界扰动 d_f 可导且一阶导数有界，则存在有限时间 $T_1>0$，使得 $\forall t\geqslant T_1>0$，观测误差 $|\tilde{f}_2|\leqslant\sigma_f$，且 $\sigma_f=O\left(\dfrac{1}{\omega_2}\right)$。

此外，传统反步法在控制系统中的应用受限于复杂的导数计算。因此，航迹角控制器(4.20)中期望航向角的导数 $\dot{\chi}_d$ 以及后面非线性控制器中期望指令的导数 $\dot{\boldsymbol{x}}_{3d}$、$\dot{\boldsymbol{x}}_{4d}$ 由跟踪微分器(Tracking Differentiator，TD)求得。跟踪微分器表达式如下：

$$\begin{cases}x_d(k+1)=x_d(k)+h\dot{x}_d(k) \\ \dot{x}_d(k+1)=\dot{x}_d(k)+\mathrm{fhan}(x_d(k)-u,\dot{x}_d(k),r_i,h_0)\end{cases} \tag{4.22}$$

式中：u 为输入信号；x_d 为输入信号滤波值；$\dot{x}_d$ 为输入信号导数；h 为积分步长；h_0 决定了噪声滤波效果；r_i，$i=2,3,4$ 分别为航迹控制环、角度控制环、角速度控制环的快速性因子，决定了跟踪快慢；$\mathrm{fhan}(v_1,v_2,r_0,h_0)$ 函数的具体表达式如下：

$$\begin{cases}d=r_0h_0 \\ d_0=h_0d \\ y=v_1+h_0v_2 \\ a_0=\sqrt{d^2+8r_0|y|} \\ a=\begin{cases}v_2+\dfrac{a_0-d}{2}\mathrm{sign}(y), & |y|>d_0 \\ v_2+\dfrac{y}{h_0}, & |y|\leqslant d_0\end{cases} \\ \mathrm{fhan}=\begin{cases}-r_0\mathrm{sign}(a), & |a|>d \\ -r_0\dfrac{a}{d}, & |a|\leqslant d\end{cases}\end{cases}$$

注 4.6 跟踪微分器可提供输入信号的滤波值及微分值，需注意式(4.22)中给出的微分跟踪器为标量形式，对于向量信号 $\boldsymbol{x}_{3d}$、$\boldsymbol{x}_{4d}$，应对向量中每个元素单独设计微分器以提取跟踪信号及其导数。此外，跟踪微分器中参数 r_i 与 h_0 需要相互协调以取得对输入信号较好的跟踪及微分效果。

综上，航迹控制环的虚拟控制量可总结为

$$\begin{cases}\boldsymbol{x}_{3d}=[\gamma_d+\alpha,0,\mu_d]^{\mathrm{T}} \\ \mu_d=b_2^{-1}(-\hat{f}_2+k_2e_\chi+\dot{\chi}_d)\end{cases} \tag{4.23}$$

对 Lyapunov 候选函数 $V_2=\dfrac{1}{2}e_\chi^2$，其对时间的一阶导数为

$$\dot{V}_2=-k_2e_\chi^2+b_2e_\chi e_\mu-e_\chi\tilde{f}_2$$

$$\leqslant -\left(k_2 - \frac{|b_2|+1}{2}\right)e_\chi^2 + \frac{|b_2|}{2}e_\mu^2 + \frac{1}{2}\tilde{f}_2^2 \tag{4.24}$$

式中：$e_\mu = \mu_d - \mu$ 为速度滚转角跟踪误差。

2. 角度控制环

首先构造扩张状态观测器对 $\boldsymbol{f}_3$ 进行估计，观测器表达式为

$$\begin{cases}\dot{\hat{\boldsymbol{x}}}_3 = \hat{\boldsymbol{f}}_3 + \boldsymbol{\beta}_{31}(\boldsymbol{x}_3 - \hat{\boldsymbol{x}}_3) + \boldsymbol{b}_3\boldsymbol{x}_4 \\ \dot{\hat{\boldsymbol{f}}}_3 = \boldsymbol{\beta}_{32}(\boldsymbol{x}_3 - \hat{\boldsymbol{x}}_3)\end{cases} \tag{4.25}$$

式中：$\hat{\boldsymbol{x}}_3$ 和 $\hat{\boldsymbol{f}}_3$ 分别为对 $\boldsymbol{x}_3$ 和 $\boldsymbol{f}_3$ 的估计值；$\boldsymbol{\beta}_{31} = \mathrm{diag}(2\omega_{31}, 2\omega_{32}, 2\omega_{33})$，$\boldsymbol{\beta}_{32} = \mathrm{diag}(\omega_{31}^2, \omega_{32}^2, \omega_{33}^2)$，其中 ω_{31}、ω_{32}、ω_{33} 为观测器带宽。

定义期望角度跟踪误差 $\boldsymbol{e}_3 = \boldsymbol{x}_{3d} - \boldsymbol{x}_3$。类似航迹控制环，根据反步法和自抗扰控制理论，可得角度控制环虚拟控制量为

$$\boldsymbol{x}_{4d} = \boldsymbol{b}_3^{-1}(-\hat{\boldsymbol{f}}_3 + \boldsymbol{k}_3\boldsymbol{e}_3 + \dot{\boldsymbol{x}}_{3d}) \tag{4.26}$$

式中：正定矩阵 $\boldsymbol{k}_3 \in \mathbb{R}^{3\times 3}$ 为控制参数。

考虑 Lyapunov 候选函数 $V_3 = \frac{1}{2}\boldsymbol{e}_3^{\mathrm{T}}\boldsymbol{e}_3$，由 V_3 对时间的一阶导数可推得

$$\begin{aligned}\dot{V}_3 &= -\boldsymbol{e}_3^{\mathrm{T}}\boldsymbol{k}_3\boldsymbol{e}_3 + \boldsymbol{e}_3^{\mathrm{T}}\boldsymbol{b}_3\boldsymbol{e}_4 - \boldsymbol{e}_3^{\mathrm{T}}\tilde{\boldsymbol{f}}_3 \\ &\leqslant -\lambda_{\min}(\boldsymbol{k}_3)\boldsymbol{e}_3^{\mathrm{T}}\boldsymbol{e}_3 + \|b_3\|_\infty \boldsymbol{e}_3^{\mathrm{T}}\boldsymbol{e}_4 - \boldsymbol{e}_3^{\mathrm{T}}\tilde{\boldsymbol{f}}_3 \\ &\leqslant -\left[\lambda_{\min}(\boldsymbol{k}_3) - \frac{\|\boldsymbol{b}_3\|_\infty + 1}{2}\right]\boldsymbol{e}_3^{\mathrm{T}}\boldsymbol{e}_3 + \frac{\|\boldsymbol{b}_3\|_\infty}{2}\boldsymbol{e}_4^{\mathrm{T}}\boldsymbol{e}_4 + \frac{1}{2}\tilde{\boldsymbol{f}}_3^{\mathrm{T}}\tilde{\boldsymbol{f}}_3\end{aligned} \tag{4.27}$$

式中：$\tilde{\boldsymbol{f}}_3 = \boldsymbol{f}_3 - \hat{\boldsymbol{f}}_3$ 为扩张状态观测器观测误差；$\boldsymbol{e}_4 = \boldsymbol{x}_{4d} - \boldsymbol{x}_4$ 为角速度跟踪误差。

3. 角速度控制环

与航迹控制环和角度控制环类似，首先构造扩张状态观测器对集总扰动 $\boldsymbol{f}_4 + \boldsymbol{d}_m$ 进行估计，观测器表达式为

$$\begin{cases}\dot{\hat{\boldsymbol{x}}}_4 = \hat{\boldsymbol{f}}_4 + \boldsymbol{\beta}_{41}(\boldsymbol{x}_4 - \hat{\boldsymbol{x}}_4) + \boldsymbol{b}_4\boldsymbol{u}_a \\ \dot{\hat{\boldsymbol{f}}}_4 = \boldsymbol{\beta}_{42}(\boldsymbol{x}_4 - \hat{\boldsymbol{x}}_4)\end{cases} \tag{4.28}$$

式中：$\hat{\boldsymbol{x}}_4$ 和 $\hat{\boldsymbol{f}}_4$ 分别为对 $\boldsymbol{x}_4$ 和 $\boldsymbol{f}_4 + \boldsymbol{d}_m$ 的估计值；$\boldsymbol{\beta}_{41} = \mathrm{diag}(2\omega_{41}, 2\omega_{42}, 2\omega_{43})$，$\boldsymbol{\beta}_{42} = \mathrm{diag}(\omega_{41}^2, \omega_{42}^2, \omega_{43}^2)$，其中 ω_{41}、ω_{42}、ω_{43} 为观测器带宽。

类似航迹控制环和角度控制环，根据反步法和自抗扰控制理论，可得副翼、升降舵、方向舵偏转指令 $\boldsymbol{u}_{\mathrm{a}} = [\delta_{\mathrm{a}}, \delta_{\mathrm{e}}, \delta_{\mathrm{r}}]^{\mathrm{T}}$ 的表达式为

$$\boldsymbol{u}_{\mathrm{a}} = \boldsymbol{b}_4^{-1}(-\hat{\boldsymbol{f}}_4 + \boldsymbol{k}_4\boldsymbol{e}_4 + \dot{\boldsymbol{x}}_{4d}) \tag{4.29}$$

式中：正定矩阵 $\boldsymbol{k}_4 \in \mathbb{R}^{3\times 3}$ 为控制参数。

考虑 Lyapunov 候选函数 $V_4=\frac{1}{2}\boldsymbol{e}_4^{\mathrm{T}}\boldsymbol{e}_4$，由 V_4 对时间的一阶导数可推得

$$\begin{aligned}\dot{V}_4&=\boldsymbol{e}_4^{\mathrm{T}}\dot{\boldsymbol{e}}_4=-\boldsymbol{e}_4^{\mathrm{T}}\boldsymbol{k}_4\boldsymbol{e}_4-\boldsymbol{e}_4^{\mathrm{T}}\tilde{\boldsymbol{f}}_4\\&\leqslant-\left[\lambda_{\min}(\boldsymbol{k}_4)-\frac{1}{2}\right]\boldsymbol{e}_4^{\mathrm{T}}\boldsymbol{e}_4+\frac{1}{2}\tilde{\boldsymbol{f}}_4^{\mathrm{T}}\tilde{\boldsymbol{f}}_4\end{aligned}\tag{4.30}$$

式中：$\tilde{\boldsymbol{f}}_4=\boldsymbol{f}_4+\boldsymbol{d}_m-\hat{\boldsymbol{f}}_4$ 为扩张状态观测器观测误差。

4. 进场功率补偿系统

进场功率补偿系统在着舰过程中通过推力维持恒定迎角。定义着舰过程中期望迎角为 α_d，若期望迎角跟踪误差为 $e_\alpha=\alpha_d-\alpha$，则可得期望油门位置指令为

$$\delta_p=b_\alpha^{-1}(-\hat{f}_\alpha+k_\alpha e_\alpha)\tag{4.31}$$

式中：k_α 为待设计控制参数；$\hat{f}_\alpha$ 为通过扩张状态观测器对集总扰动 $f_\alpha+d_\alpha$ 的观测值。扩张状态观测器表达式如下：

$$\begin{cases}\dot{\hat{\alpha}}=\hat{f}_\alpha+\beta_{\alpha1}(\alpha-\hat{\alpha})+b_\alpha\delta_p\\ \dot{\hat{f}}_\alpha=\beta_{\alpha2}(\alpha-\hat{\alpha})\end{cases}\tag{4.32}$$

式中：$\beta_{\alpha1}=2\omega_\alpha$，$\beta_{\alpha2}=\omega_\alpha^2$，$\omega_\alpha$ 为观测器带宽；观测误差定义为 $\tilde{f}_\alpha=f_\alpha+d_\alpha-\hat{f}_\alpha$。

定义 Lyapunov 候选函数 $V_\alpha=\frac{1}{2}e_\alpha^2$，其导数可写为

$$\begin{aligned}\dot{V}_\alpha&=-k_\alpha e_\alpha^2-e_\alpha\tilde{f}_\alpha\\&\leqslant-\left(k_\alpha-\frac{1}{2}\right)e_\alpha^2+\frac{1}{2}\tilde{f}_\alpha^2\end{aligned}\tag{4.33}$$

4.2.3 系统稳定性分析

定理 4.3 考虑舰载机六自由度数学模型(4.15)及时变期望下滑道(4.16)，在假设 4.1 及假设 4.2 条件下，所设计引导律(4.17)、(4.18)，内环控制律(4.23)、(4.26)、(4.28)、(4.31)及跟踪微分器(4.22)，扩张状态观测器(4.21)、(4.25)、(4.28)、(4.32)可保证舰载机对下滑道跟踪误差收敛，且跟踪精度及收敛速度不低于不等式(4.9)规定的预设性能指标。

证明 考虑 Lyapunov 候选函数 $V_0=V_1+V_2+V_3+V_4+V_\alpha$，联立式(4.19)、(4.24)、(4.27)、(4.30)、(4.33)，可得 V_0 的导数为

$$\begin{aligned}\dot{V}_0\leqslant&-\left(\frac{k_{\mathrm{lon}}}{\cos\gamma_s}-\frac{\xi_1^2}{2\cos^2\gamma_s}\right)\vartheta_1^2+\frac{1}{2}V_k^2e_\gamma^2-\left(\frac{k_{\mathrm{lat}}}{\cos\theta_s}-\frac{\xi_2^2}{2\cos^2\theta_s}\right)\vartheta_2^2+\\&\frac{1}{2}V_k^2\cos^2\gamma e_\chi^2-\left(k_2-\frac{|b_2|+1}{2}\right)e_\chi^2+\frac{|b_2|}{2}e_\mu^2-\left[\lambda_{\min}(\boldsymbol{k}_3)-\frac{\|\boldsymbol{b}_3\|_\infty+1}{2}\right]\boldsymbol{e}_3^{\mathrm{T}}\boldsymbol{e}_3+\\&\frac{\|\boldsymbol{b}_3\|_\infty}{2}\boldsymbol{e}_4^{\mathrm{T}}\boldsymbol{e}_4-\left[\lambda_{\min}(\boldsymbol{k}_4)-\frac{1}{2}\right]\boldsymbol{e}_4^{\mathrm{T}}\boldsymbol{e}_4-\left(k_\alpha-\frac{1}{2}\right)e_\alpha^2+\\&\frac{1}{2}\tilde{f}_2^2+\frac{1}{2}\tilde{\boldsymbol{f}}_3^{\mathrm{T}}\tilde{\boldsymbol{f}}_3+\frac{1}{2}\tilde{\boldsymbol{f}}_4^{\mathrm{T}}\tilde{\boldsymbol{f}}_4+\frac{1}{2}\tilde{f}_\alpha^2\end{aligned}\tag{4.34}$$

在小侧滑角情况下有几何关系 $\theta=\gamma+\alpha$，因此有

$$e_\gamma=\gamma_d-\gamma=(\gamma_d+\alpha)-(\gamma+\alpha)=e_\theta$$

同时，由于 $\boldsymbol{e}_3^{\mathrm{T}}\boldsymbol{e}_3=e_\theta^2+e_\beta^2+e_\mu^2$，可得 $\frac{1}{2}V_k^2e_\gamma^2+\frac{|b_2|}{2}e_\mu^2\leqslant\frac{\zeta}{2}\boldsymbol{e}_3^{\mathrm{T}}\boldsymbol{e}_3$，其中 $\zeta=\max(V_k^2,|b_2|)$。因此，式(4.34)可进一步写为

$$\begin{aligned}\dot{V}_0\leqslant&-\left(\frac{k_{\mathrm{lon}}}{\cos\gamma_s}-\frac{\xi_1^2}{2\cos^2\gamma_s}\right)\vartheta_1^2-\left(\frac{k_{\mathrm{lat}}}{\cos\theta_s}-\frac{\xi_2^2}{2\cos^2\theta_s}\right)\vartheta_2^2-\\&\left(k_2-\frac{|b_2|+V_k^2\cos^2\gamma+1}{2}\right)e_\chi^2-\left[\lambda_{\min}(\boldsymbol{k}_3)-\frac{\|\boldsymbol{b}_3\|_\infty+\zeta+1}{2}\right]\boldsymbol{e}_3^{\mathrm{T}}\boldsymbol{e}_3-\\&\left[\lambda_{\min}(\boldsymbol{k}_4)-\frac{\|\boldsymbol{b}_3\|_\infty+1}{2}\right]\boldsymbol{e}_4^{\mathrm{T}}\boldsymbol{e}_4-\left(k_\alpha-\frac{1}{2}\right)e_\alpha^2+\\&\frac{1}{2}\tilde{f}_2^2+\frac{1}{2}\tilde{\boldsymbol{f}}_3^{\mathrm{T}}\tilde{\boldsymbol{f}}_3+\frac{1}{2}\tilde{\boldsymbol{f}}_4^{\mathrm{T}}\tilde{\boldsymbol{f}}_4+\frac{1}{2}\tilde{f}_\alpha^2\end{aligned}\tag{4.35}$$

根据 Lyapunov 候选函数 V 的定义，可知

$$\dot{V}_0\leqslant-k_vV+\varepsilon_v\tag{4.36}$$

式中：k_v 和 ε_v 分别定义为

$$\begin{aligned}k_v=2\min\Bigg\{&\left(\frac{k_{\mathrm{lon}}}{\cos\gamma_s}-\frac{\xi_1^2}{2\cos^2\gamma_s}\right),\left(\frac{k_{\mathrm{lat}}}{\cos\theta_s}-\frac{\xi_2^2}{2\cos^2\theta_s}\right),\left(k_2-\frac{|b_2|+V_k^2\cos^2\gamma+1}{2}\right),\\&\left(\lambda_{\min}(\boldsymbol{k}_3)-\frac{\|\boldsymbol{b}_3\|_\infty+\zeta+1}{2}\right),\left(\lambda_{\min}(\boldsymbol{k}_4)-\frac{\|\boldsymbol{b}_3\|_\infty+1}{2}\right),\left(k_\alpha-\frac{1}{2}\right)\Bigg\}\end{aligned}$$

$$\varepsilon_v=\frac{1}{2}\tilde{f}_2^2+\frac{1}{2}\tilde{\boldsymbol{f}}_3^{\mathrm{T}}\tilde{\boldsymbol{f}}_3+\frac{1}{2}\tilde{\boldsymbol{f}}_4^{\mathrm{T}}\tilde{\boldsymbol{f}}_4+\frac{1}{2}\tilde{f}_\alpha^2$$

对不等式(4.36)两侧同时积分，可得

$$V_0\leqslant\left[V_0(0)-\frac{\varepsilon_v}{k_v}\right]\mathrm{e}^{-k_vt}+\frac{\varepsilon_v}{k_v}\tag{4.37}$$

由式(4.37)可知 V_0 有界，且各误差 ϑ_1、ϑ_2、e_χ、e_3、e_4、e_α 均一致有界。根据引理 4.1 可知，舰载机对期望移动下滑道跟踪误差 φ_{lon} 和 φ_{lat} 满足不等式(4.9)的约束，始终不超出由性能函数 η_1、η_2 预先设定的边界范围。证毕。

注 4.7　4.2 节基于 4.1.3 小节中提出的预设性能时变矢量场方法设计了全自动着舰控制系统引导律。着舰引导律也可基于 4.1.2 小节中提出的普通时变矢量场方法设计，在这种情况下，式(4.17)给出的矢量场可重新写为

$$\dot{\boldsymbol{r}}_{d_{\mathrm{lon}}}=V_k\begin{bmatrix}\cos\gamma_s\\-\sin\gamma_s\end{bmatrix}-k_{\mathrm{lon}}\varphi_{\mathrm{lon}}\begin{bmatrix}\sin\gamma_s\\\cos\gamma_s\end{bmatrix}+\cos\gamma_s\begin{bmatrix}\sin\gamma_s\\\cos\gamma_s\end{bmatrix}(\tan\gamma_s\dot{x}_s+\dot{p}_s)$$

$$\dot{\boldsymbol{r}}_{d_{\mathrm{lat}}}=V_k\begin{bmatrix}\cos\theta_s\\-\sin\theta_s\end{bmatrix}-k_{\mathrm{lat}}\varphi_{\mathrm{lat}}\begin{bmatrix}\sin\theta_s\\\cos\theta_s\end{bmatrix}+\cos\theta_s\begin{bmatrix}\sin\theta_s\\\cos\theta_s\end{bmatrix}(\tan\theta_s\dot{x}_s+\dot{q}_s)$$

基于不同引导方法设计的全自动着舰控制系统控制效能将在下一节中通过数值仿真进行对比。

4.3 仿真结果

为验证本章提出的基于预设性能时变矢量场的引导律和自抗扰姿态控制律在移动路径跟踪控制场景中应用的有效性，本节针对舰载机全自动着舰任务进行了一系列数值仿真。仿真以2.1小节中介绍的F/A-18舰载机为对象机，舰载机对期望下滑道初始纵向跟踪误差设定为 $\varphi_{\text{lon}}=10$ m，初始侧向跟踪误差设定为 $\varphi_{\text{lat}}=5$ m，初始速度设定为 $V_{k0}=70$ m/s。舰载机初始角度设定为 $\alpha_0=\theta_0=6°$，$\chi_0=9°$，$\gamma_0=\mu_0=\beta_0=0°$；初始角速度设定为 $p_0=q_0=r_0=0°$；初始舵面偏转角度设定为 $\delta_a=\delta_e=\delta_r=0°$；初始油门位置设定为 $\delta_p=10\%$。纵向及侧向引导律参数设计为 $k_{\text{lon}}=0.65$，$k_{\text{lat}}=1.26$；纵向预设性能函数相关参数设计为 $\alpha_1=\beta_1=1$，$a_1=0.3$，$\eta_{10}=18$，$\eta_{1\infty}=0.3$，即纵向初始误差在不超过±18 m的条件下，跟踪误差将收敛至±0.3 m的区间；侧向预设性能函数相关参数设计为 $\alpha_2=\beta_2=1$，$a_2=0.3$，$\eta_{20}=15$，$\eta_{2\infty}=0.3$，即侧向初始误差在不超过±15 m的条件下，跟踪误差将收敛至±0.3 m的区间。航迹控制环控制参数设计为 $k_2=0.6$，角度控制环控制参数设计为 $\boldsymbol{k}_3=\text{diag}\{1,1,1\}$，角速度环控制参数设计为 $\boldsymbol{k}_4=\text{diag}\{0.75,0.75,0.75\}$，进场功率补偿系统控制参数设计为 $k_\alpha=4$。扩张状态观测器参数设计为 $\omega_2=200$，$[\omega_{31},\omega_{32},\omega_{33}]=[4,90,10]$，$[\omega_{41},\omega_{42},\omega_{43}]=[50,50,50]$，$\omega_\alpha=200$。跟踪微分器参数设计为 $h=\dfrac{1}{400}$，$h_0=\dfrac{1}{80}$，$r_2=r_3=r_4=40$。

着舰过程中，航母以13.89 m/s(27 kn)的航速向前航行，期望下滑角为 $\gamma_s=-3.5°$，航母斜角甲板角度为 $\theta_s=9°$。数值仿真中，考虑了对期望着舰点纵向和侧向位置带来的影响，期望着舰点受海浪等外界扰动影响产生的垂向与侧向运动方程为

$$\begin{cases} p_s=1.22\sin(0.6t)+0.3\sin(0.2t)+40[0.5\sin(0.6t)+0.3\sin(0.63t)+0.25]+ \\ \qquad 3[2.5\sin(0.5t)+3.0\sin(0.25t)+0.5] \\ q_s=19[2.5\sin(0.5t)+3.0\sin(0.25t)+0.5] \end{cases}$$

同时，仿真中考虑了纵向及侧向舰艉流的影响，舰艉流对舰载机六自由度模型扰动如2.1.2小节中式(2.7)所示。

图4.5所示为全自动着舰过程中舰载机、航母轨迹，以及随航母做牵连运动的期望下滑道。从图中可以看出，在本章提出的移动路径跟踪方法控制下，舰载机成功跟踪了移动下滑道，并与航母甲板运动耦合，最终实现精确着舰。

图4.6所示为扩张状态观测器对舰艉流观测效果。由图可知，舰艉流观测值与实际值基本吻合，扩张状态观测器实现了对舰艉流扰动精准快速的估计。

为证明本章提出的全自动着舰控制方法的优势，本节对不同着舰控制方法进行了对比仿真，对比仿真结果如图4.7～图4.11所示及表4.1所列。其中，“预设性能时变矢量场方法”指本章提出的基于预设性能时变矢量场的自抗扰着舰控制方法；“时变矢量场方法”指未使用预设性能控制理论增强的基于时变矢量场的自抗扰着舰控制方法；“动态逆方法”指文献[26]中基于非线性动态逆的着舰控制方法；“传统方法”指基于H-dot指令和滚转角指令的传统着舰引导控制方法；“边界”指由纵向性能函数 η_1 及侧向性能函数 η_2 规定的预设跟踪误差边界。

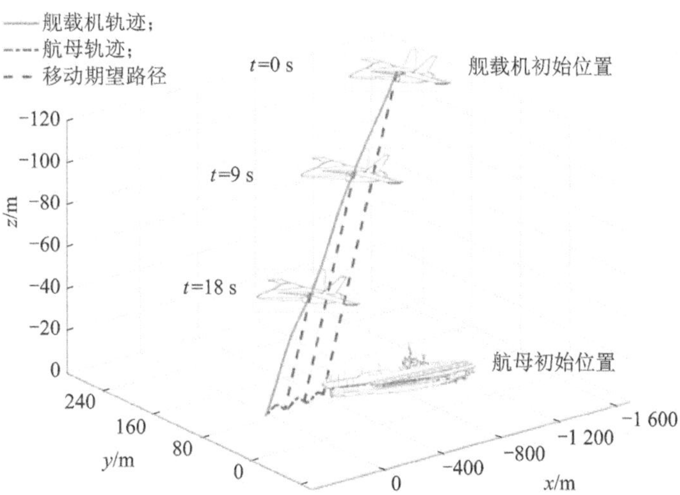

图 4.5　全自动着舰三维轨迹

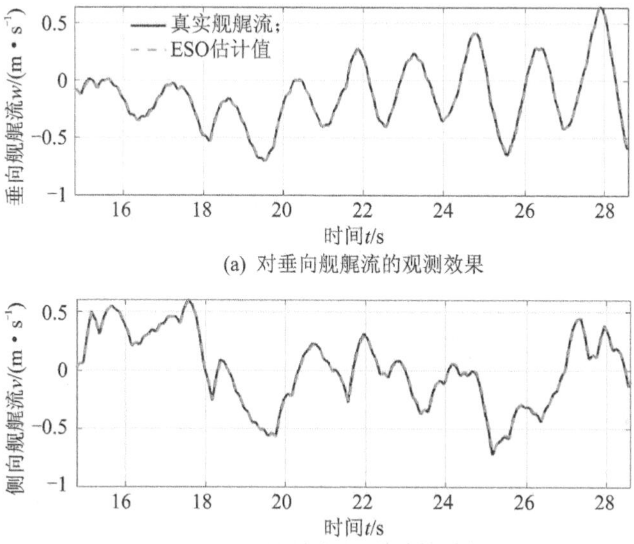

(a) 对垂向舰艉流的观测效果

(b) 对侧向舰艉流的观测效果

图 4.6　扩张状态观测器对舰艉流的观测效果

由图 4.7 和图 4.8 可以看出，由于未考虑航母前进运动，动态逆方法及传统方法存在很大的移动路径跟踪误差，导致着舰落点误差更大。由于考虑了下滑道时变特性，预设性能时变矢量场方法和普通时变矢量场方法均可实现对移动下滑道更精确的跟踪，纵向静态跟踪误差由 0.5 m 减小到 0.1 m，侧向静态跟踪误差由 0.2 m 减小到 0.1 m。与此同时，采用预设性能增强的控制方法可以保证跟踪误差始终被约束在由性能函数规定的界限内，进一步提高了控制精度。

图 4.9 和图 4.10 所示分别为不同着舰控制方法下舰载机姿态角变化曲线与舵面偏转曲线。可以看出，舰载机飞行状态受控，且舵面偏转量受舵面动力学特性约束。

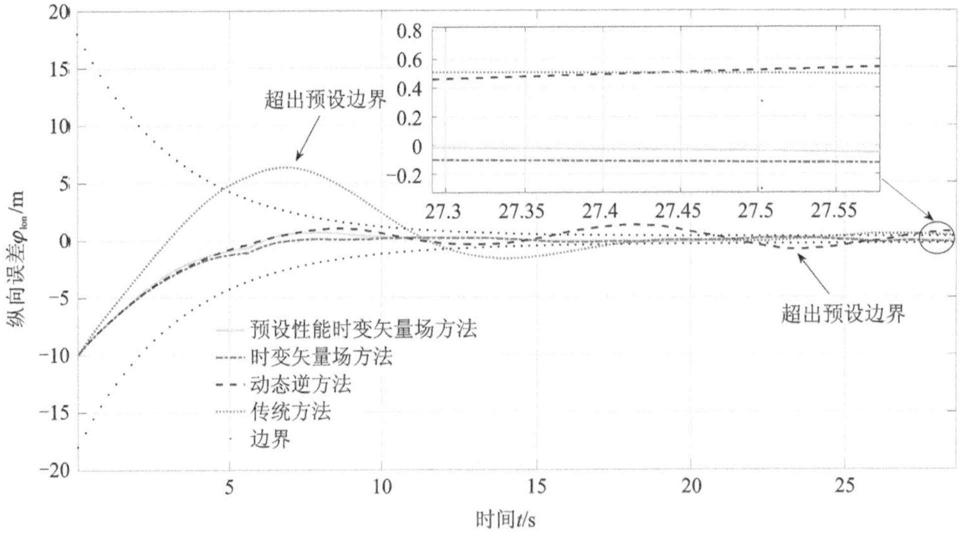

图 4.7 不同方法着舰纵向跟踪误差对比

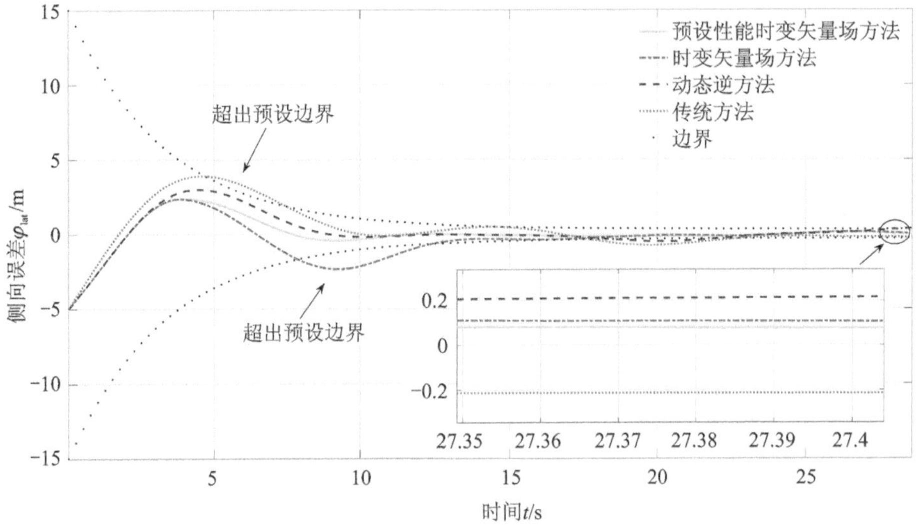

图 4.8 不同方法着舰侧向跟踪误差对比

为进一步验证所提方法的鲁棒性，通过改变航母运动和舰艉流扰动的大小和相位，进行了蒙特卡洛仿真。不同方法控制下舰载机随机落点如图 4.11 所示。其中，圆心表示期望落点位置，半径为 0.3 m 的圆环为预设性能函数规定的落点处跟踪误差。多次随机仿真证明，预设性能时变矢量场方法可以保证落点处纵向及侧向跟踪误差均在预先设定区间内。不同方法控制下落点处平均误差统计值如表 4.1 所列，可以看出本章提出的着舰控制方法可实现最小的跟踪误差，控制效果最佳。

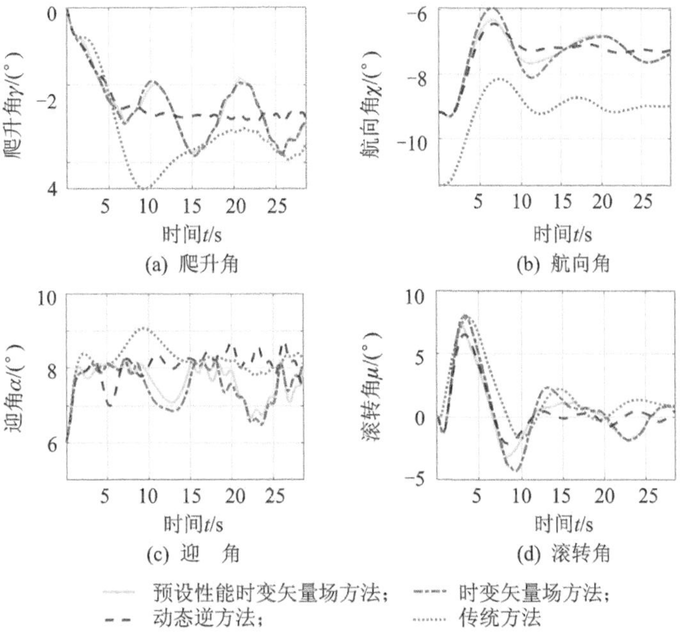

图 4.9　不同方法着舰过程中舰载机姿态角变化曲线

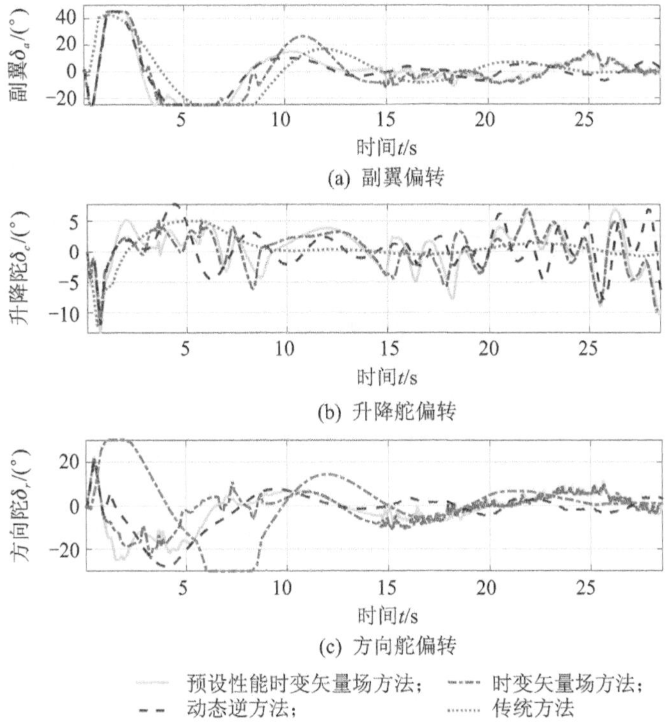

图 4.10　不同方法着舰过程中舵面偏转曲线

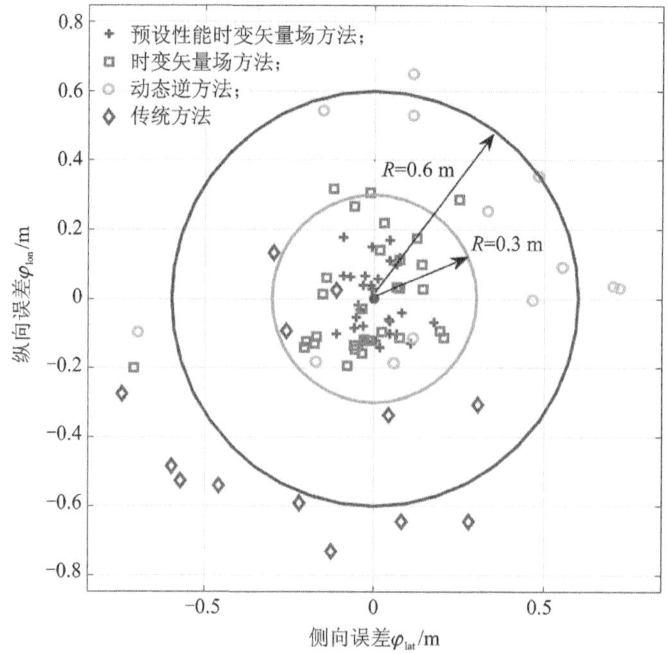

图 4.11　落点处纵向和侧向跟踪误差分布

表 4.1　不同方法落点处纵向及侧向跟踪误差均值

误差＼方法	预设性能时变矢量场方法	时变矢量场方法	动态逆方法	传统方法
$\lvert\varphi_{lon}\rvert$/m	0.087 8	0.137 3	0.813 2	0.689 6
$\lvert\varphi_{lat}\rvert$/m	0.052 2	0.122 6	0.551 5	0.697 7

本章小结

本章针对舰载机跟踪随航母做牵连运动的移动下滑道着舰问题，提出了时变矢量场移动路径跟踪方法，通过设计纵向和侧向时变矢量场引导律，消除了着舰过程中航母运动产生的影响。进一步，通过预设性能控制理论对所提出的时变矢量场方法进行增强，确保了着舰过程中跟踪误差及收敛速度可设计，从理论上定量约束了着舰误差大小，有效提高了着舰成功率。此外，考虑了着舰过程中舰艉流等外界扰动的影响，设计了自抗扰着舰姿态控制器。通过跟踪微分器对期望指令进行滤波并提取其一阶导数，避免了复杂的导数计算，同时设计了扩张状态观测器对集总扰动进行了有效的观测与补偿。最终通过非线性反馈消除了对期望指令的跟踪误差，满足了着舰过程中跟踪期望下滑道对姿态控制的要求。稳定性分析证明了所提出的着舰控制方法可保证系统跟踪误差一致有界，且位置误差受限。数值仿真证明了本章所提出方法的有效性，与未考虑航母移动特性的传统控制方法相比，本章提出的方法使着舰精度有明显改善，可以更好地完成舰载机全自动着舰任务。

第 5 章　基于三维移动路径跟踪与综合直接升力的着舰方法

第 4 章提出的时变矢量场引导律实现了对二维平面内移动路径的跟踪，为实现对三维移动下滑道的跟踪，需分别在纵向和横侧向平面内设计引导律。本章在第 3 章对移动路径跟踪问题讨论的基础上，推导建立了三维空间中的移动路径跟踪误差模型，并提出了通用的三维移动路径跟踪引导律，之后将其应用于舰载机着舰引导。此外，本章基于综合直接升力控制理念设计了非线性内环控制方法，将内环控制器分解为航迹控制子系统、姿态控制子系统与速度控制子系统。通过后缘襟翼产生直接升力控制舰载机纵向下滑航迹，通过副翼、升降舵、方向舵维持舰载机期望姿态，并配备保持速度的动力补偿系统。综合直接升力控制方法有效提高了舰载机对下滑道跟踪误差的修正速度与跟踪精度。为进一步抑制舰艉流等外界扰动，在内环控制器中应用了非线性干扰观测器，对未知干扰进行观测和补偿。

本章提出的基于三维移动路径跟踪与综合直接升力的着舰方法具有如下特点：

① 与第 3 章的时变矢量场方法相比，本章将移动路径跟踪方法扩展至三维空间，可通过直接设计三维移动路径跟踪引导律实现对三维期望下滑道的跟踪，无需在纵向和横侧向两个平面分别设计引导律。

② 本章提出的三维移动路径跟踪方法通过引入虚拟目标点更新速率作为控制量，避免了传统移动路径跟踪方法的奇异性问题，同时通过指令滤波器对期望航迹角导数进行估算，简化了复杂的求导计算。

③ 基于综合直接升力理论设计内环控制器，减少了控制输入到爬升角和高度信号的积分环节，降低了爬升角与高度跟踪的相位滞后，加快了轨迹修正速度与精度。同时，实现了舰载机纵向与侧向、纵向与切向的控制解耦，改善了姿态控制效果。

④ 通过非线性干扰观测器观测补偿外界扰动，抑制了舰艉流对航迹的扰动。

5.1　数学准备与问题描述

5.1.1　符号定义

定义 5.1　对于点 $\boldsymbol{p}^A$，其右上角标 A 表示该点坐标在坐标系 $\{A\}$ 中定义。

定义 5.2　对于速度或角速度 $\boldsymbol{v}_{AB}^A$，其右下角标 AB 表示该变量为坐标系 $\{A\}$ 相对坐标系 $\{B\}$ 的运动，右上角标 A 表示该运动在坐标系 $\{A\}$ 中定义。

定义 5.3　旋转矩阵 $\boldsymbol{R}_A^B$ 表示由坐标系 $\{A\}$ 至坐标系 $\{B\}$ 的旋转变换。

定义 5.4　对于向量 $\boldsymbol{x}=[x_1, x_2, x_3]^{\mathrm{T}}$，反对称矩阵 $\boldsymbol{S}(\boldsymbol{x})$ 定义为 $\boldsymbol{S}(x)=\begin{bmatrix}0 & -x_3 & x_2\\ x_3 & 0 & -x_1\\ -x_2 & x_1 & 0\end{bmatrix}$。

定义 5.5 对于矩阵 $\boldsymbol{X}$，$\|\boldsymbol{X}\|_\infty$ 表示其无穷范数，$\lambda_{\min}(\boldsymbol{X})$ 表示其最小特征值。

5.1.2 问题描述

为描述舰载机着舰过程中三维移动路径跟踪问题，除第 2 章定义的大地坐标系 $I=\{O_g x_g y_g z_g\}$、航迹坐标系 $W=\{O_w x_w y_w z_w\}$ 外，还需定义牵连坐标系 $P=\{O_p x_p y_p z_p\}$ 及 Serret - Frenet 坐标系 $F=\{\boldsymbol{t},\boldsymbol{n}_1,\boldsymbol{n}_2\}$。其中，牵连坐标系 P 固连于航母船体，原点位于期望着舰点，$O_p x_p$ 轴在船体纵向对称平面内，指向舰艏方向；$O_p z_p$ 轴在船体纵向对称平面内，垂直指向下；$O_p y_p$ 轴垂直于船体纵向对称平面，指向右舷，由右手定则确定。Serret - Frenet 坐标系 F 位于期望路径 $\boldsymbol{p}_d$ 上，原点为虚拟目标点(Virtual Target Point, VTP)，$\boldsymbol{t}$ 指向期望路径的切向；$\boldsymbol{n}_1$ 与 $\boldsymbol{t}$ 垂直，指向右；$\boldsymbol{n}_2$ 指向下，由右手定则确定。舰载机着舰几何描述如图 5.1 所示。

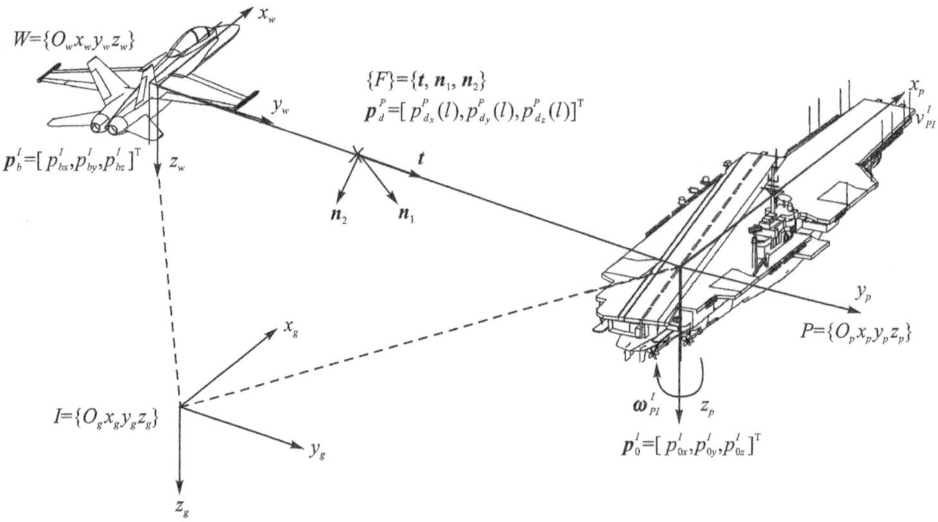

图 5.1 舰载机着舰几何

图 5.1 中，牵连坐标系 P 的原点在大地坐标系中表示为 $\boldsymbol{p}_0^I=[p_{0x}^I,p_{0y}^I,p_{0z}^I]^T$，牵连坐标系相对大地坐标系的线速度表示为 $\boldsymbol{v}_{PI}^I=\dot{\boldsymbol{p}}_0^I=[v_{PIx}^I,v_{PIy}^I,v_{PIz}^I]^T$，角速度表示为 $\boldsymbol{\omega}_{PI}^I=[\omega_{PIx}^I,\omega_{PIy}^I,\omega_{PIz}^I]^T$。在牵连坐标系中定义期望路径 $\boldsymbol{p}_d^P=[p_{d_x}^P(l),p_{d_y}^P(l),p_{d_z}^P(l)]^T$，$l$ 表示虚拟目标点行程。

此外，为描述三维移动路径跟踪问题，类似舰载机航向角 χ 与爬升角 γ，需定义大地坐标系 I 与 Serret - Frenet 坐标系 F 之间的夹角 $\bar{\chi}$、$\bar{\gamma}$，以及 Serret - Frenet 坐标系 F 与航迹坐标系 W 之间的夹角 χ_F、γ_F。上述角度满足几何关系 $\bar{\chi}=\chi-\chi_F$，$\bar{\gamma}=\gamma-\gamma_F$，航迹角几何关系与正方向定义如图 5.2 所示。

在传统路径跟踪问题中，控制目标为消除舰载机位置误差 $\boldsymbol{p}_b^F$，使得舰载机速度矢量的方向与期望路径的切向 $\boldsymbol{t}$ 重合。但在移动路径跟踪问题中，由于期望路径存在相对大地坐标系的时变线速度 $\boldsymbol{v}_{PI}^I$ 和角速度 $\boldsymbol{\omega}_{PI}^I$，舰载机在下滑过程中达到稳态后，仍存在沿 $\boldsymbol{n}_1$ 和 $\boldsymbol{n}_2$ 的速度分量。因此，基于三维移动路径跟踪的着舰问题的控制目标变为设计合理控制输入，使舰载机对期望下滑道跟踪误差，即舰载机在 Serret - Frenet 坐标系中的坐标 $\boldsymbol{p}_b^F=[x_b^F,y_b^F,z_b^F]^T$ 收敛于零的小邻域内，同时使得舰载机速度在 $\boldsymbol{n}_1$ 和 $\boldsymbol{n}_2$ 方向的分量抵消牵连坐标系 P 运动的影响。

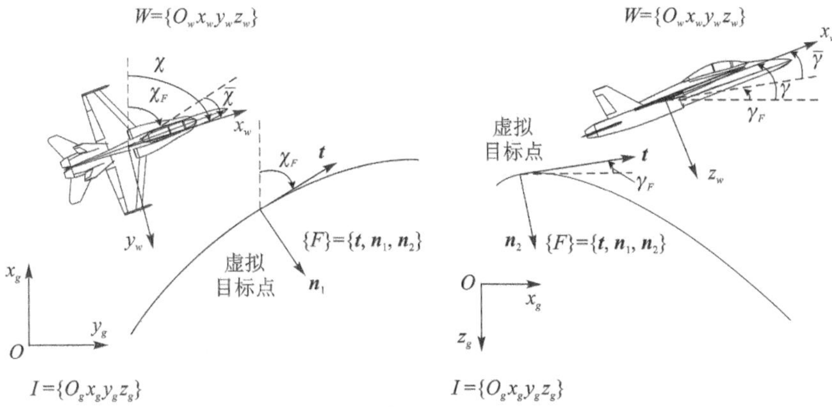

图 5.2　移动路径跟踪中航迹角定义与几何关系

5.2　基于三维移动路径跟踪的全自动着舰引导律设计

5.2.1　三维移动路径跟踪平动运动学误差模型

为设计三维移动路径跟踪引导律实现控制目标，需首先推导三维移动路径跟踪误差模型。设舰载机质心在大地坐标系中表示为 $\boldsymbol{p}_b^I=[p_{bx}^I, p_{by}^I, p_{bz}^I]^{\mathrm{T}}$，则根据坐标变换原理，有如下关系成立：

$$\boldsymbol{p}_b^I=\boldsymbol{p}_d^I+\boldsymbol{R}_F^I\boldsymbol{p}_b^F \tag{5.1}$$

式中：$\boldsymbol{p}_b^F=[x_b^F, y_b^F, z_b^F]^{\mathrm{T}}$ 为舰载机质心在 Serret - Frenet 坐标系 F 中的坐标；$\boldsymbol{R}_F^I$ 为 Serret - Frenet 坐标系 F 至大地坐标系 I 的旋转矩阵，表示为

$$\boldsymbol{R}_F^I=\begin{bmatrix}\cos\gamma_F\cos\chi_F & -\sin\chi_F & \sin\gamma_F\cos\chi_F\\ \cos\gamma_F\sin\chi_F & \cos\chi_F & \sin\gamma_F\sin\chi_F\\ -\sin\gamma_F & 0 & \cos\gamma_F\end{bmatrix}$$

对式(5.1)求导，可得

$$\dot{\boldsymbol{p}}_b^I=\dot{\boldsymbol{p}}_d^I+\boldsymbol{R}_F^I\dot{\boldsymbol{p}}_b^F+\boldsymbol{R}_F^I S(\boldsymbol{\omega}_{FI}^F)\boldsymbol{p}_b^F \tag{5.2}$$

式中：$\boldsymbol{\omega}_{FI}^F=[\omega_{FI_x}^F, \omega_{FI_y}^F, \omega_{FI_z}^F]^{\mathrm{T}}$ 为 Serret - Frenet 坐标系 F 相对大地坐标系 I 的旋转角速度。在式(5.2)等号两端同乘旋转矩阵 $\boldsymbol{R}_I^F$，可得

$$\boldsymbol{R}_I^F\dot{\boldsymbol{p}}_b^I=\boldsymbol{R}_I^F\dot{\boldsymbol{p}}_d^I+\dot{\boldsymbol{p}}_b^F+S(\boldsymbol{\omega}_{FI}^F)\boldsymbol{p}_b^F \tag{5.3}$$

式(5.3)可重写为

$$\dot{\boldsymbol{p}}_b^F=\boldsymbol{R}_I^F\dot{\boldsymbol{p}}_b^I-\boldsymbol{R}_I^F\dot{\boldsymbol{p}}_d^I-S(\boldsymbol{\omega}_{FI}^F)\boldsymbol{p}_b^F \tag{5.4}$$

定义航迹坐标系 W 至 Serret - Frenet 坐标系 F 的旋转矩阵 $\boldsymbol{R}_W^F$，该旋转矩阵具有如下表达式：

$$\boldsymbol{R}_W^F=\begin{bmatrix}\cos\bar{\gamma}\cos\bar{\chi} & -\sin\bar{\chi} & \sin\bar{\gamma}\cos\bar{\chi}\\ \cos\bar{\gamma}\sin\bar{\chi} & \cos\bar{\chi} & \sin\bar{\gamma}\sin\bar{\chi}\\ -\sin\bar{\gamma} & 0 & \cos\bar{\gamma}\end{bmatrix}$$

则可注意到舰载机在大地坐标系中三轴速度 $\dot{\boldsymbol{p}}_b^I$ 与舰载机在航迹坐标系中的三轴速度 $\boldsymbol{v}_{WI}^W=[V_k,0,0]^{\mathrm{T}}$ 具有如下关系：

$$\boldsymbol{R}_I^F\dot{\boldsymbol{p}}_b^I=\boldsymbol{R}_W^F\boldsymbol{v}_{WI}^W \tag{5.5}$$

此外，虚拟目标点在大地坐标系中的速度 $\dot{\boldsymbol{p}}_d^I$ 可视为牵连坐标系 P 在大地坐标系中的速度 $\boldsymbol{v}_{PI}^I$ 与虚拟目标点相对牵连坐标系的速度 $\boldsymbol{v}_{FP}^I+S(\boldsymbol{\omega}_{PI}^I)(\boldsymbol{p}_d^I-\boldsymbol{p}_0^I)$ 的组合，即

$$\dot{\boldsymbol{p}}_d^I=\boldsymbol{v}_{PI}^I+\boldsymbol{v}_{FP}^I+S(\boldsymbol{\omega}_{PI}^I)(\boldsymbol{p}_d^I-\boldsymbol{p}_0^I) \tag{5.6}$$

式中：$\boldsymbol{v}_{FP}^I$ 为虚拟目标点相对 Serret - Frenet 坐标系中的运动速度。

将式(5.5)、(5.6)代入式(5.4)中，可得

$$\begin{aligned}\dot{\boldsymbol{p}}_b^F&=\boldsymbol{R}_W^F\boldsymbol{v}_{WI}^W-\boldsymbol{v}_{FP}^F-\boldsymbol{R}_I^F[\boldsymbol{v}_{PI}^I+\boldsymbol{v}_{FP}^I+S(\boldsymbol{\omega}_{PI}^I)(\boldsymbol{p}_d^I-\boldsymbol{p}_0^I)]-S(\boldsymbol{\omega}_{FI}^F)\boldsymbol{p}_b^F\\&=\boldsymbol{R}_W^F\boldsymbol{v}_{WI}^W-\boldsymbol{v}_{FP}^F-S(\boldsymbol{\omega}_{FI}^F)\boldsymbol{p}_b^F-\boldsymbol{R}_I^F[\boldsymbol{v}_{PI}^I+S(\boldsymbol{\omega}_{PI}^I)(\boldsymbol{p}_d^I-\boldsymbol{p}_0^I)]\end{aligned} \tag{5.7}$$

式中：$\boldsymbol{p}_d^I-\boldsymbol{p}_0^I=[\Delta x,\Delta y,\Delta z]^{\mathrm{T}}$ 为虚拟目标点至航母期望着舰点的位移矢量。公式(5.7)即为三维移动路径跟踪问题中的平动运动学误差模型。

5.2.2 三维移动路径跟踪转动运动学误差模型

在本章提出的三维移动路径跟踪方法中，舰载机运动特征在 Serret - Frenet 坐标系 F 中描述，除平动运动学误差模型外，还需推导转动运动学误差模型，对舰载机在 F 坐标系中定义的航迹角 $\bar{\chi}$、$\bar{\gamma}$ 的运动学特性建模。

Serret - Frenet 坐标系相对大地坐标系的旋转角速度可表示为

$$\boldsymbol{\omega}_{FI}^F=\begin{bmatrix}\omega_{PI_x}^F & -\kappa_2(l)\dot{l}+\omega_{PI_y}^F & \kappa_1(l)\dot{l}+\omega_{PI_z}^F\end{bmatrix}^{\mathrm{T}}$$

式中：$\kappa_1(l)$、$\kappa_2(l)$ 为期望路径曲率；$\boldsymbol{\omega}_{PI}^F=\boldsymbol{R}_I^F\boldsymbol{\omega}_{PI}^I=\begin{bmatrix}\omega_{PI_x}^F & \omega_{PI_y}^F & \omega_{PI_z}^F\end{bmatrix}^{\mathrm{T}}$ 为牵连坐标系 P 相对大地坐标系 I 的旋转角速度。

根据航迹坐标系及 Serret - Frenet 坐标系定义可知，上述两坐标系相对大地坐标系均无滚转运动，因此航迹坐标系与 Serret - Frenet 坐标系之间也不存在相对滚转。定义航迹坐标系相对大地坐标系的角速度为 $\boldsymbol{\omega}_{WI}^W=[q_W,r_W]^{\mathrm{T}}$，Serret - Frenet 坐标系相对大地坐标系的旋转角速度为 $\boldsymbol{\omega}_{FI}^W=[\omega_{FI_y}^W,\omega_{FI_z}^W]^{\mathrm{T}}$，则航迹坐标系相对 Serret - Frenet 坐标系的俯仰及偏航角速度 $\boldsymbol{\omega}_{WF}^W=[\bar{q},\bar{r}]^{\mathrm{T}}$ 可记为

$$\boldsymbol{\omega}_{WF}^W=\boldsymbol{\omega}_{WI}^W-\boldsymbol{\omega}_{FI}^W=\boldsymbol{\omega}_{WI}^W-R_F^W\boldsymbol{\omega}_{FI}^F$$

即

$$\begin{bmatrix}\bar{q}\\ \bar{r}\end{bmatrix}=\begin{bmatrix}q_W\\ r_W\end{bmatrix}-\begin{bmatrix}\cos\bar{\chi} & 0\\ \sin\bar{\gamma}\cos\bar{\chi} & \cos\bar{\gamma}\end{bmatrix}\begin{bmatrix}\omega_{FI_y}^F\\ \omega_{FI_z}^F\end{bmatrix} \tag{5.8}$$

依据坐标变换原则，航迹角导数$[\dot{\bar{\gamma}},\dot{\bar{\chi}}]^{\mathrm{T}}$、$[\dot{\gamma},\dot{\chi}]^{\mathrm{T}}$ 与旋转角速度$[\bar{q},\bar{r}]^{\mathrm{T}}$、$[q_W,r_W]^{\mathrm{T}}$ 之间

存在以下关系：

$$\begin{bmatrix}\dot{\bar{\gamma}}\\ \dot{\bar{\chi}}\end{bmatrix}=\begin{bmatrix}1 & 0\\ 0 & \sec\bar{\gamma}\end{bmatrix}\begin{bmatrix}\bar{q}\\ \bar{r}\end{bmatrix}\tag{5.9}$$

$$\begin{bmatrix}\dot{\gamma}\\ \dot{\chi}\end{bmatrix}=\begin{bmatrix}1 & 0\\ 0 & \sec\gamma\end{bmatrix}\begin{bmatrix}q_W\\ r_W\end{bmatrix}\tag{5.10}$$

将式(5.9)、(5.10)代入式(5.8)中，可得

$$\begin{cases}\dot{\bar{\gamma}}=\dot{\gamma}-\cos\bar{\chi}\omega_{FI_y}^F\\ \dot{\bar{\chi}}=\sec\bar{\gamma}\cos\gamma\dot{\chi}-\tan\bar{\gamma}\cos\bar{\chi}\omega_{FI_y}^F-\omega_{FI_z}^F\end{cases}\tag{5.11}$$

式(5.11)即为三维移动路径跟踪转动运动学误差模型。

5.2.3　三维移动路径跟踪引导律设计

本节设计虚拟目标点更新速率 $\dot{l}$、期望航迹角 $\bar{\chi}_d$、$\bar{\gamma}_d$ 作为三维移动路径跟踪引导指令。由 4.2.1 小节推导可知，三维移动路径跟踪平动运动学误差模型可记为

$$\begin{cases}\dot{x}_b^F=V_k\cos\bar{\gamma}\cos\bar{\chi}-(-\omega_{FI_z}^F y_b^F+\omega_{FI_y}^F z_b^F)-\dot{l}+\Delta\\ \dot{y}_b^F=V_k(\cos\bar{\gamma}\sin\bar{\chi}-\bar{\chi})-(\omega_{FI_z}^F x_b^F-\omega_{FI_x}^F z_b^F)+U\bar{\chi}+\Sigma\\ \dot{z}_b^F=-V_k(\sin\bar{\gamma}-\bar{\gamma})-(-\omega_{FI_y}^F x_b^F+\omega_{FI_x}^F y_b^F)-U\bar{\gamma}+\Gamma\end{cases}\tag{5.12}$$

式中：Δ、Σ、Γ 的详细表达式如下：

$$\Delta=-\cos\gamma_F\cos\chi_F(v_{PI_x}^I+\omega_{PI_y}^I\Delta z-\omega_{PI_z}^I\Delta y)-\cos\gamma_F\sin\chi_F(v_{PI_y}^I+\omega_{PI_z}^I\Delta x-\omega_{PI_x}^I\Delta z)+\sin\gamma_F(v_{PI_z}^I+\omega_{PI_x}^I\Delta y-\omega_{PI_y}^I\Delta x)$$

$$\Sigma=\sin\chi_F(v_{PI_x}^I+\omega_{PI_y}^I\Delta z-\omega_{PI_z}^I\Delta y)-\cos\chi_F(v_{PI_y}^I+\omega_{PI_z}^I\Delta x-\omega_{PI_x}^I\Delta z)$$

$$\Gamma=-\sin\gamma_F\cos\chi_F(v_{PI_x}^I+\omega_{PI_y}^I\Delta z-\omega_{PI_z}^I\Delta y)-\sin\gamma_F\sin\chi_F(v_{PI_y}^I+\omega_{PI_z}^I\Delta x-\omega_{PI_x}^I\Delta z)-\cos\gamma_F(v_{PI_z}^I+\omega_{PI_x}^I\Delta y-\omega_{PI_y}^I\Delta x)$$

依据 Lyapunov 稳定性理论，可得虚拟目标点更新速率及期望航迹角如下：

$$\dot{l}=V_k\cos\bar{\gamma}\cos\bar{\chi}+\Delta+k_x x_b^F\tag{5.13}$$

$$\bar{\chi}_d=\frac{-V_k(\cos\bar{\gamma}\sin\bar{\chi}-\bar{\chi})-\Sigma-k_y y_b^F}{V_k}\tag{5.14}$$

$$\bar{\gamma}_d=\frac{-V_k(\sin\bar{\gamma}-\bar{\gamma})+\Gamma+k_z z_b^F}{V_k}\tag{5.15}$$

注 5.1　若牵连坐标系线速度 $\boldsymbol{v}_{PI}^I$ 及角速度 $\boldsymbol{\omega}_{PI}^I$ 均为 0，即牵连坐标系相对大地坐标系静止，则移动路径跟踪问题退化为传统固定跟踪问题。此时，移动路径跟踪误差模型(5.7)、(5.11)退化为传统 Serret - Frenet 误差模型，移动路径跟踪引导律(5.13)～(5.15)变为传统路径跟踪引导律。因此，这里所提出的引导方法为适用于移动目标及固定目标跟踪的通用方法。

注 5.2　在目前已有的针对移动路径跟踪研究的文献[8-10]中，虚拟目标点 $\boldsymbol{p}_d$ 定义为

期望路径上距被控对象最近的一点。在此设定下，以上所推导的平面移动路径跟踪误差模型为

$$\dot{l}=\frac{V\cos\bar{\psi}-(v_{d_x}-\omega_d\Delta y)\cos\psi_f}{1-\kappa(l)y_F}-\frac{(v_{d_y}-\omega_d\Delta x)\sin\psi_f-\omega_d y_F}{1-\kappa(l)y_F}$$

$$\dot{y}_F=V\sin\bar{\psi}+(v_{d_x}-\omega_d\Delta y)\sin\psi_f-(v_{d_y}+\omega_d\Delta x)\cos\psi_f$$

$$\dot{\bar{\psi}}=\dot{\psi}-\kappa(l)\dot{l}-\omega_d$$

式中：l 为虚拟目标点行程；V 为飞机速度；$\boldsymbol{v}_d=[v_{dx},v_{dy}]^{\mathrm{T}}$ 为牵连坐标系线速度；ω_d 为牵连坐标系角速度；$\bar{\psi}$ 为航迹坐标系与 Serret - Frenet 坐标系的夹角；ψ_f 为 Serret - Frenet 坐标系与大地坐标系的夹角；$[\Delta x,\Delta y]^{\mathrm{T}}$ 为虚拟目标点相对牵连坐标系原点的位移矢量；y_F 为飞机在 Serret - Frenet 坐标系中的坐标；$\kappa(l)$ 为期望路径曲率；$\dot{\psi}$ 为控制输入。当 $1-\kappa(l)y_F=0$，如飞机位于圆弧航线圆心时，以上所提出的移动路径跟踪方法将出现奇异性。在本章提出的移动路径跟踪方法中，将虚拟目标点位移导数 $\dot{l}$ 定义为控制输入，通过设计虚拟目标点位置更新律(5.13)，有效避免了原有方法中的奇异性问题，提高了系统鲁棒性。

假设 5.1　舰载机具有足够飞行速度跟踪移动航母，该条件可数学表述为 $V_k>\|\boldsymbol{v}_{PI}^I+\boldsymbol{\omega}_{PI}^I\times(\boldsymbol{p}_d^I-\boldsymbol{p}_0^I)\|$。

假设 5.2　在舰载机着舰过程中，可通过数据链等设备实时获取航母位置、运动线速度、角速度等必要信息。

定理 5.1　考虑 5.1.2 小节中描述的三维移动路径跟踪问题，在假设 5.1～5.2 条件下，若引导指令由式(5.13)～(5.15)求得，则舰载机可跟踪固连于航母的期望路径，跟踪误差 x_b^F、y_b^F 和 z_b^F 可渐近收敛至 0 附近足够小的邻域。

证明　考虑 Lyapunov 候选函数

$$V_1=\frac{1}{2}(x_b^{F2}+y_b^{F2}+z_b^{F2})$$

对上式求导，可得 $\dot{V}_1=x_b^F\dot{x}_b^F+y_b^F\dot{y}_b^F+z_b^F\dot{z}_b^F$。考虑三维移动路径跟踪平动运动学模型(5.13)～(5.15)，可推得

$$\begin{aligned}\dot{V}_1&=-k_x x_b^{F2}+(\omega_{FI_z}^F x_b^F y_b^F-\omega_{FI_y}^F x_b^F z_b^F)-k_y y_b^{F2}-V_k y_b^F e_{\bar{\chi}}+\\&\quad(-\omega_{FI_z}^F x_b^F y_b^F+\omega_{FI_x}^F y_b^F z_b^F)-k_z z_b^{F2}+V_k z_b^F e_{\bar{\gamma}}+\\&\quad(\omega_{FI_y}^F x_b^F z_b^F-\omega_{FI_x}^F y_b^F z_b^F)\\&=-k_x x_b^{F2}-k_y y_b^{F2}-k_z z_b^{F2}-V_k y_b^F e_{\bar{\chi}}+V_k z_b^F e_{\bar{\gamma}}\end{aligned}\tag{5.16}$$

式中：$e_{\bar{\chi}}=\bar{\chi}_d-\bar{\chi}$，$e_{\bar{\gamma}}=\bar{\gamma}_d-\bar{\gamma}$ 为舰载机对期望航迹角跟踪误差。考虑执行全自动着舰任务的舰载机都配备可跟踪引导指令的内环控制器，因此可保证航迹角跟踪误差 $e_{\bar{\chi}}$、$e_{\bar{\gamma}}$ 足够小，故可知

$$\dot{V}_1\leqslant-\varpi V_1+\vartheta\tag{5.17}$$

式中：$\varpi=\max\{k_x,k_y,k_z\}$，$\vartheta=\max\{e_{\bar{\chi}},e_{\bar{\gamma}}\}$。由式(5.17)可得

$$V_1 \leqslant \left(V_1(0) - \frac{\vartheta}{\varpi}\right) e^{-\varpi t} + \frac{\vartheta}{\varpi} \tag{5.18}$$

因此，V_1 有界。由 V_1 定义及 Lyapunov 稳定性理论可知移动路径跟踪误差 x_b^F、y_b^F、z_b^F 均有界，并渐近收敛。证毕。

注 5.3　在对定理 5.1 的证明中，本节假设舰载机配有可跟踪航迹角指令的内环控制器。在 5.3 节中，提出一种适用于固定翼舰载机三维移动路径跟踪的非线性内环控制器，同时式(5.18)的推导结果将用于分析包含引导律和姿态控制律的舰载机着舰闭环控制系统的稳定性。

5.3　基于综合直接升力的全自动着舰内环控制律设计

直接升力控制指通过改变飞机的升力直接控制航迹，而非通过改变推力或俯仰姿态间接改变航迹。为使舰载机具备向上以及向下调整航迹的能力，需要求舰载机配置襟翼等气动舵面，且其基准偏转角度小于最大偏转角度，使舰载机的着舰过程中的基准升力状态低于最大升力状态。在此条件下，增大全机升力系数，使升力系数曲线“上升”，即可使舰载机航迹向上调整；相反的，减小全机升力系数，使升力系数曲线“下降”，即可使舰载机航迹向下调整[27]。图 5.3 所示为直接升力控制原理。

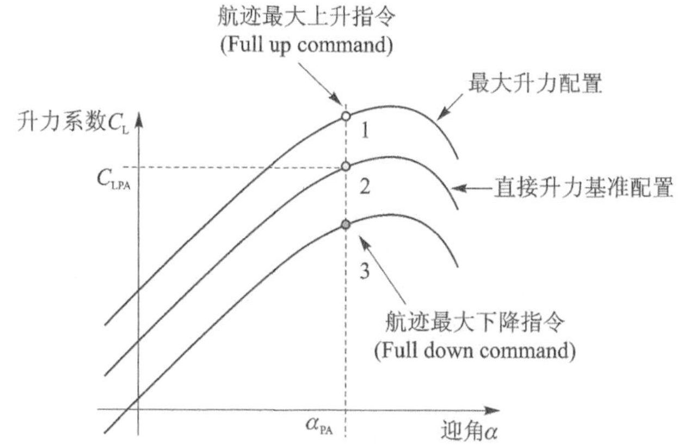

图 5.3　直接升力控制原理

如图 5.3 所示，舰载机在着舰过程中的最大升力在最大升力配置曲线与着舰迎角 α_{PA} 的交点 1 处获得。为使用直接升力，舰载机着舰基准升力配置为点 2，低于可获得的最大升力。当飞机通过调整襟翼等气动舵面，使升力系数由点 2 变化至点 1 时，可直接增大升力，实现航迹快速上升；当舰载机升力系数由点 2 降低至点 3 时，可直接减小升力，实现航迹快速下降。

目前，采用直接升力控制方法的“魔毯”着舰系统仍为人工着舰系统，且国外公开文献并无综合直接升力控制系统的详细设计流程。本章探索了基于综合直接升力的内环控制器设计方法，并将其与三维移动路径跟踪算法结合，设计了全自动着舰控制算法。

5.3.1 基于综合直接升力的全自动着舰控制架构

在本章设计的基于综合直接升力的全自动着舰系统中，航迹角指令由引导律给出，舰载机通过后缘襟翼偏转实现对纵向航迹的调整，使传统的副翼、升降舵、方向舵等舵面实现对期望姿态角的控制。此外，通过调节发动机推力实现进场着舰过程中的恒定速度。传统的飞行控制架构中，飞行状态关系为 $\delta_e \xrightarrow{积分} q \xrightarrow{积分} \theta/\alpha \xrightarrow{积分} \gamma \xrightarrow{积分} h$，即通过升降舵偏转 δ_e 改变飞机俯仰力矩，从而改变俯仰角速率 q、俯仰角 θ 及迎角 α；通过飞机姿态改变升力，间接改变飞机升力航迹角 γ 及高度 h。采用综合直接升力架构后，飞行状态关系变为 $\delta_{\text{tef}} \xrightarrow{积分} \gamma \xrightarrow{积分} h$，即通过后缘襟翼 δ_{tef} 改变飞机产生升力大小，从而直接调整航迹角 γ 及高度 h。由于通过后缘襟翼控制飞机航迹，解放了升降舵，带来的额外好处是可由升降舵保持飞机迎角，通过推力控制速度，实现了控制的解耦，避免了在传统架构中仅能通过进场功率补偿系统来较为精确地控制迎角或速度中的一个变量的情况。

基于综合直接升力的全自动着舰系统架构如图 5.4 所示，全系统分为引导控制环、航迹控制环、姿态控制环及速度控制环。各分系统介绍如下。

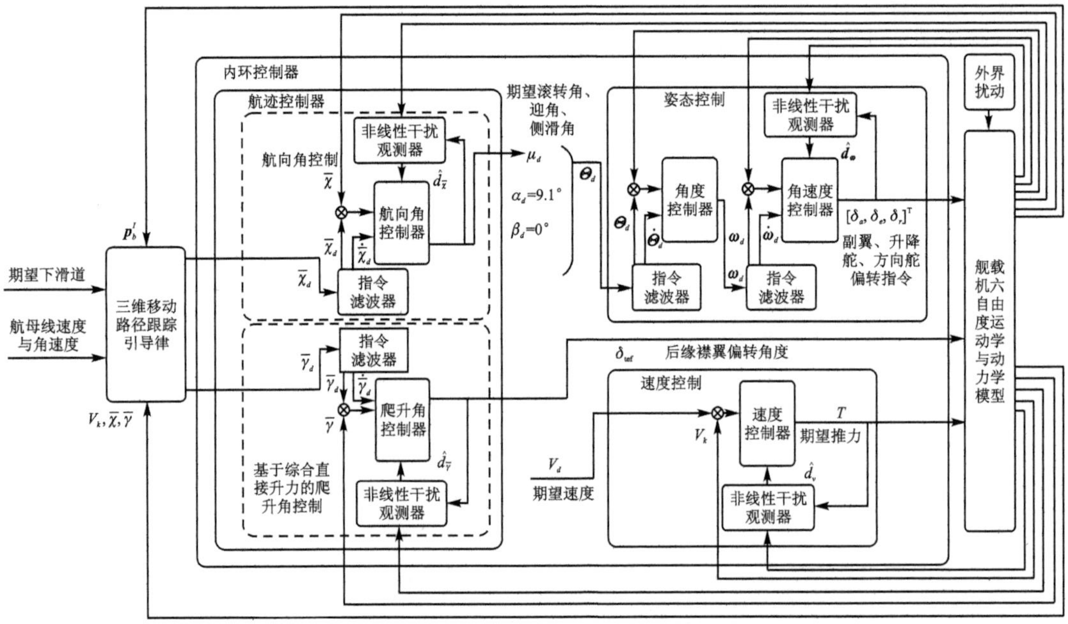

图 5.4 基于综合直接升力的全自动着舰系统架构

① 引导控制环：基于 5.2 节中设计的三维移动路径跟踪算法设计，生成期望纵向航迹角指令 $\bar{\gamma}_d$ 及侧向航迹角指令 $\bar{\chi}_d$。

② 航迹控制环：包括爬升角控制器与航向角控制器。爬升角控制器通过解算后缘襟翼偏转角度 δ_{tef} 实现对期望爬升角的跟踪。航向角控制器通过生成期望速度滚转角指令 μ_d 实现对期望航向角的跟踪。

③ 姿态控制环：通过计算副翼 δ_a、升降舵 δ_e、方向舵 δ_r 偏转大小，实现对期望姿态角的跟踪。期望姿态角包括期望速度滚转角 μ_d、期望侧滑角 β_d、期望迎角 α_d。其中，期望速度滚转

角 μ_d 由航迹控制环给出。为保证无侧滑飞行,期望侧滑角设为 $\beta_d=0°$。在着舰过程中,需要迎角保持为定值。在传统控制策略中,通常由进场功率补偿系统通过油门保持迎角恒定,并通过迎角恒定间接保持速度恒定。而综合直接升力控制实现了舰载机法向和切向的解耦,因此可由升降舵更为精确地控制迎角。在传统着舰系统中,F/A-18 舰载机着舰期望迎角为 8.1°,采用直接升力控制方法后,后缘襟翼基准位置非最大偏转角度,因此会造成部分升力损失。为避免进场速度增大过多,可增大期望迎角以增大基准状态下舰载机升力。美海军飞行试验证明,当期望迎角增大至 9.1°时,可在具有直接升力控制能力情况下,避免进场速度有较大增加,同时也不影响飞行员视线[1,27]。因此,本章中姿态控制环期望迎角设定为 $\alpha_d=9.1°$。

④ 速度控制环:由综合直接升力控制方案可知,迎角主要由升降舵保持恒定,使得迎角控制与轨迹控制解耦。由于发动机推力具有较好的维持速度恒定的能力,因此选择由推力保持速度,即速度恒定的动力补偿。

下面详细给出了各控制环的设计过程。

5.3.2 航迹控制环

舰载机爬升角 γ 及航向角 χ 动力学方程在式(2.2)中给出,联立式(2.2)与式(5.11),可得航迹角动力学方程为

$$\dot{\bar{\chi}}=\underbrace{\frac{1}{mV_k\cos\bar{\gamma}}\begin{bmatrix}(T\sin\alpha+Y)(\sin\mu-\mu)+\\(-T\cos\alpha\sin\beta+C)\cos\mu\end{bmatrix}-\tan\bar{\gamma}\cos\bar{\chi}\omega_{FI_y}^F+\omega_{FI_z}^F+}_{f_{\bar{\chi}}}$$

$$\underbrace{\frac{T\sin\alpha+Y}{mV_k\cos\bar{\gamma}}}_{g_{\bar{\chi}}}\mu+\underbrace{d_{\bar{\chi}}}_{\text{disturbance}}$$

$$\dot{\bar{\gamma}}=\underbrace{\frac{1}{-mV_k}\begin{bmatrix}T(-\sin\alpha\cos\mu-\cos\alpha\sin\beta\sin\mu)+C\sin\mu+\\mg\cos\gamma-QS(C_{Y_0}+C_{Y\alpha}\alpha+C_{Y\delta_e}\delta_e)\cos\mu\end{bmatrix}-\cos\bar{\chi}\omega_{FI_y}^F+}_{f_{\bar{\gamma}}}$$

$$\underbrace{\frac{QS\cos\mu C_{\delta_{\text{tef}}}}{mV_k}}_{g_{\bar{\gamma}}}\delta_{\text{tef}}+\underbrace{d_{\bar{\gamma}}}_{\text{disturbance}}$$

写成仿射形式为

$$\begin{cases}\dot{\bar{\chi}}=f_{\bar{\chi}}+g_{\bar{\chi}}\mu+d_{\bar{\chi}}\\\dot{\bar{\gamma}}=f_{\bar{\gamma}}+g_{\bar{\gamma}}\delta_{\text{tef}}+d_{\bar{\gamma}}\end{cases}\tag{5.19}$$

式中:$d_{\bar{\chi}}$、$d_{\bar{\gamma}}$ 为舰艉流等原因引起的外界扰动。

航迹控制环中,首先通过指令滤波器对输入航迹角指令进行滤波,并求得指令一阶导数。

引理 5.1　对于给定光滑时变函数 $\alpha_t(t)$,其导数可由下式所示的指令滤波器估计:

$$\begin{cases}\hat{\alpha}_t=x\\\dot{\hat{\alpha}}_t=\dot{x}\\\ddot{x}=-2\xi_n\omega_n\dot{x}+\omega_n^2(\alpha_t-x)\end{cases}\tag{5.20}$$

式中：$\hat{\alpha}_t$ 为输入信号 α_t 的滤波值；$\dot{\hat{\alpha}}_t$ 为输入信号 α_t 一阶导数的估计值；ξ_n 为指令滤波器阻尼比；ω_n 为指令滤波器自然频率。

指令滤波器估计误差为

$$|\hat{\alpha}_t-\alpha_t|\leqslant\frac{|\alpha_t(0)|}{\omega_n\sqrt{1-\xi_n^2}}+\frac{\sup_{0\leqslant t_t\leqslant t}\{|\ddot{\alpha}_t(t_t)|+2\xi_n\omega_n|\alpha_t(t_t)|\}}{\xi_n\omega_n^2\sqrt{1-\xi_n^2}}$$

可知，$\xi_n=0.707$ 为最佳阻尼比，自然频率 ω_n 越大，估计误差越小。

注 5.4 在已有移动路径跟踪控制方法中，控制指令的导数通过复杂的计算获得[8-10]。对于如舰载机的高阶系统，求解导数的计算量将相当可观。在本章中，输入航迹控制环、姿态控制环中角度控制器和角速度控制器的指令都须先通过指令滤波器滤波，并求得一阶导数，因此可在不影响控制效果的前提下避免求导的复杂运算。

为提供对外界扰动 $d_{\bar{\chi}}$、$d_{\bar{\gamma}}$ 的观测值，设计如下式所示的非线性干扰观测器：

$$\begin{cases}\dot{p}_{\bar{\chi}}=-l_{d\bar{\chi}}(l_{d\bar{\chi}}\bar{\chi}+p_{\bar{\chi}}+f_{\bar{\chi}}+g_{\bar{\chi}}\mu)\\ \hat{d}_{\bar{\chi}}=p_{\bar{\chi}}+l_{d\bar{\chi}}\bar{\chi}\end{cases}\tag{5.21}$$

$$\begin{cases}\dot{p}_{\bar{\gamma}}=-l_{d\bar{\gamma}}(l_{d\bar{\gamma}}\bar{\gamma}+p_{\bar{\gamma}}+f_{\bar{\gamma}}+g_{\bar{\gamma}}\delta_{\mathrm{tef}})\\ \hat{d}_{\bar{\gamma}}=p_{\bar{\gamma}}+l_{d\bar{\gamma}}\bar{\gamma}\end{cases}\tag{5.22}$$

式中：$l_{d\bar{\chi}}>0$、$l_{d\bar{\gamma}}>0$ 为干扰观测器增益；$p_{\bar{\chi}}$、$p_{\bar{\gamma}}$ 为干扰观测器状态量；$\hat{d}_{\bar{\chi}}$、$\hat{d}_{\bar{\gamma}}$ 为对扰动 $d_{\bar{\chi}}$、$d_{\bar{\gamma}}$ 的观测值，定义对扰动的观测误差为 $\tilde{d}_{\bar{\chi}}=d_{\bar{\chi}}-\hat{d}_{\bar{\chi}}$，$\tilde{d}_{\bar{\gamma}}=d_{\bar{\gamma}}-\hat{d}_{\bar{\gamma}}$。

引理 5.2 若外界扰动 $d_{\bar{\chi}}$ 与 $d_{\bar{\gamma}}$ 及其导数有界，则非线性干扰观测器(5.21)、(5.22)中观测值 $\hat{d}_{\bar{\chi}}$、$\hat{d}_{\bar{\gamma}}$ 将趋近真实误差。观测器状态 $p_{\bar{\chi}}$、$p_{\bar{\gamma}}$ 及观测误差 $\tilde{d}_{\bar{\chi}}=d_{\bar{\chi}}-\hat{d}_{\bar{\chi}}$、$\tilde{d}_{\bar{\gamma}}=d_{\bar{\gamma}}-\hat{d}_{\bar{\gamma}}$ 有界，且更大的干扰观测器增益 $l_{d\bar{\chi}}$、$l_{d\bar{\gamma}}$ 可保证更小的观测误差。

可设计滚转角虚拟控制量为

$$\mu_d=\frac{-f_{\bar{\chi}}+k_{\bar{\chi}}e_{\bar{\chi}}+\dot{\bar{\chi}}_d-\xi_{\bar{\chi}}y_b^FV_k-\hat{d}_{\bar{\chi}}}{g_{\bar{\chi}}}\tag{5.23}$$

可设计后缘襟翼偏转角度为

$$\delta_{\mathrm{tef}}=\frac{-f_{\bar{\gamma}}+k_{\bar{\gamma}}e_{\bar{\gamma}}+\dot{\bar{\gamma}}_d+\xi_{\bar{\gamma}}z_b^FV_k-\hat{d}_{\bar{\gamma}}}{g_{\bar{\gamma}}}\tag{5.24}$$

式中：$k_{\bar{\chi}}>\dfrac{|g_{\bar{\chi}}|+1}{2}$，$k_{\bar{\gamma}}>\dfrac{1}{2}$，$\xi_{\bar{\chi}}>0$，$\xi_{\bar{\gamma}}>0$ 为控制增益。

考虑 Lyapunov 候选函数 $V_2=\dfrac{1}{2\xi_{\bar{\chi}}}e_{\bar{\chi}}^2+\dfrac{1}{2\xi_{\bar{\gamma}}}e_{\bar{\gamma}}^2$，代入航迹角动力学模型(5.19)及控制量(5.23)、(5.24)，可得 V_2 的导数为

$$\dot{V}_2=\frac{1}{\xi_{\bar{\chi}}}e_{\bar{\chi}}\dot{e}_{\bar{\chi}}+\frac{1}{\xi_{\bar{\gamma}}}e_{\bar{\gamma}}\dot{e}_{\bar{\gamma}}$$

$$
\begin{aligned}
&=-\frac{1}{\xi_{\bar{\chi}}}k_{\bar{\chi}}e_{\bar{\chi}}^2-\frac{1}{\xi_{\bar{\gamma}}}k_{\bar{\gamma}}e_{\bar{\gamma}}^2+\frac{1}{\xi_{\bar{\chi}}}g_{\bar{\chi}}e_{\bar{\chi}}e_{\mu}- \\
&\frac{1}{\xi_{\bar{\chi}}}e_{\bar{\chi}}\tilde{d}_{\bar{\chi}}-\frac{1}{\xi_{\bar{\gamma}}}e_{\bar{\gamma}}\tilde{d}_{\bar{\gamma}}+Uy_b^Fe_{\bar{\chi}}-Uz_b^Fe_{\bar{\gamma}}
\end{aligned}
\tag{5.25}
$$

式中：$e_\mu=\mu_d-\mu$ 为滚转角跟踪误差。由杨氏不等式可得

$$
g_{\bar{\chi}}e_{\bar{\chi}}e_{\mu}\leqslant\frac{|g_{\bar{\chi}}|}{2}(e_{\bar{\chi}}^2+e_{\mu}^2),\quad e_{\bar{\chi}}\tilde{d}_{\bar{\chi}}\leqslant\frac{1}{2}(e_{\bar{\chi}}^2+\tilde{d}_{\bar{\chi}}^2),\quad e_{\bar{\gamma}}\tilde{d}_{\bar{\gamma}}\leqslant\frac{1}{2}(e_{\bar{\gamma}}^2+\tilde{d}_{\bar{\gamma}}^2)
$$

因此，式(5.25)变为

$$
\begin{aligned}
\dot{V}_2\leqslant&-\frac{1}{\xi_{\bar{\chi}}}\left(k_{\bar{\chi}}-\frac{|g_{\bar{\chi}}|+1}{2}\right)e_{\bar{\chi}}^2-\frac{1}{\xi_{\bar{\gamma}}}\left(k_{\bar{\gamma}}-\frac{1}{2}\right)e_{\bar{\gamma}}^2+ \\
&\frac{|g_{\bar{\chi}}|}{2\xi_{\bar{\chi}}}e_{\mu}^2+\frac{1}{2\xi_{\bar{\chi}}}\tilde{d}_{\bar{\chi}}^2+\frac{1}{2\xi_{\bar{\gamma}}}\tilde{d}_{\bar{\gamma}}^2+Uy_b^Fe_{\bar{\chi}}-Uz_b^Fe_{\bar{\gamma}}
\end{aligned}
\tag{5.26}
$$

式(5.26)的结果将在 5.3.5 小节系统稳定性分析中使用。

5.3.3　姿态控制环

舰载机转动运动学模型如式(2.3)，可变换为仿射形式，即

$$
\underbrace{\begin{bmatrix}\dot{\alpha}\\ \dot{\beta}\\ \dot{\mu}\end{bmatrix}}_{\dot{\boldsymbol{\Theta}}}=\underbrace{\begin{bmatrix}-\dot{\gamma}\dfrac{\cos\mu}{\cos\beta}-\dot{\chi}\dfrac{\sin\mu\cos\gamma}{\cos\beta}\\ -\dot{\gamma}\sin\mu+\dot{\chi}\cos\mu\cos\gamma\\ \dot{\gamma}\tan\beta\cos\mu+\dot{\chi}(\sin\gamma+\tan\beta\sin\mu\cos\gamma)\end{bmatrix}}_{\boldsymbol{f}_{\Theta}}+
$$

$$
\underbrace{\begin{bmatrix}-\cos\alpha\tan\beta & 1 & -\sin\alpha\tan\beta\\ \sin\alpha & 0 & -\cos\alpha\\ \cos\alpha & 0 & \sin\alpha\end{bmatrix}}_{\boldsymbol{g}_{\Theta}}\underbrace{\begin{bmatrix}p\\ q\\ r\end{bmatrix}}_{\boldsymbol{\omega}}
$$

可记为

$$
\dot{\boldsymbol{\Theta}}=\boldsymbol{f}_{\Theta}+\boldsymbol{g}_{\Theta}\boldsymbol{\omega}\tag{5.27}
$$

可设计虚拟控制量为

$$
\boldsymbol{\omega}_d=\boldsymbol{g}_{\Theta}^{-1}(-\boldsymbol{f}_{\Theta}+\boldsymbol{k}_{\Theta}\boldsymbol{e}_{\Theta}+\dot{\boldsymbol{\Theta}}_d)\tag{5.28}
$$

式中：$\boldsymbol{\omega}_d=[p_d,q_d,r_d]^{\mathrm{T}}$ 为期望角速度；$\boldsymbol{k}_{\Theta}\in\mathbb{R}^{3\times3}$ 为正定增益矩阵且满足 $\lambda_{\min}(\boldsymbol{k}_{\Theta})>\dfrac{\|\boldsymbol{g}_{\Theta}\|_{\infty}+|g_{\bar{\chi}}|}{2}$，$\boldsymbol{e}_{\Theta}=[\alpha_d-\alpha,\beta_d-\beta,\mu_d-\mu]^{\mathrm{T}}$ 为对期望角度跟踪误差；$\dot{\boldsymbol{\Theta}}=[\dot{\alpha}_d,\dot{\beta}_d,\dot{\mu}_d]^{\mathrm{T}}$ 为通过指令滤波器获得的期望角度一阶导数。

考虑 Lyapunov 候选函数 $V_3=\dfrac{1}{2\xi_{\bar{\chi}}}\boldsymbol{e}_{\Theta}^{\mathrm{T}}\boldsymbol{e}_{\Theta}$，在虚拟控制量(5.28)的作用下，$V_3$ 的导数为

$$
\dot{V}_3=\frac{1}{\xi_{\bar{\chi}}}\boldsymbol{e}_{\Theta}^{\mathrm{T}}\dot{\boldsymbol{e}}_{\Theta}
$$

$$
\begin{aligned}
&=\frac{1}{\xi_{\bar{\chi}}}\boldsymbol{e}_{\Theta}^{\mathrm{T}}(-\boldsymbol{k}_{\Theta}\boldsymbol{e}_{\Theta}+\boldsymbol{g}_{\Theta}\boldsymbol{e}_{\omega})\\
&=\frac{1}{\xi_{\bar{\chi}}}(-\boldsymbol{e}_{\Theta}^{\mathrm{T}}\boldsymbol{k}_{\Theta}\boldsymbol{e}_{\Theta}+\boldsymbol{e}_{\Theta}^{\mathrm{T}}\boldsymbol{g}_{\Theta}\boldsymbol{e}_{\omega})\\
&\leqslant-\frac{1}{\xi_{\bar{\chi}}}\left[\lambda_{\min}(\boldsymbol{k}_{\Theta})-\frac{\|\boldsymbol{g}_{\Theta}\|_{\infty}}{2}\right]\boldsymbol{e}_{\Theta}^{\mathrm{T}}\boldsymbol{e}_{\Theta}+\frac{\|\boldsymbol{g}_{\Theta}\|_{\infty}}{2\xi_{\bar{\chi}}}\boldsymbol{e}_{\omega}^{\mathrm{T}}\boldsymbol{e}_{\omega}
\end{aligned}\tag{5.29}
$$

式中：$\boldsymbol{e}_{\omega}=\boldsymbol{\omega}_{d}-\boldsymbol{x}_{4}$ 为期望角速度跟踪误差。

进一步考虑式(2.8)中仿射形式的舰载机转动动力学方程，类似 5.3.2 小节中的航迹控制器，首先设计非线性干扰观测器对外界扰动 $\boldsymbol{d}_{m}$ 进行估计，非线性干扰观测器具有如下形式：

$$
\begin{cases}
\dot{\boldsymbol{p}}_{m}=-\boldsymbol{l}_{dm}(\boldsymbol{l}_{dm}\boldsymbol{x}_{4}+\boldsymbol{p}_{m}+\boldsymbol{f}_{4}+\boldsymbol{g}_{4}\boldsymbol{u}_{a})\\
\hat{\boldsymbol{d}}_{m}=\boldsymbol{p}_{m}+\boldsymbol{l}_{dm}\boldsymbol{x}_{4}
\end{cases}\tag{5.30}
$$

式中：$\boldsymbol{l}_{dm}\in\mathbb{R}^{3\times3}$ 为正定增益矩阵；$\boldsymbol{p}_{m}\in\mathbb{R}^{3\times1}$ 为观测器状态量；$\hat{\boldsymbol{d}}_{m}$ 为对外界扰动 $\boldsymbol{d}_{m}$ 的观测值，定义观测误差为 $\tilde{\boldsymbol{d}}_{m}=\boldsymbol{d}_{m}-\hat{\boldsymbol{d}}_{m}$。

设计副翼、升降舵、方向舵输入为

$$
\boldsymbol{u}_{a}=\boldsymbol{g}_{4}^{-1}(-\boldsymbol{f}_{4}+\boldsymbol{k}_{\omega}\boldsymbol{e}_{\omega}+\dot{\boldsymbol{\omega}}_{d}-\hat{\boldsymbol{d}}_{m})\tag{5.31}
$$

式中：$\boldsymbol{k}_{\omega}\in\mathbb{R}^{3\times3}$ 正定对角矩阵且满足 $\lambda_{\min}(\boldsymbol{k}_{\omega})>\frac{\|\boldsymbol{g}_{\Theta}\|_{\infty}+1}{2}$；$\dot{\boldsymbol{\omega}}_{d}$ 为经指令滤波器得到的期望角速度一阶导数。

考虑 Lyapunov 候选函数 $V_{4}=\frac{1}{2\xi_{\bar{\chi}}}\boldsymbol{e}_{\omega}^{\mathrm{T}}\boldsymbol{e}_{\omega}$，在控制器(5.31)的作用下，$V_{4}$ 的导数为

$$
\begin{aligned}
\dot{V}_{4}&=\frac{1}{\xi_{\bar{\chi}}}\boldsymbol{e}_{\omega}^{\mathrm{T}}(-\boldsymbol{k}_{\omega}\boldsymbol{e}_{\omega}-\tilde{\boldsymbol{d}}_{\omega})\\
&=\frac{1}{\xi_{\bar{\chi}}}(-\boldsymbol{e}_{\omega}^{\mathrm{T}}\boldsymbol{k}_{\omega}\boldsymbol{e}_{\omega}-\boldsymbol{e}_{\omega}^{\mathrm{T}}\tilde{\boldsymbol{d}}_{\omega})\\
&\leqslant-\frac{1}{\xi_{\bar{\chi}}}\left(\lambda_{\min}(\boldsymbol{k}_{\omega})-\frac{1}{2}\right)\boldsymbol{e}_{\omega}^{\mathrm{T}}\boldsymbol{e}_{\omega}+\frac{1}{2\xi_{\bar{\chi}}}\tilde{\boldsymbol{d}}_{\omega}^{\mathrm{T}}\tilde{d}_{\omega}
\end{aligned}\tag{5.32}
$$

5.3.4 速度控制环

本章提出的控制架构采用速度恒定的动力补偿模式，即通过调节推力使舰载机着舰过程中速度保持定值。舰载机地速动力学方程可记为

$$
\dot{V}_{k}=\underbrace{\frac{(-D-mg\sin\gamma)}{m}}_{f_{v}}+\underbrace{\frac{\cos\alpha\cos\beta}{m}}_{g_{v}}T+\underbrace{d_{v}}_{\text{disturbance}}
$$

式中：T 为推力；d_{v} 为舰艉流引起的外界扰动；D 为推力。

类似于航迹控制环和姿态控制环，首先设计非线性干扰观测器对速度动力学方程中外界扰动 d_{v} 进行观测，非线性干扰观测器表达式如下：

$$\begin{cases}\dot{p}_v=-l_{dv}(l_{dv}V_k+p_v+f_v+g_vT)\\ \hat{d}_v=p_v+l_{dv}V_k\end{cases}\tag{5.33}$$

式中：l_{dv}、p_v、$\hat{d}_v$ 分别为观测器增益、观测器状态以及对扰动 d_v 的观测值，定义观测误差为 $\tilde{d}_v=d_v-\hat{d}_v$。

定义期望速度为 V_d，速度跟踪误差为 $e_v=V_d-V_k$，则可设计推力指令为

$$T=\frac{-f_v+k_ve_v-\hat{d}_v}{g_v}\tag{5.34}$$

式中：$k_v>\frac{1}{2}$为控制增益。

考虑 Lyapunov 候选函数 $V_5=\frac{1}{2}e_v^2$，可得其导数为

$$\begin{aligned}\dot{V}_5&=e_v(-k_ve_v-\tilde{d}_v)\\&=-k_ve_v^2-e_v\tilde{d}_v\\&\leqslant-\left(k_v-\frac{1}{2}\right)e_v^2+\frac{1}{2}\tilde{d}_v^2\end{aligned}\tag{5.35}$$

5.3.5　系统稳定性分析

定理 5.2　考虑 5.1.2 小节中描述的典型移动路径跟踪任务——舰载机全自动着舰，在假设 5.1、5.2 条件下，所设计三维移动路径跟踪引导律(5.13)、(5.14)、(5.15)，航迹控制律(5.23)、(5.24)，姿态控制律(5.28)、(5.31)，速度控制律(5.34)，以及非线性干扰观测器(5.21)、(5.22)、(5.30)、(5.33)可保证位置跟踪误差 x_b^F、y_b^F、z_b^F，航迹角跟踪误差 $e_{\bar{\chi}}$、$e_{\bar{\gamma}}$，姿态跟踪误差 $\boldsymbol{e}_{\boldsymbol{\Theta}}$、$\boldsymbol{e}_{\boldsymbol{\omega}}$ 及速度跟踪误差 e_v 渐近收敛至 0 附近足够小的邻域。

证明　考虑 Lyapunov 候选函数 $V=\sum\limits_{i=1}^{5}V_i$，将式(5.16)、(5.26)、(5.29)、(5.32)、(5.35)代入 $\dot{V}$ 表达式中，可得

$$\begin{aligned}\dot{V}\leqslant&-k_xx_b^{F2}-k_yy_b^{F2}-k_zz_b^{F2}-\\&\left(k_{\bar{\chi}}-\frac{|g_{\bar{\chi}}|+1}{2}\right)\frac{1}{\xi_{\bar{\chi}}}e_{\bar{\chi}}^2-\left(k_{\bar{\gamma}}-\frac{1}{2}\right)\frac{1}{\xi_{\bar{\gamma}}}e_{\bar{\gamma}}^2-\\&\left[\lambda_{\min}(\boldsymbol{k}_{\boldsymbol{\Theta}})-\frac{\|\boldsymbol{g}_{\boldsymbol{\Theta}}\|_\infty+|g_{\bar{\chi}}|}{2}\right]\frac{1}{\xi_{\bar{\chi}}}\boldsymbol{e}_{\boldsymbol{\Theta}}^{\mathrm{T}}\boldsymbol{e}_{\boldsymbol{\Theta}}-\\&\left[\lambda_{\min}(\boldsymbol{k}_{\boldsymbol{\omega}})-\frac{\|\boldsymbol{g}_{\boldsymbol{\Theta}}\|_\infty+1}{2}\right]\frac{1}{\xi_{\bar{\chi}}}\boldsymbol{e}_{\boldsymbol{\omega}}^{\mathrm{T}}\boldsymbol{e}_{\boldsymbol{\omega}}-\left(k_v-\frac{1}{2}\right)e_v^2+\\&\frac{1}{2}\left[\frac{1}{\xi_{\bar{\chi}}}(\tilde{d}_{\bar{\chi}}^2+\tilde{\boldsymbol{d}}_{\boldsymbol{\omega}}^{\mathrm{T}}\tilde{\boldsymbol{d}}_{\boldsymbol{\omega}})+\frac{1}{\xi_{\bar{\gamma}}}\tilde{d}_{\bar{\gamma}}^2+\tilde{d}_v^2\right]\end{aligned}$$

因此，Lyapunov 候选函数 V 满足

$$\begin{cases} \dot{V} \leqslant -\kappa V + \varepsilon \\ V \leqslant \left[V(0) - \dfrac{\varepsilon}{\kappa}\right] e^{-\kappa t} + \dfrac{\varepsilon}{\kappa} \end{cases} \tag{5.36}$$

式中：

$$\kappa = \min\left\{k_x, k_y, k_z, \left(k_{\bar{\chi}} - \frac{|g_{\bar{\chi}}|+1}{2}\right), \left(k_{\bar{\gamma}} - \frac{1}{2}\right), \left(k_v - \frac{1}{2}\right), \right.$$
$$\left.\left(\lambda_{\min}(\boldsymbol{k}_{\Theta}) - \frac{\|\boldsymbol{g}_{\Theta}\|_{\infty} + |g_{\bar{\chi}}|}{2}\right), \left(\lambda_{\min}(\boldsymbol{k}_{\omega}) - \frac{\|\boldsymbol{g}_{\Theta}\|_{\infty} + 1}{2}\right)\right\}$$

$$\varepsilon = \frac{1}{2}\left[\frac{1}{\xi_{\bar{\chi}}}(\tilde{d}_{\bar{\chi}}^2 + \tilde{\boldsymbol{d}}_{\omega}^{\mathrm{T}}\tilde{\boldsymbol{d}}_{\omega}) + \frac{1}{\xi_{\bar{\gamma}}}\tilde{d}_{\bar{\gamma}}^2 + \tilde{d}_v^2\right]$$

为保证系统稳定，需保证 $\kappa>0$，因此控制参数需满足 $k_x>0, k_y>0, k_z>0, k_{\bar{\chi}}>\dfrac{|g_{\bar{\chi}}|+1}{2}, k_{\bar{\gamma}}>\dfrac{1}{2}, k_v>\dfrac{1}{2}, \lambda_{\min}(\boldsymbol{k}_{\Theta})>\dfrac{\|\boldsymbol{g}_{\Theta}\|_{\infty}+|g_{\bar{\chi}}|}{2}, \lambda_{\min}(\boldsymbol{k}_{\omega})>\dfrac{\|\boldsymbol{g}_{\Theta}\|_{\infty}+1}{2}$。式(5.36)说明 Lyapunov 候选函数 V 有界，且 V 将渐近收敛至 $\Omega=\{V: V\leqslant\varepsilon/\kappa\}$。考虑 V 的定义可知，跟踪误差 x_b^F、y_b^F、z_b^F、$e_{\bar{\chi}}$、$\boldsymbol{e}_{\Theta}$、$\boldsymbol{e}_{\omega}$、e_v 有界且将收敛至 0 的小邻域。证毕。

注 5.5 本章所设计的全自动着舰控制器采用基于 Lyapunov 稳定性理论的串级控制架构，主要包括三维移动路径跟踪引导律和综合直接升力姿态控制律。两者都可单独应用于传统控制器以提高控制品质。在下一节中，所提出的全自动着舰控制方法与采用不同引导律和姿态控制律的全自动着舰控制方法进行了对比仿真，以验证所提出方法的有效性。

5.4 数值仿真

本节通过全自动着舰数值仿真验证所提出的三维移动路径跟踪引导方法与综合直接升力控制方法的性能。

5.4.1 仿真设置

在全自动着舰过程中，舰载机需跟踪的期望下滑道为固连在期望着舰点的一条直线。由于期望下滑道随航母一起运动，故全自动着舰为典型的移动路径跟踪问题。在牵连坐标系 P 下的期望下滑道表达式为

$$\begin{cases} x_d^P = -(l_0 - l)\cos\theta_s \cos\gamma_s \\ y_d^P = (l_0 - l)\sin\theta_s \cos\gamma_s \\ z_d^P = (l_0 - l)\sin\gamma_s \end{cases}$$

式中：l_0 为期望路径初始长度；$\theta_s = 9°$ 表示航母斜角甲板与船体中轴线夹角；$\gamma_s = -3.5°$ 为期望下滑道下滑角。航母在大地坐标系中的运动可以表示为

$$\begin{cases}\dot{v}_{PI_x}^{I}=v_s\cos\psi_s+v_{wx}\\ \dot{v}_{PI_y}^{I}=v_s\sin\psi_s+v_{wy}\\ \dot{v}_{PI_z}^{I}=v_{wz}\\ \dot{\psi}_s=\omega_{PI_z}^{I}\end{cases}$$

式中：航母的航速为 $v_s=13.89\ \mathrm{m/s}$(27 kn)；偏航角速率为 $\omega_{PI_z}^{I}=-0.2(°)/\mathrm{s}$；$v_{wx}$、$v_{wy}$、$v_{wz}$ 为海浪造成的扰动，与 2.1.2 小节中描述的甲板运动相同。此外，舰艉流在仿真过程中被作为主要干扰源，纵向舰艉流 w 和侧向舰艉流 v 的表达式与 2.1.3 小节相同，舰载机运动模型(5.19)中扰动项具体表达式如式(5.37)，其余扰动项表达式见式(2.7)。

$$\begin{cases}d_{\bar{\chi}}=\dfrac{1}{mV_k\cos\bar{\gamma}}\left[(D\alpha_w+QSC_{Y_\alpha}\alpha_w)\sin\mu+(-D\beta_w+QSC_{C_\beta}\beta_w)\cos\mu\right]\\ d_{\bar{\gamma}}=\dfrac{1}{mV_k}\left[(D\alpha_w+QSC_{Y_\alpha}\alpha_w)\cos\mu+(D\beta_w-QSC_{C_\beta}\beta_w)\sin\mu\right]\end{cases}\tag{5.37}$$

舰载机以 2.1.1 小节中介绍的 F/A-18 为对象机，初始状态为 $\bar{\gamma}=3.5°$，$\bar{\chi}=0°$，$\alpha=6°$，$\beta=\mu=0°$，$p=q=r=0(°)/\mathrm{s}$，$\delta_a=\delta_e=\delta_r=0°$，$\delta_{\mathrm{tef}}=45°$，$V_k=72\ \mathrm{m/s}$，期望迎角为 $\alpha_d=9.1°$，期望速度为 $V_d=75\ \mathrm{m/s}$。外环引导参数设置为 $k_x=1$，$k_y=1.5$，$k_z=1.0$。内环控制参数设置为 $k_{\bar{\chi}}=0.6$，$k_{\bar{\gamma}}=3$，$\xi_{\bar{\chi}}=0.000\ 001$，$\xi_{\bar{\gamma}}=0.000\ 001$，$\boldsymbol{k}_\Theta=\mathrm{diag}\{1,1,1\}$，$\boldsymbol{k}_\omega=\mathrm{diag}\{2,2,2\}$，$k_v=3$。非线性干扰观测器参数设置为 $l_{d\bar{\chi}}=5$，$l_{d\bar{\gamma}}=10$，$\boldsymbol{l}_{dm}=\mathrm{diag}\{10,20,10\}$，$l_{dv}=10$。航迹控制环指令滤波器参数设置为 $\omega_{\bar{\chi}}=\omega_{\bar{\gamma}}=40$，$\xi_{\bar{\chi}}=\xi_{\bar{\gamma}}=0.7$；姿态控制环指令滤波器参数设置为 $\boldsymbol{\omega}_\Theta=\boldsymbol{\omega}_\omega=\mathrm{diag}\{40,40,40\}$，$\boldsymbol{\xi}_\Theta=\boldsymbol{\xi}_\omega=\mathrm{diag}\{0.7,0.7,0.7\}$。初始跟踪误差设置为 $x_b^F=0\ \mathrm{m}$，$y_b^F=5\ \mathrm{m}$，$z_b^F=10\ \mathrm{m}$。

5.4.2 仿真结果

仿真结果如图 5.5～图 5.8 所示及表 5.1、表 5.2 所列。图 5.5 为着舰过程舰载机、航母及期望路径轨迹。可以看出，着舰过程中，航母以一定线速度和角速度运动，同时受海浪影响具有纵向和侧向的震荡。期望路径固连于航母上期望着舰点，随航母一起运动。在所提出全自动着舰控制方法控制下，舰载机可与航母运动耦合，并可成功跟踪时变下滑道。

不同方法控制下的路径跟踪误差如图 5.6 所示。其中，“本章提出方法”表示本章提出的三维移动路径跟踪引导律与综合直接升力控制律；“移动路径跟踪引导＋反步法控制”指外环采用本章提出的三维移动路径跟踪引导律，内环采用 3.2 节中的反步法控制律；“反步法控制＋综合直接升力控制”指外环采用 3.2 节中的反步法引导律，内环采用综合直接升力控制律。对比仿真结果证明了本章提出着舰控制方法的有效性。本章提出方法可实现最小的跟踪误差。与此相比，“移动路径跟踪引导＋反步法控制”方法由于未采用综合直接升力控制策略，收敛速度更慢且具有更大的波动；“反步法引导＋综合直接升力控制”方法由于未考虑航母前进运动的影响，具有更大稳态误差。

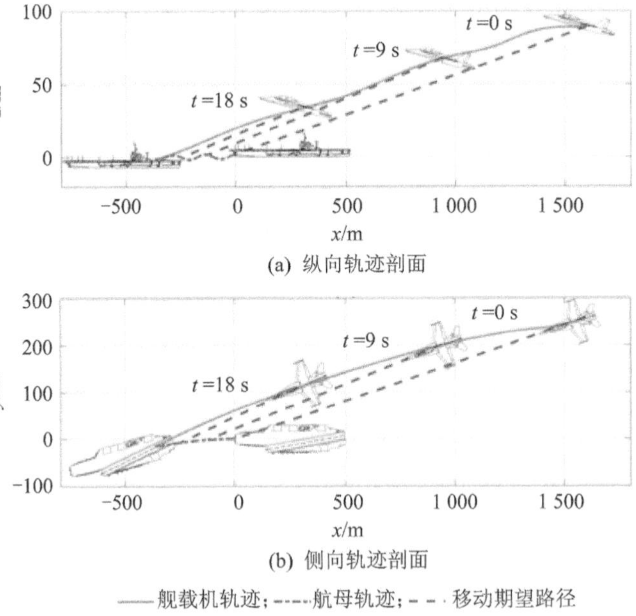

(a) 纵向轨迹剖面

(b) 侧向轨迹剖面

图 5.5 舰载机与航母期望路径轨迹

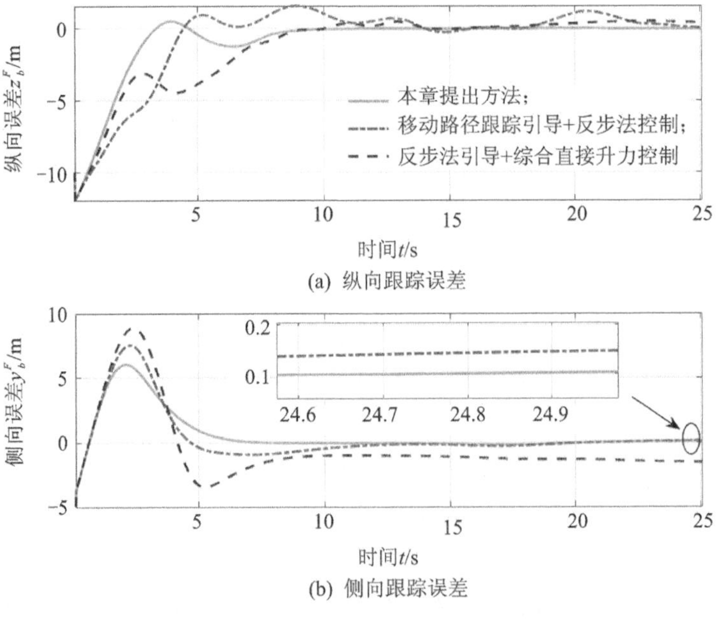

(a) 纵向跟踪误差

(b) 侧向跟踪误差

图 5.6 不同方法控制下的路径跟踪误差

图 5.7 所示为主要飞行参数跟踪误差。可以看出，本章提出的方法可实现更小的航迹角跟踪误差 $e_{\bar{\gamma}}$、$e_{\bar{\chi}}$，迎角跟踪误差 e_α 及速度跟踪误差 e_v，并可实现更快的收敛速度。三种方法控制输入如图 5.8 所示，所有控制输入均在限定范围内。

表 5.1 和表 5.2 定量对比了三种控制方法的控制能力。可以看出，本章提出的方法具有最小的 IAE 和 ITAE 指标，具有更好的瞬态和稳态性能。

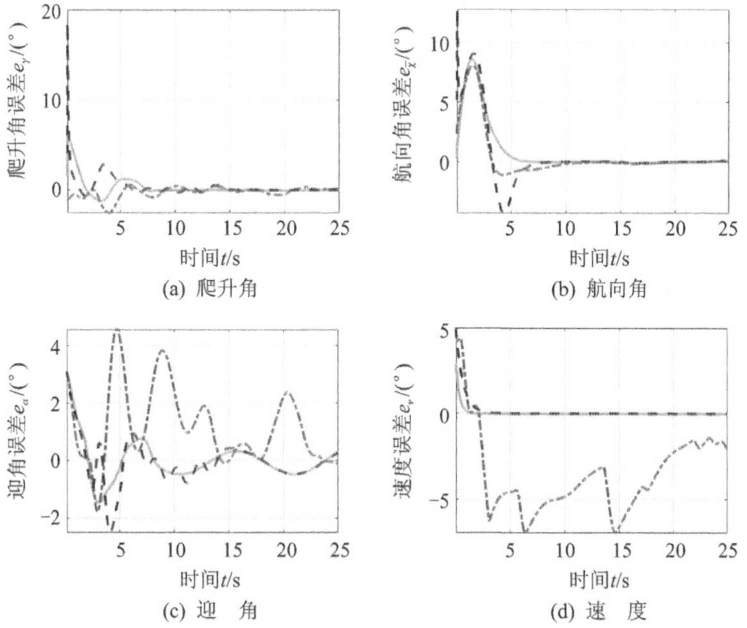

——本章提出方法；-·-·-移动路径跟踪引导+反步法控制；－－·反步法引导+综合直接升力控制

图 5.7　不同方法的跟踪误差

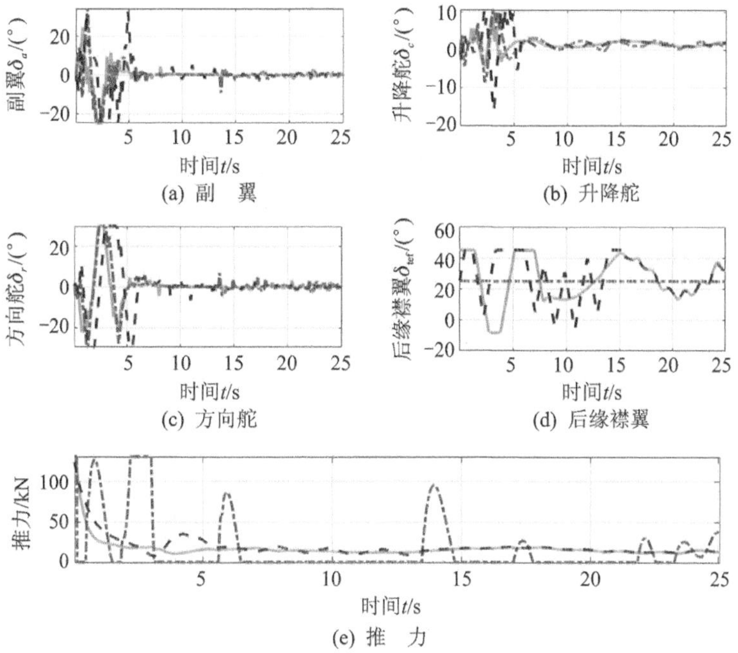

——本章提出方法；-·-·-移动路径跟踪引导+反步法控制；－－·反步法引导+综合直接升力控制

图 5.8　不同方法控制输入

表 5.1 不同方法 IAE 指标对比

误差 / 方法	y_b^F	z_b^F	$e_{\bar{\gamma}}$	$e_{\bar{\chi}}$	e_α	e_v
本章提出方法	19.089 4	21.323 9	0.180 0	0.389 7	0.221 9	1.018 1
移动路径跟踪引导+反步法控制	24.476 0	38.258 8	0.191 9	0.398 1	0.566 6	96.676 9
反步法引导+综合直接升力控制	52.741 0	39.599 3	0.191 2	0.541 1	0.236 8	3.342 0

表 5.2 不同方法 ITAE 指标对比

误差 / 方法	y_b^F	z_b^F	$e_{\bar{\gamma}}$	$e_{\bar{\chi}}$	e_α	e_v
本章提出方法	68.972 6	44.495 7	0.506 5	1.008 7	1.924 8	0.607 8
移动路径跟踪引导+反步法控制	107.192 5	186.837 3	1.552 2	1.255 8	5.711 8	1 094.8
反步法引导+综合直接升力控制	515.701 3	187.096 1	0.768 0	1.367 0	2.104 9	2.583 1

本章小结

针对固定翼舰载机的移动路径跟踪着舰问题，本章提出了一种通用非奇异三维移动路径跟踪方法，该方法可对具有平移和旋转运动的期望路径进行跟踪。通过引入虚拟目标点速率作为额外控制输入，避免了传统移动路径跟踪方法中的奇异性问题；通过设计指令滤波器，避免了传统方法中复杂的导数计算。此外，本章提出了基于综合直接升力的内环控制器，提高了对下滑轨迹跟踪的响应速度和跟踪精度，并可抑制舰艉流影响。经数值仿真验证了本章提出方法的有效性。本章提出的方法对于提升传统飞控系统的引导与姿态控制性能具有借鉴意义。

第6章　基于鲁棒控制障碍函数的移动路径跟踪着舰方法

第5章提出的三维移动路径跟踪方法可实现对空间移动下滑道的跟踪，但无法从理论上约束跟踪误差大小，本章进一步研究了具有输出受限要求的三维移动路径跟踪问题。为实现所提出的控制目标，首先将舰载机运动学模型变换为仿射形式，之后针对变换后的模型，将移动路径跟踪问题转换为二阶时变系统控制问题。基于时变李导数方法设计了基准引导律，通过高阶非线性干扰观测器对未知风场扰动及其导数进行估计和补偿。为满足受扰动系统跟踪误差受限要求，同时放宽障碍 Lyapunov 函数等传统输出受限方法中系统初始误差需小于预设边界的严格限制，提出了鲁棒控制障碍函数方法。通过设计分析受扰输出受限问题中的安全裕度，提高了系统受扰动后的安全性。之后基于二次规划架构，利用所提出的鲁棒控制障碍函数方法优化基准引导律控制输入，满足了移动路径跟踪误差受限要求。最后通过理论分析和数值仿真验证了所提出引导方法的有效性。

本章提出的基于鲁棒控制障碍函数的移动路径跟踪着舰方法具有如下特点：

① 与基于运动几何的移动路径跟踪方法相比，本章提出的基于时变李导数的引导方法将移动路径跟踪问题转化为二阶时变系统控制问题，避免了复杂的坐标变换及奇异性问题。

② 与传统控制障碍函数方法相比，本章提出的鲁棒控制障碍函数方法考虑了外界扰动，可在受扰情况下满足系统输出受限需求。

③ 基于二次规划架构将鲁棒控制障碍函数方法融合至移动路径跟踪控制器设计中，避免了障碍 Lyapunov 函数、预设性能等传统输出受限方法对系统初始状态的严格限制。

④ 采用磁航向及空速描述飞机运动学模型，避免了低成本卫星导航模块输出的航向角及地速不准确的问题。

6.1　问题描述及控制目标

在如图6.1所示的移动路径跟踪问题中，固定翼舰载机须跟踪随移动目标舰船做牵连运动的期望下滑道，以完成着舰任务。在图6.1中，目标坐标系 T 固连于移动航母上，原点位于期望着舰点，在大地坐标系 I 中坐标为 $\boldsymbol{p}_t^I$，其中 x 轴与斜角甲板中线方向平行，指向航母的前方；z 轴垂直指向下；y 轴在水平面内指向右，由右手定则确定。期望下滑道在目标坐标系 T 中表达式为 $\boldsymbol{p}_d^T(l)$，其中 l 为虚拟目标点沿期望路径的行程。根据上述定义，可得期望下滑道在大地坐标系 I 中表达式为

$$\boldsymbol{p}_d^I(l,t)=\boldsymbol{p}_t^I(t)+\boldsymbol{R}_T^I(t)\boldsymbol{p}_d^T(l)$$

式中：$\boldsymbol{R}_T^I(t)$ 为目标坐标系到大地坐标系的旋转矩阵。

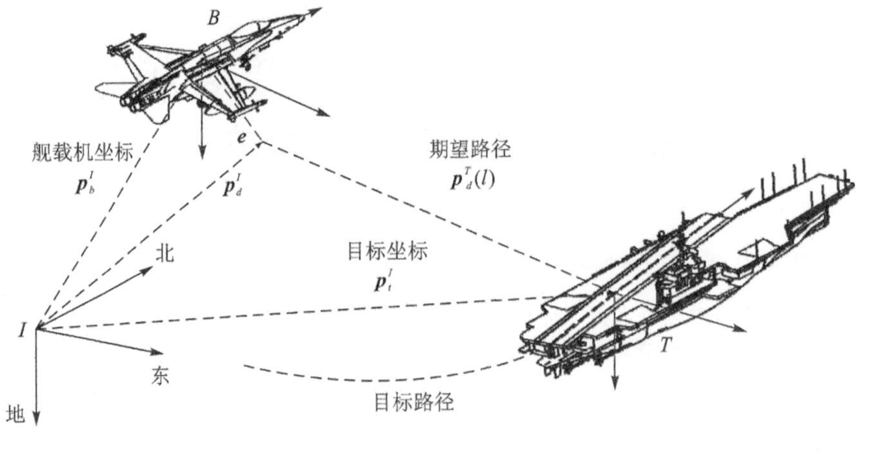

图 6.1 移动路径跟踪问题几何描述

此外,固定翼舰载机运动学方程可表示为

$$\begin{cases}\dot{p}_n = V\cos\psi\cos\gamma + w_x \\ \dot{p}_e = V\sin\psi\cos\gamma + w_y \\ \dot{p}_z = -V\sin\gamma + w_z \\ \dot{\psi} = \dfrac{g}{V}\tan\phi \\ \dot{\gamma} = a(\gamma_c - \gamma)\end{cases} \tag{6.1}$$

式中:$\boldsymbol{p}_b^I=[p_n,p_e,p_z]^{\mathrm{T}}$ 表示飞机在大地坐标系 I 中三维坐标;$[w_x,w_y,w_z]^{\mathrm{T}}$ 分别为沿大地坐标系 I 三个坐标轴的风场扰动;ψ 为偏航角;ϕ 为滚转角;γ 为爬升角;V 为空速,由内环飞行控制器控制,在着舰过程中保持恒定;g 为重力加速度;a 为描述飞机内环动力学特性的参数。

注 6.1 本章中,采用偏航角 ψ 及空速 V 而非采用航向角 χ 及地速 V_k 来描述固定翼飞机运动学模型。这是由于大量存在的低成本无人机,受机体尺寸、载荷能力及成本的限制,难以搭载精密昂贵的导航仪器。在这种情况下,通过磁力计及空速计测量的偏航角 ψ 与空速 V,相较通过低成本 GPS 模块获取的航向角 χ 与地速 V_k 具有更高的输出频率与精度。此外,对于小型低成本无人机,爬升角 γ 可由加速度计测得的下沉率 $\dot{h}$ 与空速通过近似关系 $\gamma\approx\dfrac{\dot{h}}{V}$ 求得。

假设 6.1 舰船在大地坐标系中的位置、姿态、线速度与角速度均可测得,且可实时传输至飞机控制系统中。

假设 6.2 外界风场扰动 $[w_x,w_y,w_z]^{\mathrm{T}}$ 二阶可导,且其二阶导数有界,满足 $|\ddot{w}_x|\leqslant\tau_x$,$|\ddot{w}_y|\leqslant\tau_y$,$|\ddot{w}_z|\leqslant\tau_z$,其中 τ_x、τ_y、τ_z 为常数。

本章中移动路径跟踪控制目标为:对于所描述的移动路径跟踪问题和式(6.1)中所表示的飞机运动模型,设计输入至内环飞行控制器的爬升角指令 γ_c 与滚转角指令 ϕ_c,使飞机在受到外界风场扰动 $[w_x,w_y,w_z]^{\mathrm{T}}$ 的情况下消除着舰过程中对移动下滑道的跟踪误差。为进一步约束误差大小,提高着舰精度与成功率,需使飞机对期望下滑道跟踪误差在预先设定的安全界限内,即跟踪误差 $\boldsymbol{e}=\boldsymbol{p}_b^I-\boldsymbol{p}_d^I=[e_x,e_y,e_z]^{\mathrm{T}}$ 满足

$$-\underline{\sigma}_i \leqslant e_i \leqslant \bar{\sigma}_i, \quad i=x,y,z \tag{6.2}$$

式中：$\bar{\sigma}_i$ 与 $\underline{\sigma}_i$ 分别表示预先设定的误差上边界与下边界。即使飞机初始位置在预设的安全界限外，且受到外界风场扰动，误差约束条件(6.2)也应最终被满足。

在下文中，对于方阵 $\boldsymbol{X}$，$\lambda_{\max}(\boldsymbol{X})$与 $\lambda_{\min}(\boldsymbol{X})$分别表示方阵 $\boldsymbol{X}$ 的最大特征值与最小特征值。对于向量 $\boldsymbol{a}=[a_1,a_2,\cdots,a_n]$与向量 $\boldsymbol{b}=[b_1,b_2,\cdots,b_n]$，$\boldsymbol{a}>\boldsymbol{b}$ 指对于 $\boldsymbol{a}$ 和 $\boldsymbol{b}$ 中每个元素，都满足 $a_i>b_i$，$i=1,2,\cdots,n$。$\|\boldsymbol{a}\|_\infty$ 表示向量 $\boldsymbol{a}$ 的无穷范数，$|\boldsymbol{a}|=[|a_1|,|a_2|,\cdots,|a_n|]$，$\max\{\boldsymbol{a}\}=\max\{a_1,a_2,\cdots,a_n\}$。

定义 6.1　扩展 $\mathcal{K}$ 类函数　对于某连续函数 $\alpha(\cdot):(-b,a)\rightarrow(-\infty,+\infty)$，其中 $a,b\in\mathbb{R}^+$，若 $\alpha(0)=0$ 且 $\alpha(\cdot)$严格递增，则 $\alpha(\cdot)$为扩展 $\mathcal{K}$ 类函数。

6.2　基于时变李导数的移动路径跟踪基准引导律设计

6.2.1　舰载机模型变换

为简化书写，在下文中定义 $\omega=\dot{\psi}$，$\nu=\dot{\gamma}$。与第 4 章类似，通过设计位于期望路径上的虚拟目标点引导舰载机收敛至期望路径，分别定义虚拟目标点所处位置对应的虚拟目标点行程、虚拟目标点位置一阶及二阶变化率为 $l_1=l$，$l_2=\dot{l}$，$\sigma=\ddot{l}$，则式(6.1)中舰载机运动学方程可变换为具有仿射形式的二阶系统：

$$\dot{\boldsymbol{x}}=\boldsymbol{f}(\boldsymbol{x})+\boldsymbol{g}\boldsymbol{u}+\boldsymbol{d}\boldsymbol{w} \tag{6.3}$$

式中：$\boldsymbol{x}=[p_n,p_e,p_z,\psi,\gamma,l_1,l_2]^{\mathrm{T}}$ 为系统状态量；$\boldsymbol{u}=[\omega,\nu,\sigma]^{\mathrm{T}}$ 为系统控制量；$\boldsymbol{w}=[w_x,w_y,w_z]^{\mathrm{T}}$ 为外界风场扰动；

$$\boldsymbol{d}=\begin{bmatrix}\boldsymbol{I}_{3\times3}\\ \boldsymbol{O}_{4\times3}\end{bmatrix},\quad \boldsymbol{f}(\boldsymbol{x})=\begin{bmatrix}V\cos\psi\cos\gamma\\ V\sin\psi\cos\gamma\\ -V\sin\gamma\\ 0\\ 0\\ l_2\\ 0\end{bmatrix},\quad \boldsymbol{g}=\begin{bmatrix}0&0&0\\0&0&0\\0&0&0\\1&0&0\\0&1&0\\0&0&0\\0&0&1\end{bmatrix}$$

当基于模型(6.3)求解出期望偏航角速率 ω 及爬升角速率 ν 后，移动路径跟踪引导指令中期望滚转角及期望爬升角可由下式获得：

$$\begin{cases}\phi_c=\arctan\left(\dfrac{V\omega}{g}\right)\\[2ex] \gamma_c=\gamma+\dfrac{\nu}{a}\end{cases} \tag{6.4}$$

此外，控制量 σ 用于更新虚拟目标点位置。

注 6.2　与基于运动几何的移动路径跟踪方法相比，本章提出的方法将移动路径跟踪问题转化为二阶时变系统控制问题，即将移动路径跟踪引导律设计转化为针对式(6.3)中二阶系统的跟踪控制器设计。本章提出的方法可避免已有方法中复杂的坐标系变换及可能出现的奇异性问题。

6.2.2 移动路径跟踪基准引导律设计

与传统固定路径跟踪问题不同，在移动路径跟踪问题中，对期望路径跟踪误差 $\boldsymbol{e}=\boldsymbol{p}_b^I-\boldsymbol{p}_d^I$ 不仅取决于系统状态 $\boldsymbol{x}$，也与时间 t 有关。因此，跟踪误差对时间的导数表示为

$$\begin{aligned}\dot{\boldsymbol{e}} &= \frac{\partial \boldsymbol{e}}{\partial \boldsymbol{x}}\dot{\boldsymbol{x}}+\frac{\partial \boldsymbol{e}}{\partial t} \\ &= \frac{\partial \boldsymbol{e}}{\partial \boldsymbol{x}}[\boldsymbol{f}(\boldsymbol{x})+\boldsymbol{g}\boldsymbol{u}+\boldsymbol{d}\boldsymbol{w}]+\frac{\partial \boldsymbol{e}}{\partial t} \\ &= L_f\boldsymbol{e}+L_g\boldsymbol{e}\boldsymbol{u}+L_d\boldsymbol{e}\boldsymbol{w}+\frac{\partial \boldsymbol{e}}{\partial t}\end{aligned} \tag{6.5}$$

式中：$L_f\boldsymbol{e}=\frac{\partial \boldsymbol{e}}{\partial \boldsymbol{x}}\boldsymbol{f}(\boldsymbol{x})$，$L_d\boldsymbol{e}=\frac{\partial \boldsymbol{e}}{\partial \boldsymbol{x}}\boldsymbol{d}$，$L_g\boldsymbol{e}=\frac{\partial \boldsymbol{e}}{\partial \boldsymbol{x}}\boldsymbol{g}$ 为李导数；$\frac{\partial \boldsymbol{e}}{\partial t}$为期望路径移动引起的时变项。可推得 $L_g\boldsymbol{e}=\boldsymbol{O}_{3\times 3}$，因此式(6.5)可写为

$$\dot{\boldsymbol{e}}=L_f\boldsymbol{e}+L_d\boldsymbol{e}\boldsymbol{w}+\frac{\partial \boldsymbol{e}}{\partial t} \tag{6.6}$$

对式(6.6)进一步求导，可得

$$\ddot{\boldsymbol{e}}=\frac{\mathrm{d}(L_f\boldsymbol{e})}{\mathrm{d}t}+\frac{\mathrm{d}(L_d\boldsymbol{e}\boldsymbol{w})}{\mathrm{d}t}+\frac{\mathrm{d}\left(\frac{\partial \boldsymbol{e}}{\partial t}\right)}{\mathrm{d}t} \tag{6.7}$$

式中：

$$\frac{\mathrm{d}(L_f\boldsymbol{e})}{\mathrm{d}t}=\frac{\partial(L_f\boldsymbol{e})}{\partial \boldsymbol{x}}\dot{\boldsymbol{x}}+\frac{\partial(L_f\boldsymbol{e})}{\partial t}=L_f^2\boldsymbol{e}+L_gL_f\boldsymbol{e}\boldsymbol{u}+L_dL_f\boldsymbol{e}\boldsymbol{w}+\frac{\partial(L_f\boldsymbol{e})}{\partial t} \tag{6.8}$$

$$\frac{\mathrm{d}(L_d\boldsymbol{e}\boldsymbol{w})}{\mathrm{d}t}=\frac{\partial(L_d\boldsymbol{e})}{\partial \boldsymbol{x}}\dot{\boldsymbol{x}}\boldsymbol{w}+\frac{\partial(L_d\boldsymbol{e})}{\partial t}\boldsymbol{w}+L_d\boldsymbol{e}\dot{\boldsymbol{w}} \tag{6.9}$$

$$\frac{\mathrm{d}\left(\frac{\partial \boldsymbol{e}}{\partial t}\right)}{\mathrm{d}t}=\frac{\partial\left(\frac{\partial \boldsymbol{e}}{\partial t}\right)}{\partial \boldsymbol{x}}\dot{\boldsymbol{x}}+\frac{\partial\left(\frac{\partial \boldsymbol{e}}{\partial t}\right)}{\partial t}=L_f\frac{\partial \boldsymbol{e}}{\partial t}+L_g\frac{\partial \boldsymbol{e}}{\partial t}\boldsymbol{u}+L_d\frac{\partial \boldsymbol{e}}{\partial t}\boldsymbol{w}+\frac{\partial^2 \boldsymbol{e}}{\partial t^2} \tag{6.10}$$

将式(6.8)、(6.9)、(6.10)代入式(6.7)中，且由于 $L_dL_f\boldsymbol{e}\boldsymbol{w}$、$\frac{\partial(L_d\boldsymbol{e})}{\partial \boldsymbol{x}}\dot{\boldsymbol{x}}\boldsymbol{w}$、$\frac{\partial(L_d\boldsymbol{e})}{\partial t}\boldsymbol{w}$、$L_g\frac{\partial \boldsymbol{e}}{\partial t}\boldsymbol{u}$、$L_d\frac{\partial \boldsymbol{e}}{\partial t}\boldsymbol{w}$ 表达式为 0 而将其省略，则跟踪误差 $\boldsymbol{e}$ 的二阶导数表达式可写为

$$\ddot{\boldsymbol{e}}=L_f^2\boldsymbol{e}+L_gL_f\boldsymbol{e}\boldsymbol{u}+\frac{\partial L_f\boldsymbol{e}}{\partial t}+L_d\boldsymbol{e}\dot{\boldsymbol{w}}+L_f\frac{\partial \boldsymbol{e}}{\partial t}+\frac{\partial^2 \boldsymbol{e}}{\partial t^2} \tag{6.11}$$

式中：$\frac{\partial L_f\boldsymbol{e}}{\partial t}+L_f\frac{\partial \boldsymbol{e}}{\partial t}+\frac{\partial^2 \boldsymbol{e}}{\partial t^2}$为期望路径移动引起的时变项。

在式(6.11)中，存在未知风场 $\boldsymbol{w}$ 及其导数 $\dot{\boldsymbol{w}}$。为设计移动路径跟踪控制器，本章采用三组高阶干扰观测器对三维风场及风场导数进行估计。以估计 w_x 及 $\dot{w}_x$ 为例，高阶干扰观测器可设计为

$$
\begin{cases}
\hat{w}_x = z_1 + \zeta_1 p_n \\
\dot{z}_1 = -\zeta_1 (V\cos\psi\cos\gamma + \hat{w}_x) + \hat{\dot{w}}_x \\
\hat{\dot{w}}_x = z_2 + \zeta_2 p_n \\
\dot{z}_2 = -\zeta_2 (V\cos\psi\cos\gamma + \hat{w}_x)
\end{cases}
\tag{6.12}
$$

式中：$\hat{w}_x$ 和 $\hat{\dot{w}}_x$ 分别为对 w_x 和 $\dot{w}_x$ 的估计值；z_1 和 z_2 为观测器状态量；$\zeta_1, \zeta_2 > 0$ 为观测器增益，且需满足矩阵 $\boldsymbol{D} = [-\zeta_1, 1; -\zeta_2, 0]$ 为 Hurwitz 矩阵。

定理 6.1　在假设 6.2 条件下，若观测器增益 ζ_1, ζ_2 满足矩阵 $\boldsymbol{D} = [-\zeta_1, 1; -\zeta_2, 0]$ 为 Hurwitz 矩阵，则高阶干扰观测器(6.12)对风场扰动及其导数的估计误差 $\tilde{w}_x = w_x - \hat{w}_x$、$\tilde{\dot{w}}_x = \dot{w}_x - \hat{\dot{w}}_x$ 有界。

证明　对 $\tilde{w}_x$ 求导，有 $\dot{\tilde{w}}_x = \dot{w}_x - \dot{\hat{w}}_x$，将式(6.12)与运动学方程 $\dot{p}_n = V\cos\psi\cos\gamma + w_x$ 代入 $\dot{\tilde{w}}_x$ 表达式，可得

$$
\begin{aligned}
\dot{\tilde{w}}_x &= \dot{w}_x - \dot{\hat{w}}_x \\
&= \dot{w}_x - (\dot{z}_1 + \zeta_1 \dot{p}_n) \\
&= \dot{w}_x - [-\zeta_1 (V\cos\psi\cos\gamma + \hat{w}_x) + \hat{\dot{w}}_x + \zeta_1 (V\cos\psi\cos\gamma + w_x)] \\
&= \tilde{\dot{w}}_x - \zeta_1 \tilde{w}_x
\end{aligned}
\tag{6.13}
$$

同理，可得 $\tilde{\dot{w}}_x$ 的导数为

$$
\begin{aligned}
\dot{\tilde{\dot{w}}}_x &= \ddot{w}_x - \dot{\hat{\dot{w}}}_x \\
&= \ddot{w}_x - (\dot{z}_2 + \zeta_2 \dot{p}_n) \\
&= \ddot{w}_x - [-\zeta_2 (V\cos\psi\cos\gamma + \hat{w}_x) + \zeta_2 (V\cos\psi\cos\gamma + w_x)] \\
&= \ddot{w}_x - \zeta_2 \tilde{w}_x
\end{aligned}
\tag{6.14}
$$

定义新变量 $\boldsymbol{\zeta} = [\tilde{w}_x, \tilde{\dot{w}}_x]^{\mathrm{T}}$，由式(6.13) 和式(6.14) 可知，$\dot{\boldsymbol{\zeta}} = \boldsymbol{D}\boldsymbol{\zeta} + \boldsymbol{E}\ddot{w}_x$，其中 $\boldsymbol{E} = [0, 1]^{\mathrm{T}}$。当 $\boldsymbol{D}$ 为 Hurwitz 矩阵时，对于任意给定的正定矩阵 $\boldsymbol{Q}$，都存在一个正定矩阵，使得 Lyapunov 方程 $\boldsymbol{D}^{\mathrm{T}}\boldsymbol{P} + \boldsymbol{P}\boldsymbol{D} = -\boldsymbol{Q}$ 成立。选取 Lyapunov 候选函数 $V_w = \boldsymbol{\zeta}^{\mathrm{T}}\boldsymbol{P}\boldsymbol{\zeta}$，可得

$$
\begin{aligned}
\dot{V}_w &= \dot{\boldsymbol{\zeta}}^{\mathrm{T}}\boldsymbol{P}\boldsymbol{\zeta} + \boldsymbol{\zeta}^{\mathrm{T}}\boldsymbol{P}\dot{\boldsymbol{\zeta}} \\
&= \boldsymbol{\zeta}^{\mathrm{T}}(\boldsymbol{D}^{\mathrm{T}}\boldsymbol{P} + \boldsymbol{P}\boldsymbol{D})\boldsymbol{\zeta} + 2\boldsymbol{\zeta}^{\mathrm{T}}\boldsymbol{P}\boldsymbol{E}\ddot{\boldsymbol{w}}_x \\
&\leqslant -\lambda_{\min}(\boldsymbol{Q}) \|\boldsymbol{\zeta}\|^2 + 2\|\boldsymbol{P}\boldsymbol{E}\| \, \|\boldsymbol{\zeta}\| \tau_x \\
&\leqslant -\|\boldsymbol{\zeta}\| [\lambda_{\min}(\boldsymbol{Q}) \|\boldsymbol{\zeta}\| - 2\|\boldsymbol{P}\boldsymbol{E}\| \tau_x]
\end{aligned}
$$

当估计误差 $\boldsymbol{\zeta}$ 满足 $\|\boldsymbol{\zeta}\| > \dfrac{2\|\boldsymbol{P}\boldsymbol{E}\|\tau_x}{\lambda_{\min}(\boldsymbol{Q})}$ 时，$\dot{V}_m < 0$。因此，估计误差有界，且误差上界满足 $\|\boldsymbol{\zeta}\| \leqslant \dfrac{2\|\boldsymbol{P}\boldsymbol{E}\|\tau_x}{\lambda_{\min}(\boldsymbol{Q})}$。证毕。

注 6.3　定理 6.1 证明了高阶干扰观测器(6.12)的稳定性且证明其估计误差 $\boldsymbol{\zeta}$ 有界。但

仍需注意到，估计误差上界与风场扰动 w_x 的二阶导数大小有关。因此，在对跟踪精度有严格要求的输出受限控制器设计中，不能忽略对时变扰动的估计误差。本章提出的鲁棒控制障碍函数方法，设计了安全裕度，定量分析并解决了扰动估计误差对输出受限控制器的影响。详细设计方法在6.3节中给出。

与式(6.12)类似，可分别设计对风场扰动及其导数在 $O_g y_g$ 轴与 $O_g z_g$ 轴分量的高阶干扰观测器为

$$\begin{cases}\hat{w}_y = z_3 + \zeta_3 p_e \\ \dot{z}_3 = -\zeta_3(V\sin\psi\cos\gamma + \hat{w}_y) + \hat{\dot{w}}_y \\ \hat{\dot{w}}_y = z_4 + \zeta_4 p_e \\ \dot{z}_4 = -\zeta_4(V\sin\psi\cos\gamma + \hat{w}_y)\end{cases} \tag{6.15}$$

$$\begin{cases}\hat{w}_z = z_5 + \zeta_5 p_z \\ \dot{z}_5 = -\zeta_5(-V\sin\gamma + \hat{w}_z) + \hat{\dot{w}}_z \\ \hat{\dot{w}}_z = z_6 + \zeta_6 p_z \\ \dot{z}_6 = -\zeta_6(-V\sin\gamma + \hat{w}_z)\end{cases} \tag{6.16}$$

式中：$\hat{w}_y$、$\hat{\dot{w}}_y$、$\hat{w}_z$、$\hat{\dot{w}}_z$ 分别为对 w_y、$\dot{w}_y$、w_z、$\dot{w}_z$ 的估计值；z_3、z_4、z_5、z_6 为观测器状态量；ζ_3、ζ_4、ζ_5、$\zeta_6>0$ 为观测器增益，且需满足矩阵$[-\zeta_3,1;-\zeta_4,0]$，$[-\zeta_5,1;-\zeta_6,0]$为 Hurwitz 矩阵。为方便书写，可定义三轴扰动及其导数估计值为 $\hat{\boldsymbol{w}}=[\hat{w}_x,\hat{w}_y,\hat{w}_z]^{\mathrm{T}}$，$\hat{\dot{\boldsymbol{w}}}=[\hat{\dot{w}}_x,\hat{\dot{w}}_y,\hat{\dot{w}}_z]^{\mathrm{T}}$，估计误差表示为 $\tilde{\boldsymbol{w}}=\boldsymbol{w}-\hat{\boldsymbol{w}}$，$\tilde{\dot{\boldsymbol{w}}}=\dot{\boldsymbol{w}}-\hat{\dot{\boldsymbol{w}}}$。

得到对未知扰动及其导数的估计信息 $\hat{\boldsymbol{w}}$ 与 $\hat{\dot{\boldsymbol{w}}}$ 后，可设计移动路径跟踪基准引导律为

$$\boldsymbol{u}_0=(L_gL_f\boldsymbol{e})^{-1}\left[-\left(L_f^2\boldsymbol{e}+\frac{\partial L_f\boldsymbol{e}}{\partial t}+L_d\boldsymbol{e}\hat{\dot{\boldsymbol{w}}}+L_f\frac{\partial \boldsymbol{e}}{\partial t}+\frac{\partial^2\boldsymbol{e}}{\partial t^2}\right)-\boldsymbol{k}_2\left(L_f\boldsymbol{e}+L_d\boldsymbol{e}\hat{\boldsymbol{w}}+\frac{\partial \boldsymbol{e}}{\partial t}\right)-\boldsymbol{k}_1\boldsymbol{e}\right] \tag{6.17}$$

式中：$\boldsymbol{k}_1,\boldsymbol{k}_2\in\mathbb{R}^{3\times3}$为控制参数，需满足 $\boldsymbol{A}=\begin{bmatrix}\boldsymbol{O}_{3\times3} & \boldsymbol{I}_{3\times3}\\ -\boldsymbol{k}_1 & -\boldsymbol{k}_2\end{bmatrix}$ 为 Hurwitz 矩阵。

注 6.4 基准引导律(6.17)要求矩阵 $L_gL_f\boldsymbol{e}$ 可逆。若期望下滑道定义为 $\boldsymbol{p}_d^t=[(l-l_0)\cos\gamma_t,0,(l_0-l)\sin\gamma_t]^{\mathrm{T}}$，其中 γ_t 为下滑角，l_0 为正常数，表示期望路径初始长度，则 $L_gL_f\boldsymbol{e}$ 写为

$$L_gL_f\boldsymbol{e}=\begin{bmatrix}-V\sin\psi\cos\gamma & -V\cos\psi\sin\gamma & -\cos\psi\cos\gamma_t\\ V\cos\psi\cos\gamma & -V\sin\psi\sin\gamma & -\sin\psi\cos\gamma_t\\ 0 & -V\cos\gamma & \sin\gamma_t\end{bmatrix}$$

当 $V>0,\gamma\neq\pm\frac{\pi}{2},\gamma\neq\pm\frac{\pi}{2}+\gamma_t$ 时，$L_gL_f\boldsymbol{e}$ 可逆。在着舰过程中，爬升角 γ 及期望下滑道下滑角 γ_t 均较小，因此可保证 $L_gL_f\boldsymbol{e}$ 可逆，基准引导律(6.17)成立。

定理 6.2 针对6.1节中所描述的移动路径跟踪问题及式(6.1)描述的固定翼舰载机运

动学模型,在假设 6.1、6.2 条件下,所设计基准引导律(6.17)及高阶干扰观测器(6.12)、(6.15)、(6.16)可保证移动路径跟踪误差 $\boldsymbol{e}$ 有界。

证明　将式(6.17)代入式(6.11)中,可得

$$\ddot{\boldsymbol{e}}=-\boldsymbol{k}_1\boldsymbol{e}-\boldsymbol{k}_2\left(L_f\boldsymbol{e}+L_d\boldsymbol{e}\hat{\boldsymbol{w}}+\frac{\partial \boldsymbol{e}}{\partial t}\right)+L_d\boldsymbol{e}\tilde{\dot{\boldsymbol{w}}} \tag{6.18}$$

根据式(6.6),式(6.18)可写为

$$\ddot{\boldsymbol{e}}=-\boldsymbol{k}_1\boldsymbol{e}-\boldsymbol{k}_2\dot{\boldsymbol{e}}+L_d\boldsymbol{e}\tilde{\dot{\boldsymbol{w}}}+\boldsymbol{k}_2L_d\boldsymbol{e}\tilde{\boldsymbol{w}} \tag{6.19}$$

定义变量 $\boldsymbol{\xi}=[\boldsymbol{e},\dot{\boldsymbol{e}}]^{\mathrm{T}}$,由式(6.18)及式(6.19)可知

$$\dot{\boldsymbol{\xi}}=\boldsymbol{A}\boldsymbol{\xi}+\begin{bmatrix}0\\-(L_d\boldsymbol{e})\tilde{\dot{\boldsymbol{w}}}-k_2(L_d\boldsymbol{e})\tilde{\boldsymbol{w}}\end{bmatrix}$$

当 $\boldsymbol{A}$ 为 Hurwitz 矩阵时,对于任一给定的对称正定矩阵 $\boldsymbol{R}$,总有正定矩阵 $\boldsymbol{B}$,使得 Lyapunov 方程 $\boldsymbol{A}^{\mathrm{T}}\boldsymbol{B}+\boldsymbol{B}\boldsymbol{A}=-\boldsymbol{R}$ 成立。因此,定义 Lyapunov 候选函数 $V_0=\frac{1}{2}\boldsymbol{\xi}^{\mathrm{T}}\boldsymbol{B}\boldsymbol{\xi}$,可得

$$\begin{aligned}
\dot{V}_0&=\frac{1}{2}(\dot{\boldsymbol{\xi}}^{\mathrm{T}}\boldsymbol{B}\boldsymbol{\xi}+\boldsymbol{\xi}^{\mathrm{T}}\boldsymbol{B}\dot{\boldsymbol{\xi}})\\
&=\frac{1}{2}\left((\boldsymbol{\xi}^{\mathrm{T}}\boldsymbol{A}^{\mathrm{T}}+[0,(L_d\boldsymbol{e})\tilde{\dot{\boldsymbol{w}}}+\boldsymbol{k}_2(L_d\boldsymbol{e})\tilde{\boldsymbol{w}}])\boldsymbol{B}\boldsymbol{\xi}+\boldsymbol{\xi}^{\mathrm{T}}\boldsymbol{B}\left(\boldsymbol{A}\boldsymbol{\xi}+\begin{bmatrix}0\\(L_d\boldsymbol{e})\tilde{\dot{\boldsymbol{w}}}+\boldsymbol{k}_2(L_d\boldsymbol{e})\tilde{\boldsymbol{w}}\end{bmatrix}\right)\right)\\
&=\frac{1}{2}\left(\boldsymbol{\xi}^{\mathrm{T}}(\boldsymbol{A}^{\mathrm{T}}\boldsymbol{B}+\boldsymbol{B}\boldsymbol{A})\boldsymbol{\xi}+\boldsymbol{\xi}^{\mathrm{T}}\boldsymbol{B}\begin{bmatrix}0\\(L_d\boldsymbol{e})\tilde{\dot{\boldsymbol{w}}}+\boldsymbol{k}_2(L_d\boldsymbol{e})\tilde{\boldsymbol{w}}\end{bmatrix}+[0,(L_d\boldsymbol{e})\tilde{\dot{\boldsymbol{w}}}+\boldsymbol{k}_2(L_d\boldsymbol{e})\tilde{\boldsymbol{w}}]\boldsymbol{B}\boldsymbol{\xi}\right)\\
&=\frac{1}{2}\left(-\boldsymbol{\xi}^{\mathrm{T}}\boldsymbol{R}\boldsymbol{\xi}+\boldsymbol{\xi}^{\mathrm{T}}\boldsymbol{B}\begin{bmatrix}0\\(L_d\boldsymbol{e})\tilde{\dot{\boldsymbol{w}}}+\boldsymbol{k}_2(L_d\boldsymbol{e})\tilde{\boldsymbol{w}}\end{bmatrix}+[0,(L_d\boldsymbol{e})\tilde{\dot{\boldsymbol{w}}}+\boldsymbol{k}_2(L_d\boldsymbol{e})\tilde{\boldsymbol{w}}]\boldsymbol{B}\boldsymbol{\xi}\right)
\end{aligned} \tag{6.20}$$

由于 $L_d\boldsymbol{e}$ 为单位矩阵,式(6.20)可写为

$$\dot{V}_0\leqslant-\frac{1}{2}\lambda_{\min}(\boldsymbol{R})\|\boldsymbol{\xi}\|^2+\|\boldsymbol{\xi}\|\ \|\boldsymbol{B}\|\ |\bar{m}_2+\lambda_{\max}(\boldsymbol{k}_2)\bar{m}_1| \tag{6.21}$$

式中:$\bar{m}_1$ 为扰动估计误差 $\|\tilde{\boldsymbol{w}}\|$ 的上界;$\bar{m}_2$ 为扰动导数估计误差 $\|\tilde{\dot{\boldsymbol{w}}}\|$ 的上界。式(6.21)的结果表明移动路径跟踪误差 $\boldsymbol{e}$ 有界。证毕。

注 6.5　若期望路径固连于大地坐标系,则式(6.17)中时变项 $\frac{\partial \boldsymbol{e}}{\partial t}$,$\frac{\partial L_f\boldsymbol{e}}{\partial t}$,$L_f\frac{\partial \boldsymbol{e}}{\partial t}$,$\frac{\partial^2 \boldsymbol{e}}{\partial t^2}$ 均为 0,式(6.17)退化为固定路径跟踪引导律。因此,本章提出的移动路径跟踪基准引导律为适用于移动路径及固定路径跟踪的通用方法,传统固定路径跟踪问题可视为期望路径相对大地坐标系线速度与角速度均为 0 的特例。

6.3　基于鲁棒控制障碍函数的引导律设计

本章在 6.2 节中提出了一种移动路径跟踪基准引导律。然而,该引导律只能确保跟踪误差收敛且有界。若要进一步提高舰载机全自动着舰的安全性,需设计新型引导律,保证舰载机对期望下滑道跟踪误差始终处于事先设定的边界内,如式(6.2)所示。此外,为便于应用,新型

引导律应具备在受扰环境下的工作能力，并放宽现有输出受限控制方法对系统初始条件受限的约束。

为满足上述需求，本节提出了一种鲁棒控制障碍函数方法，并基于该方法对6.2节中基准控制律进行增强。在设计鲁棒控制障碍函数方法前，首先对传统控制障碍函数方法基本原理进行讨论。

以一个简单被控对象为例，在不考虑外界扰动情况下，设其仿射形式非线性方程为

$$\boldsymbol{x}_1=\boldsymbol{f}_1(\boldsymbol{x}_1)+\boldsymbol{g}_1(\boldsymbol{x}_1)\boldsymbol{u}_1$$

式中：$\boldsymbol{x}_1\in\mathbb{R}^n$为系统状态量；$\boldsymbol{f}_1(\boldsymbol{x}_1)$、$\boldsymbol{g}(\boldsymbol{x}_1)$为局部 Lipschitz 函数；$\boldsymbol{u}_1\in\mathbb{R}^m$为控制输入。对于输出受限问题，系统状态量应处于某预设区间内，即$\boldsymbol{x}_1\in\Omega$。一种实现该约束目标的可行方法是将$\Omega$转换为某连续可微函数$h(\boldsymbol{x}_1,t)$，使得$\boldsymbol{x}_1\in\Omega$与函数$h$的某些性质等价，如半正定，即$h(\boldsymbol{x}_1,t)\geqslant 0\Leftrightarrow\boldsymbol{x}_1\in\Omega$。

因此，系统状态约束问题转化为确保函数h半正定性的问题。若设计控制输入$\boldsymbol{u}_1$，使得

$$\frac{\mathrm{d}}{\mathrm{d}t}h(\boldsymbol{x}_1,t)=-\alpha\left[h(\boldsymbol{x}_1,t)\right]$$

式中：$\alpha[\cdot]$为局部 Lipschitz 的扩展$\mathcal{K}$类函数，则h将逐渐收敛至0。若进一步设计控制输入$\boldsymbol{u}_1$，使得

$$\frac{\mathrm{d}}{\mathrm{d}t}h(\boldsymbol{x}_1,t)\geqslant-\alpha\left[h(\boldsymbol{x}_1,t)\right]$$

则当h初始值不小于0时，$h\geqslant 0$，输出约束条件$\boldsymbol{x}_1\in\Omega$可得到满足。用于对约束条件进行转化的函数$h$被称为控制障碍函数。

完成对控制障碍函数方法基本原理的介绍后，可进一步针对存在外界扰动的固定翼舰载机运动模型(6.3)设计新型鲁棒控制障碍函数输出受限方法。首先考虑跟踪误差上边界约束要求，定义鲁棒控制障碍函数$\hat{\boldsymbol{h}}_1$与$\boldsymbol{h}_1$，使得

$$\begin{cases}\boldsymbol{h}_1=\bar{\boldsymbol{\rho}}-\boldsymbol{e}=[\bar{\rho}_x,\bar{\rho}_y,\bar{\rho}_z]^{\mathrm{T}}-[e_x,e_y,e_z]^{\mathrm{T}}\\ \hat{\boldsymbol{h}}_1=\boldsymbol{h}_1+\boldsymbol{\delta}_1=[\bar{\rho}_x,\bar{\rho}_y,\bar{\rho}_z]^{\mathrm{T}}-[e_x,e_y,e_z]^{\mathrm{T}}+[\delta_1,\delta_1,\delta_1]^{\mathrm{T}}\end{cases}\tag{6.22}$$

式中：$\bar{\rho}_i,i=x,y,z$为“应用边界”，用于控制器设计；δ_1为“安全裕度”，用于处理对未知扰动的估计误差；$\bar{\sigma}_i=\bar{\rho}_i+\delta_1,i=x,y,z$为“实际边界”，表示跟踪误差上界。由式(6.22)可知，当保证$\hat{\boldsymbol{h}}_1>\boldsymbol{O}_{3\times 1}$时，跟踪误差$\boldsymbol{e}$满足$\boldsymbol{e}<\bar{\boldsymbol{\rho}}+\boldsymbol{\delta}_1$，即输出受限要求得到满足。

在移动路径跟踪问题中，由于目标运动，$\hat{\boldsymbol{h}}_1$与$\boldsymbol{h}_1$为时变函数。与式(6.6)和式(6.11)类似，采用李导数描述的$\boldsymbol{h}_1$一阶及二阶导数写为

$$\dot{\boldsymbol{h}}_1=L_f\boldsymbol{h}_1+L_d\boldsymbol{h}_1\boldsymbol{w}+\frac{\partial\boldsymbol{h}_1}{\partial t}$$

$$\ddot{\boldsymbol{h}}_1=L_f^2\boldsymbol{h}_1+L_gL_f\boldsymbol{h}_1\boldsymbol{u}+\frac{\partial L_f\boldsymbol{h}_1}{\partial t}+L_d\boldsymbol{h}_1\dot{\boldsymbol{w}}+L_f\frac{\partial\boldsymbol{h}_1}{\partial t}+\frac{\partial^2\boldsymbol{h}_1}{\partial t^2}$$

进一步定义新变量$\boldsymbol{\eta}_1=[\boldsymbol{h}_1,\dot{\boldsymbol{h}}_1]^{\mathrm{T}}$，则$\boldsymbol{\eta}_1$的动力学模型可写为如下线性系统：

$$\begin{cases}\dot{\boldsymbol{\eta}}_1=\boldsymbol{F}_1\boldsymbol{\eta}_1+\boldsymbol{G}_1\boldsymbol{\mu}_1\\ \boldsymbol{h}_1=\boldsymbol{C}_1\boldsymbol{\eta}_1\end{cases}\tag{6.23}$$

式中：

$$\boldsymbol{F}_1=\begin{bmatrix}\boldsymbol{O}_{3\times3} & \boldsymbol{I}_{3\times3}\\ \boldsymbol{O}_{3\times3} & \boldsymbol{O}_{3\times3}\end{bmatrix},\quad \boldsymbol{G}_1=\begin{bmatrix}\boldsymbol{O}_{3\times3}\\ \boldsymbol{I}_{3\times3}\end{bmatrix},\quad \boldsymbol{C}_1=[\boldsymbol{I}_{3\times3},\boldsymbol{O}_{3\times3}]$$

$$\boldsymbol{\mu}_1=L_f^2\boldsymbol{h}_1+L_gL_f\boldsymbol{h}_1\boldsymbol{u}+\frac{\partial L_f\boldsymbol{h}_1}{\partial t}+L_d\boldsymbol{h}_1\dot{\boldsymbol{w}}+L_f\frac{\partial \boldsymbol{h}_1}{\partial t}+\frac{\partial^2\boldsymbol{h}_1}{\partial t^2}$$

应注意到，在控制器设计中，未知扰动由高阶干扰观测器(6.12)、(6.15)、(6.16)估计。因此，$\boldsymbol{\eta}_1$ 动力学方程中扰动表达式 $\boldsymbol{w}$ 和 $\dot{\boldsymbol{w}}$ 应由扰动估计值 $\hat{\boldsymbol{w}}$ 和 $\hat{\dot{\boldsymbol{w}}}$，及估计误差 $\tilde{\boldsymbol{w}}$ 和 $\tilde{\dot{\boldsymbol{w}}}$ 代替。故式(6.23)可改写为

$$\begin{cases}\dot{\boldsymbol{\eta}}_1=\boldsymbol{F}_1\boldsymbol{\eta}_1+\boldsymbol{G}_1\hat{\boldsymbol{\mu}}_1+\boldsymbol{G}_1\tilde{\boldsymbol{\mu}}_1\\ \boldsymbol{h}_1=\boldsymbol{C}_1\boldsymbol{\eta}_1\end{cases}\tag{6.24}$$

式中：

$$\hat{\boldsymbol{\mu}}_1=L_f^2\boldsymbol{h}_1+L_gL_f\boldsymbol{h}_1\boldsymbol{u}+\frac{\partial L_f\boldsymbol{h}_1}{\partial t}+L_d\boldsymbol{h}_1\hat{\dot{\boldsymbol{w}}}+L_f\frac{\partial \boldsymbol{h}_1}{\partial t}+\frac{\partial^2\boldsymbol{h}_1}{\partial t^2}$$

$$\tilde{\boldsymbol{\mu}}_1=L_d\boldsymbol{h}_1\tilde{\dot{\boldsymbol{w}}}$$

针对线性系统(6.24)设计状态反馈控制约束为

$$\hat{\boldsymbol{\mu}}_1\geqslant-\boldsymbol{K}_\alpha\hat{\boldsymbol{\eta}}_1\tag{6.25}$$

式中：$\boldsymbol{K}_\alpha$ 为控制参数，其取值应满足矩阵 $\boldsymbol{F}_1-\boldsymbol{G}_1\boldsymbol{K}_\alpha$ 所有特征值在负半平面；变量 $\hat{\boldsymbol{\eta}}_1$ 定义为 $\hat{\boldsymbol{\eta}}_1=\boldsymbol{\eta}_1-\tilde{\boldsymbol{\eta}}_1=\begin{bmatrix}\boldsymbol{h}_1\\ \dot{\boldsymbol{h}}_1\end{bmatrix}-\begin{bmatrix}\boldsymbol{O}_{3\times1}\\ (L_d\boldsymbol{h}_1)\tilde{\boldsymbol{w}}\end{bmatrix}$，则系统(6.24)变为

$$\dot{\boldsymbol{\eta}}_1\geqslant(\boldsymbol{F}_1-\boldsymbol{G}_1\boldsymbol{K}_\alpha)\boldsymbol{\eta}_1+\boldsymbol{G}_1\boldsymbol{K}_\alpha\tilde{\boldsymbol{\eta}}_1+\boldsymbol{G}_1\tilde{\boldsymbol{\mu}}_1\tag{6.26}$$

对不等式(6.26)两侧积分，并代入线性系统(6.24)的观测方程中，可得

$$\boldsymbol{h}_1\geqslant\boldsymbol{C}_1\left[\mathrm{e}^{(\boldsymbol{F}_1-\boldsymbol{G}_1\boldsymbol{K}_\alpha)t}\left(\boldsymbol{\eta}_1(\boldsymbol{x}_0)+\frac{\boldsymbol{G}_1\boldsymbol{K}_\alpha\tilde{\boldsymbol{\eta}}_1+\boldsymbol{G}_1\tilde{\boldsymbol{\mu}}_1}{\boldsymbol{F}_1-\boldsymbol{G}_1\boldsymbol{K}_\alpha}\right)-\frac{\boldsymbol{G}_1\boldsymbol{K}_\alpha\tilde{\boldsymbol{\eta}}_1+\boldsymbol{G}_1\tilde{\boldsymbol{\mu}}_1}{\boldsymbol{F}_1-\boldsymbol{G}_1\boldsymbol{K}_\alpha}\right]\tag{6.27}$$

定义变量 $\boldsymbol{\lambda}_1\in\mathbb{R}^{6\times1}$ 为

$$\begin{aligned}\lambda_1&=\frac{\boldsymbol{G}_1\boldsymbol{K}_\alpha\tilde{\boldsymbol{\eta}}_1+\boldsymbol{G}_1\tilde{\boldsymbol{\mu}}_1}{\boldsymbol{F}_1-\boldsymbol{G}_1\boldsymbol{K}_\alpha}\\ &=\frac{\boldsymbol{G}_1\boldsymbol{K}_\alpha[\boldsymbol{O}_{3\times1},L_d\boldsymbol{h}_1\tilde{\boldsymbol{w}}]^{\mathrm{T}}+\boldsymbol{G}_1L_d\boldsymbol{h}_1\tilde{\dot{\boldsymbol{w}}}}{\boldsymbol{F}_1-\boldsymbol{G}_1\boldsymbol{K}_\alpha}\end{aligned}$$

则式(6.27)变为

$$\boldsymbol{h}_1\geqslant\boldsymbol{C}_1[\mathrm{e}^{(\boldsymbol{F}_1-\boldsymbol{G}_1\boldsymbol{K}_\alpha)t}(\boldsymbol{\eta}_1(\boldsymbol{x}_0)+\boldsymbol{\lambda}_1)-\boldsymbol{\lambda}_1]$$

由定理 6.1 可知，对位置扰动估计误差 $\tilde{\boldsymbol{w}}$ 与 $\tilde{\dot{\boldsymbol{w}}}$ 的上界分别为

$$\tilde{\boldsymbol{w}}_{\max}=\max\{\tilde{\boldsymbol{w}}\}=\frac{2\|\boldsymbol{PE}\|\tau_{\max}}{\lambda_{\min}(\boldsymbol{Q})},\quad \tilde{\dot{\boldsymbol{w}}}_{\max}=\max\{\tilde{\dot{\boldsymbol{w}}}\}=\frac{2\|\boldsymbol{PE}\|\tau_{\max}}{\lambda_{\min}(\boldsymbol{Q})}$$

式中：$\tau_{\max}=\max\{\tau_x,\tau_y,\tau_z\}$。因此有 $\tilde{\boldsymbol{w}}\leqslant\tilde{\boldsymbol{w}}_{\max}=[\tilde{w}_{\max},\tilde{w}_{\max},\tilde{w}_{\max}]^{\mathrm{T}}$，$\tilde{\dot{\boldsymbol{w}}}\leqslant\tilde{\dot{\boldsymbol{w}}}_{\max}=[\tilde{\dot{\boldsymbol{w}}}_{\max},\tilde{\dot{\boldsymbol{w}}}_{\max},\tilde{\dot{\boldsymbol{w}}}_{\max}]^{\mathrm{T}}$。故可推得 $\boldsymbol{\lambda}_1$ 的上界为

$$\boldsymbol{\lambda}_1 \leqslant \boldsymbol{\lambda}_{1\max} = \frac{\boldsymbol{G}_1\boldsymbol{K}_\alpha\,[\boldsymbol{O}_{3\times1}, L_d\boldsymbol{h}_1\tilde{\boldsymbol{w}}_{\max}]^{\mathrm{T}} + \boldsymbol{G}_1 L_d\boldsymbol{h}_1\dot{\tilde{\boldsymbol{w}}}_{\max}}{\boldsymbol{F}_1 - \boldsymbol{G}_1\boldsymbol{K}_\alpha}$$

基于上述讨论，可设计安全裕度为 $\delta_1=\max\{|\boldsymbol{C}_1\boldsymbol{\lambda}_{1\max}|\}$。当 $\boldsymbol{\eta}_1(\boldsymbol{x}_0)+\boldsymbol{\lambda}_1>\boldsymbol{O}_{6\times1}$ 时，在控制律(6.25)作用下，有 $\boldsymbol{h}_1>-\boldsymbol{C}_1\boldsymbol{\lambda}_1$，此时鲁棒控制障碍函数 $\hat{\boldsymbol{h}}_1$ 正定，即 $\hat{\boldsymbol{h}}_1=\boldsymbol{h}_1+\boldsymbol{\delta}_1>\boldsymbol{O}_{3\times1}$，跟踪误差上边界约束得到满足。

特别的，可将控制律(6.25)转化为对舰载机运动模型控制输入的约束如下：

$$-L_gL_f\boldsymbol{h}_1\boldsymbol{u} \leqslant \boldsymbol{K}_\alpha\boldsymbol{\eta}_1 + L_f^2\boldsymbol{h}_1 + L_d\boldsymbol{h}_1\dot{\hat{\boldsymbol{w}}} + \frac{\partial L_f\boldsymbol{h}_1}{\partial t} + L_f\frac{\partial \boldsymbol{h}_1}{\partial t} + \frac{\partial^2\boldsymbol{h}_1}{\partial t^2} \tag{6.28}$$

类似的，可对跟踪误差下边界约束进行设计。设计鲁棒控制障碍函数 $\boldsymbol{h}_2=[\underline{\rho}_x,\underline{\rho}_y,\underline{\rho}_z]^{\mathrm{T}}+[e_x,e_y,e_z]^{\mathrm{T}}$ 和 $\hat{\boldsymbol{h}}_2=\boldsymbol{h}_2+\boldsymbol{\delta}_2=[\underline{\rho}_x,\underline{\rho}_y,\underline{\rho}_z]^{\mathrm{T}}+[e_x,e_y,e_z]^{\mathrm{T}}+[\delta_2,\delta_2,\delta_2]^{\mathrm{T}}$，可构造与式(6.24)类似的线性系统

$$\begin{cases}\dot{\boldsymbol{\eta}}_2 = \boldsymbol{F}_2\boldsymbol{\eta}_2 + \boldsymbol{G}_2\hat{\boldsymbol{\mu}}_2 + \boldsymbol{G}_2\tilde{\boldsymbol{\mu}}_2 \\ \boldsymbol{h}_2 = \boldsymbol{C}_2\boldsymbol{\eta}_2\end{cases} \tag{6.29}$$

式中：

$$\hat{\boldsymbol{\mu}}_2 = L_f^2\boldsymbol{h}_2 + L_gL_f\boldsymbol{h}_2\boldsymbol{u} + \frac{\partial L_f\boldsymbol{h}_2}{\partial t} + (L_d\boldsymbol{h}_2)\dot{\hat{\boldsymbol{w}}} + L_f\left(\frac{\partial\boldsymbol{h}_2}{\partial t}\right) + \frac{\partial^2\boldsymbol{h}_2}{\partial t^2}$$

$$\tilde{\boldsymbol{\mu}}_2 = (L_d\boldsymbol{h}_2)\dot{\tilde{\boldsymbol{w}}}$$

针对线性系统(6.29)设计反馈控制约束为

$$\hat{\boldsymbol{\mu}}_2 \geqslant -\boldsymbol{K}_\beta\hat{\boldsymbol{\eta}}_2 \tag{6.30}$$

可得

$$\boldsymbol{h}_2 \geqslant \boldsymbol{C}_2\left[\mathrm{e}^{(\boldsymbol{F}_2-\boldsymbol{G}_2\boldsymbol{K}_\beta)t}\left(\boldsymbol{\eta}_2(\boldsymbol{x}_0) + \frac{\boldsymbol{G}_2\boldsymbol{K}_\beta\tilde{\boldsymbol{\eta}}_2 + \boldsymbol{G}_2\tilde{\boldsymbol{\mu}}_2}{\boldsymbol{F}_2 - \boldsymbol{G}_2\boldsymbol{K}_\beta}\right) - \frac{\boldsymbol{G}_2\boldsymbol{K}_\beta\tilde{\boldsymbol{\eta}}_2 + \boldsymbol{G}_2\tilde{\boldsymbol{\mu}}_2}{\boldsymbol{F}_2 - \boldsymbol{G}_2\boldsymbol{K}_\beta}\right]$$

因此，定义变量 $\boldsymbol{\lambda}_2\in\mathbb{R}^{6\times1}$ 为

$$\begin{aligned}\boldsymbol{\lambda}_2 &= \frac{\boldsymbol{G}_2\boldsymbol{K}_\beta\tilde{\boldsymbol{\eta}}_2 + \boldsymbol{G}_2\tilde{\boldsymbol{\mu}}_2}{\boldsymbol{F}_2 - \boldsymbol{G}_2\boldsymbol{K}_\beta} \\ &= \frac{\boldsymbol{G}_2\boldsymbol{K}_\beta\,[\boldsymbol{O}_{3\times1}, L_d\boldsymbol{h}_2\tilde{\boldsymbol{w}}]^{\mathrm{T}} + \boldsymbol{G}_2L_d\boldsymbol{h}_2\dot{\tilde{\boldsymbol{w}}}}{\boldsymbol{F}_2 - \boldsymbol{G}_2\boldsymbol{K}_\beta}\end{aligned}$$

则 $\boldsymbol{\lambda}_2$ 的上界可推得为

$$\boldsymbol{\lambda}_2 \leqslant \boldsymbol{\lambda}_{2\max} = \frac{\boldsymbol{G}_2\boldsymbol{K}_\beta\,[\boldsymbol{O}_{3\times1}, L_d\boldsymbol{h}_2\tilde{\boldsymbol{w}}_{\max}]^{\mathrm{T}} + \boldsymbol{G}_2L_d\boldsymbol{h}_2\dot{\tilde{\boldsymbol{w}}}_{\max}}{\boldsymbol{F}_2 - \boldsymbol{G}_2\boldsymbol{K}_\beta}$$

基于上述讨论，可设计针对下边界的安全裕度 $\delta_2=\max\{|\boldsymbol{C}_2\boldsymbol{\lambda}_{2\max}|\}$。当 $\boldsymbol{\eta}_2(\boldsymbol{x}_0)+\boldsymbol{\lambda}_2>\boldsymbol{O}_{6\times1}$ 时，在控制律(6.30)作用下，有 $\boldsymbol{h}_2>-\boldsymbol{C}_2\boldsymbol{\lambda}_2$，此时鲁棒控制障碍函数 $\hat{\boldsymbol{h}}_2$ 正定，即 $\hat{\boldsymbol{h}}_2=\boldsymbol{h}_2+\boldsymbol{\delta}_2>\boldsymbol{O}_{3\times1}$，跟踪误差下边界约束得到满足。

特别的，可将控制律(6.30)转化为对舰载机运动模型控制输入的约束如下：

$$-L_gL_f\boldsymbol{h}_2\boldsymbol{u} \leqslant \boldsymbol{K}_\beta\boldsymbol{\eta}_2 + L_f^2\boldsymbol{h}_2 + L_d\boldsymbol{h}_2\dot{\hat{\boldsymbol{w}}} + \frac{\partial L_f\boldsymbol{h}_2}{\partial t} + L_f\frac{\partial \boldsymbol{h}_2}{\partial t} + \frac{\partial^2\boldsymbol{h}_2}{\partial t^2} \tag{6.31}$$

由跟踪误差上下边界约束设计流程及不等式(6.28)、(6.31)，可设计基于鲁棒控制障碍函数的二次规划形式移动路径跟踪引导律如下：

$$\begin{cases} \boldsymbol{u}_c^* = \underset{\boldsymbol{u}_c}{\operatorname{argmin}}\left(\dfrac{1}{2}\boldsymbol{u}_c^{\mathrm{T}}\boldsymbol{H}\boldsymbol{u}_c - 2\boldsymbol{u}_0^{\mathrm{T}}\boldsymbol{u}_c\right) \\ \text{s. t.} \begin{bmatrix} -L_gL_f\boldsymbol{h}_1 \\ -L_gL_f\boldsymbol{h}_2 \end{bmatrix}\boldsymbol{u}_c \leqslant \begin{bmatrix} \boldsymbol{K}_\alpha\boldsymbol{\eta}_1 + L_f^2\boldsymbol{h}_1 + (L_d\boldsymbol{h}_1)\hat{\dot{\boldsymbol{w}}} + \dfrac{\partial L_f\boldsymbol{h}_1}{\partial t} + L_f\left(\dfrac{\partial \boldsymbol{h}_1}{\partial t}\right) + \dfrac{\partial^2 \boldsymbol{h}_1}{\partial t^2} \\ \boldsymbol{K}_\beta\boldsymbol{\eta}_2 + L_f^2\boldsymbol{h}_2 + (L_d\boldsymbol{h}_2)\hat{\dot{\boldsymbol{w}}} + \dfrac{\partial L_f\boldsymbol{h}_2}{\partial t} + L_f\left(\dfrac{\partial \boldsymbol{h}_2}{\partial t}\right) + \dfrac{\partial^2 \boldsymbol{h}_2}{\partial t^2} \end{bmatrix} \end{cases} \tag{6.32}$$

式中：$\boldsymbol{H}=[2,0,0;0,2,0;0,0,2]^{\mathrm{T}}$ 为常值矩阵。

如何确保式(6.32)中的二次规划问题总有解是新型引导律成立的重要条件。式(6.32)的约束可分别表示为不等式(6.28)、(6.31)。因此，证明式(6.32)总有解变为证明不等式(6.28)、(6.31)，并不冲突。根据函数 $\boldsymbol{h}_1$ 和 $\boldsymbol{h}_2$ 的定义可知，$L_gL_f\boldsymbol{h}_1=-L_gL_f\boldsymbol{h}_2$。因此不等式(6.31)可改写为

$$L_gL_f\boldsymbol{h}_1\boldsymbol{u} \leqslant \boldsymbol{K}_\beta\boldsymbol{\eta}_2 + L_f^2\boldsymbol{h}_2 + L_d\boldsymbol{h}_2\hat{\dot{\boldsymbol{w}}} + \frac{\partial L_f\boldsymbol{h}_2}{\partial t} + L_f\frac{\partial \boldsymbol{h}_2}{\partial t} + \frac{\partial^2 \boldsymbol{h}_2}{\partial t^2} \tag{6.33}$$

不等式(6.28)、(6.33)对控制输入 $\boldsymbol{u}$ 的共同约束可表示为

$$\begin{aligned} &-\left(\boldsymbol{K}_\alpha\boldsymbol{\eta}_1 + L_f^2\boldsymbol{h}_1 + L_d\boldsymbol{h}_1\hat{\dot{\boldsymbol{w}}} + \frac{\partial L_f\boldsymbol{h}_1}{\partial t} + L_f\frac{\partial \boldsymbol{h}_1}{\partial t} + \frac{\partial^2 \boldsymbol{h}_1}{\partial t^2}\right) \\ &\leqslant L_gL_f\boldsymbol{h}_1\boldsymbol{u} \\ &\leqslant \boldsymbol{K}_\beta\boldsymbol{\eta}_2 + L_f^2\boldsymbol{h}_2 + L_d\boldsymbol{h}_2\hat{\dot{\boldsymbol{w}}} + \frac{\partial L_f\boldsymbol{h}_2}{\partial t} + L_f\frac{\partial \boldsymbol{h}_2}{\partial t} + \frac{\partial^2 \boldsymbol{h}_2}{\partial t^2} \end{aligned} \tag{6.34}$$

为保证不等式(6.34)有解，只须保证

$$\begin{aligned} &-\left(\boldsymbol{K}_\alpha\boldsymbol{\eta}_1 + L_f^2\boldsymbol{h}_1 + L_d\boldsymbol{h}_1\hat{\dot{\boldsymbol{w}}} + \frac{\partial L_f\boldsymbol{h}_1}{\partial t} + L_f\frac{\partial \boldsymbol{h}_1}{\partial t} + \frac{\partial^2 \boldsymbol{h}_1}{\partial t^2}\right) \\ &\leqslant \boldsymbol{K}_\beta\boldsymbol{\eta}_2 + L_f^2\boldsymbol{h}_2 + L_d\boldsymbol{h}_2\hat{\dot{\boldsymbol{w}}} + \frac{\partial L_f\boldsymbol{h}_2}{\partial t} + L_f\frac{\partial \boldsymbol{h}_2}{\partial t} + \frac{\partial^2 \boldsymbol{h}_2}{\partial t^2} \end{aligned} \tag{6.35}$$

由于 $L_f^2\boldsymbol{h}_1=-L_f^2\boldsymbol{h}_2$，$L_d\boldsymbol{h}_1\hat{\dot{\boldsymbol{w}}}=-L_d\boldsymbol{h}_2\hat{\dot{\boldsymbol{w}}}$，$\dfrac{\partial L_f\boldsymbol{h}_1}{\partial t}=-\dfrac{\partial L_f\boldsymbol{h}_2}{\partial t}$，$L_f\dfrac{\partial \boldsymbol{h}_1}{\partial t}=-L_f\dfrac{\partial \boldsymbol{h}_2}{\partial t}$，$\dfrac{\partial^2 \boldsymbol{h}_1}{\partial t^2}=-\dfrac{\partial^2 \boldsymbol{h}_2}{\partial t^2}$，不等式(6.35)可写为

$$\boldsymbol{K}_\alpha\boldsymbol{\eta}_1 + \boldsymbol{K}_\beta\boldsymbol{\eta}_2 \geqslant \boldsymbol{0} \tag{6.36}$$

不等式(6.36)成立是二次规划问题(6.32)有解的充分必要条件。特别的，若 $\bar{\rho}_i \geqslant -\underline{\rho}_i$，$i=x,y,z$，$\boldsymbol{K}_\alpha=\boldsymbol{K}_\beta$，则不等式(6.36)总是成立，即二次规划问题(6.32)总有解。

定理 6.3　针对 6.1 节中所描述的移动路径跟踪问题及式(6.1)描述的固定翼舰载机运动学模型，在假设 6.1、6.2 条件下，若基准引导律设计如式(6.17)，高阶干扰观测器设计如式(6.12)、(6.15)、(6.16)，则鲁棒控制障碍函数引导律(6.32)可保证：① 跟踪误差 $\boldsymbol{e}$ 满足输出受限约束(6.2)；②跟踪误差 $\boldsymbol{e}$ 最终收敛至 0 的小邻域内。

证明 证明过程如6.3节中鲁棒控制障碍函数引导律设计过程。

注6.6 式(6.32)中的二次规划方程 $\boldsymbol{u}_c^*=\underset{\boldsymbol{u}_c}{\operatorname{argmin}}\left(\frac{1}{2}\boldsymbol{u}_c^{\mathrm{T}}\boldsymbol{H}\boldsymbol{u}_c-2\boldsymbol{u}_0^{\mathrm{T}}\boldsymbol{u}_c\right)$ 等价于最小范数方程 $\boldsymbol{u}_c^*=\underset{\boldsymbol{u}_c}{\operatorname{argmin}}\|\boldsymbol{u}_c-\boldsymbol{u}_0\|$，其物理含义是使最终控制输入 $\boldsymbol{u}_c^*$ 在满足误差受限约束要求前提下，尽可能接近基准控制输入 $\boldsymbol{u}_0$ 以消除移动路径跟踪误差 $\boldsymbol{e}$。当基准控制输入满足式(6.32)中约束条件时，$\boldsymbol{u}_c^*=\boldsymbol{u}_0$。

注6.7 采用二次规划架构设计控制障碍函数引导律，使得舰载机初始位置可在约束范围外，放宽了障碍Lyapunov函数等方法对被控对象初始状态的约束条件。只要某时刻舰载机进入预设区域，即满足 $\boldsymbol{\eta}_1(\boldsymbol{x}_0)+\boldsymbol{\lambda}_1>\boldsymbol{O}_{6\times1}$ 且 $\boldsymbol{\eta}_2(\boldsymbol{x}_0)+\boldsymbol{\lambda}_2>\boldsymbol{O}_{6\times1}$，则之后舰载机跟踪误差始终不会超出预设边界。

注6.8 通过采用二次规划架构，本章设计的控制障碍函数引导律可将移动路径控制需求与输出受限控制需求分开考虑，因此基准引导律(6.17)可被其他形式控制方法代替，如人在回路控制。

注6.9 应用边界 $\bar{\rho}_i$ 和 $\underline{\rho}_i$ 相较于实际边界 $\bar{\sigma}_i$ 和 $\underline{\sigma}_i$ 更小且约束性更强。若在舰载机着舰任务中要求跟踪误差 $\boldsymbol{e}$ 不超出界限 $-\underline{\sigma}_i\leqslant e_i\leqslant\bar{\sigma}_i$，$i=x,y,z$，则首先需计算安全裕度 δ_1 和 δ_2，之后用于二次规划控制器(6.32)设计的应用边界可由公式 $\bar{\rho}_i=\bar{\sigma}_i-\delta_1$，$\underline{\rho}_i=\underline{\sigma}_i-\delta_2$ 计算得到。应注意到，变量 $\bar{\rho}_i$、$\underline{\rho}_i$、$\bar{\sigma}_i$、$\underline{\sigma}_i$、δ_1、δ_2 均应为正数，因此设定的应用边界需满足条件 $\bar{\sigma}_i>\delta_1$，$\underline{\sigma}_i>\delta_2$，即所设定的应用边界需大于安全裕度。该特性也可定量描述本章提出的输出受限控制器在受扰环境中可实现的最小约束范围。

6.4 数值仿真

本节以固定翼舰载机全自动着舰为应用背景，对本章提出的基于鲁棒控制障碍函数的移动路径跟踪方法进行了数值仿真。

设目标舰船运动轨迹为 $\boldsymbol{p}_t^I=\left[\int_0^t V_s\cos\left(\int_0^t\omega_s\mathrm{d}t\right),\int_0^t V_s\sin\left(\int_0^t\omega_s\mathrm{d}t\right)+\Delta y,\Delta z\right]^{\mathrm{T}}$，其中 $V_s=13.89$ m/s为航母速度，$\omega_s=-0.1(°)/\mathrm{s}$ 为航母角速度，Δy 和 Δz 分别为航母甲板受海浪等外界扰动产生的侧向和垂向位移，如2.1.2小节所述。期望下滑道相对目标坐标系 T 的表达式为 $\boldsymbol{p}_d^t=[-(l_0-l)\cos(-3.5\pi/180),0,(l_0-l)\sin(-3.5\pi/180)]^{\mathrm{T}}$，其中机舰初始距离 $l_0=1\,600$ m，下滑角为3.5°；舰载机初始状态表示为 $[\psi,\gamma,l_1,l_2,\omega,\nu,\sigma]^{\mathrm{T}}=\boldsymbol{O}_{7\times1}$，舰载机着舰空速为69 m/s，移动路径跟踪初始误差设定为 $\boldsymbol{e}=[10\text{ m},10\text{ m},10\text{ m}]^{\mathrm{T}}$；侧向及垂向扰动 w_y、w_z 采用2.3节中介绍的舰艉流扰动，w_x 为MIL-F-8785C标准中的连续Dryden湍流模型；引导律控制参数设定为 $\boldsymbol{k}_1=\boldsymbol{k}_2=\boldsymbol{I}_{3\times3}$，$\boldsymbol{K}_\alpha=\boldsymbol{K}_\beta=[\boldsymbol{I}_{3\times3},1.73\boldsymbol{I}_{3\times3}]$；高阶干扰观测器参数设定为 $\zeta_1=\zeta_3=\zeta_5=5$，$\zeta_2=\zeta_4=\zeta_6=25$。对于正定矩阵 $\boldsymbol{Q}=\begin{bmatrix}21.677\,0 & -0.969\,3\\-0.969\,3 & 0.055\,7\end{bmatrix}$，存在正定矩阵 $\boldsymbol{P}=\begin{bmatrix}2.306\,9 & -0.027\,8\\-0.027\,8 & 0.059\,1\end{bmatrix}$，使得 $\boldsymbol{D}^{\mathrm{T}}\boldsymbol{P}+\boldsymbol{P}\boldsymbol{D}=-\boldsymbol{Q}$，其中 $\boldsymbol{D}=\begin{bmatrix}-\zeta_1 & 1\\-\zeta_2 & 0\end{bmatrix}=\begin{bmatrix}-\zeta_3 & 1\\-\zeta_4 & 0\end{bmatrix}=\begin{bmatrix}-\zeta_5 & 1\\-\zeta_6 & 0\end{bmatrix}$。此外，外界扰动二阶导数最大值约为23.77。基于定理6.1，高阶干

扰观测器估计误差可计算为 $\|\boldsymbol{\zeta}\| \leqslant 0.1427$。由 6.3 节讨论，可设计安全裕度为 $\delta_1=\delta_2=0.39\ \text{m}$。因此，如果希望舰载机跟踪误差上下边界约束 $-\underline{\sigma}_i \leqslant e_i \leqslant \bar{\sigma}_i$，其中 $\bar{\sigma}_i=\underline{\sigma}_i=1\ \text{m}$，则用于如式(6.32)的鲁棒控制障碍函数引导律设计的应用边界为 $\bar{\rho}_i=\underline{\rho}_i=0.61\ \text{m}$。

注 6.10　有两种方法可减小安全裕度：① 减小对外界扰动及其导数的估计误差 $\tilde{\boldsymbol{w}}$ 与 $\tilde{\dot{\boldsymbol{w}}}$；② 优化控制器(6.25)、(6.30)以改善系统(6.24)、(6.29)的动态特性。首先，可通过选取合适的观测器增益 ζ_1、ζ_2、ζ_3、ζ_4、ζ_5、ζ_6 或增加干扰观测器阶数来减小估计误差 $\tilde{\boldsymbol{w}}$ 和 $\tilde{\dot{\boldsymbol{w}}}$。此外，系统(6.24)、(6.29)的动态特性可基于线性控制理论进行改善。特别的，若控制参数 $\boldsymbol{K}_\alpha$ 和 $\boldsymbol{K}_\beta$ 设置为如本节中的形式：$\boldsymbol{K}_\alpha=[k_{\alpha1}\boldsymbol{I}_{3\times3}, k_{\alpha2}\boldsymbol{I}_{3\times3}]$，$\boldsymbol{K}_\beta=[k_{\beta1}\boldsymbol{I}_{3\times3}, k_{\beta2}\boldsymbol{I}_{3\times3}]$，其中 $k_{\alpha1}$、$k_{\alpha2}$、$k_{\beta1}$、$k_{\beta2}$ 为常数，则安全裕度计算式为 $\delta_1=\dfrac{\tilde{\dot{w}}_{\max}}{k_{\alpha1}}+\dfrac{k_{\alpha2}\tilde{w}_{\max}}{k_{\alpha1}}$，$\delta_2=\dfrac{\tilde{\dot{w}}_{\max}}{k_{\beta1}}+\dfrac{k_{\beta2}\tilde{w}_{\max}}{k_{\beta1}}$。因此，选取合适的控制参数，以使 $k_{\alpha1}$ 和 $k_{\beta1}$ 更大，$\dfrac{k_{\alpha2}}{k_{\alpha1}}$和$\dfrac{k_{\beta2}}{k_{\beta1}}$更小，可减小安全裕度。

不同方法控制效果如图 6.2～图 6.7 所示，其中“鲁棒 CBF”表示本章提出的基于鲁棒控制障碍函数的引导律，“普通 CBF”表示未考虑外界扰动的指数控制障碍函数方法设计的引导律，“基准引导律”表示式(6.17)所设计的基准引导律。

图 6.2 和图 6.3 分别为三种引导方法控制下的着舰轨迹，以及其在纵向和侧向平面内的投影，图中网格线表示预设边界。从图中可直观看出，在三种引导方法控制下，舰载机均可跟踪航母平移及旋转运动并着舰。但本章提出的基于鲁棒控制障碍函数的引导律可实现对期望移动下滑道更快速、更精确的跟踪。

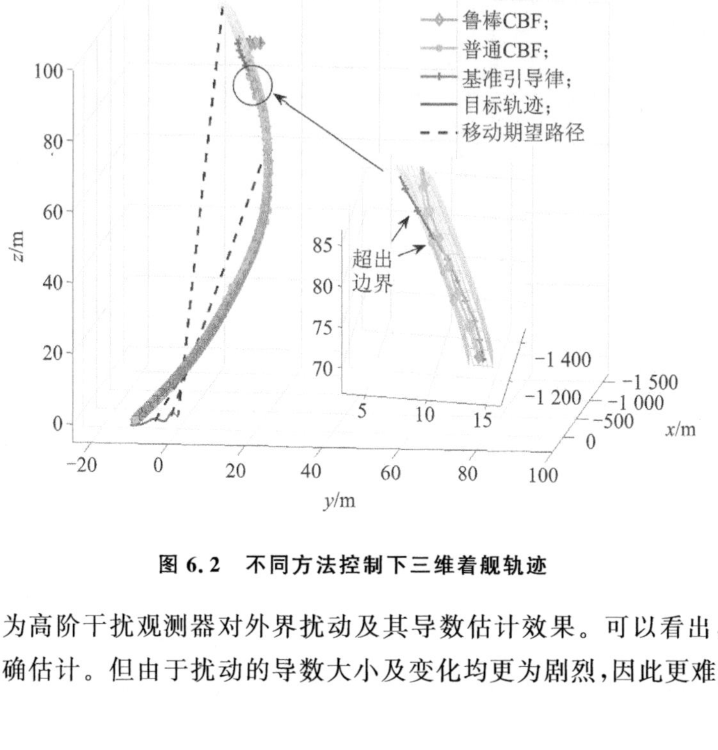

图 6.2　不同方法控制下三维着舰轨迹

图 6.4 所示为高阶干扰观测器对外界扰动及其导数估计效果。可以看出，高阶干扰观测器对扰动有较精确估计。但由于扰动的导数大小及变化均更为剧烈，因此更难观测，故高阶干

扰观测器对扰动导数存在一定观测误差。在此情况下，可根据本章提出的鲁棒控制障碍函数理论，定量分析干扰观测误差对控制效果的影响，设计更大安全裕度并对控制器提出更强约束，从而满足输出受限要求。

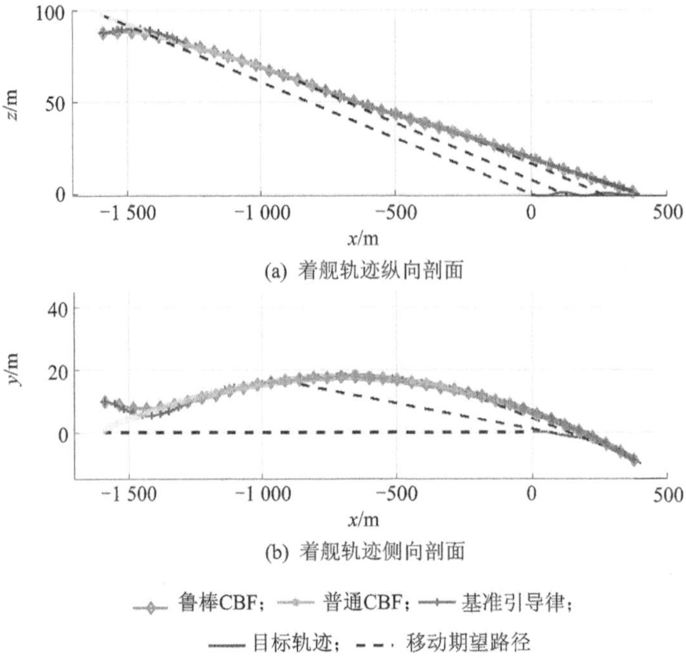

(a) 着舰轨迹纵向剖面

(b) 着舰轨迹侧向剖面

图 6.3　不同方法控制下的着舰轨迹

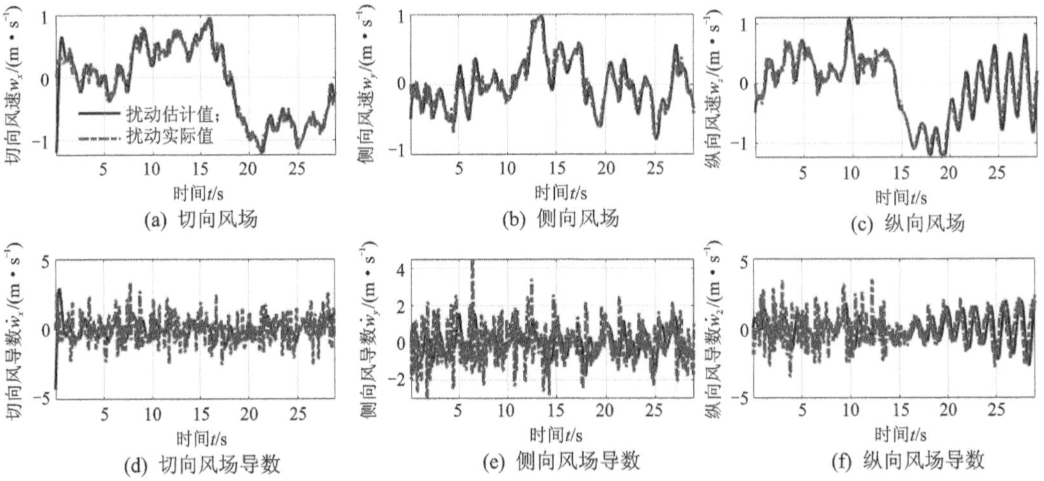

(a) 切向风场　(b) 侧向风场　(c) 纵向风场

(d) 切向风场导数　(e) 侧向风场导数　(f) 纵向风场导数

图 6.4　高阶干扰观测器估计效果

三种引导方法控制下舰载机对期望路径的三维跟踪误差如图 6.5 所示。可以看出，本章提出的基于鲁棒控制障碍函数的引导律可保证跟踪误差进入预设边界后不再超出边界，因此可有效改善舰载机对期望下滑道跟踪效果，提高着舰成功率。而在未考虑外界扰动的控制障碍函数方法或基准引导律控制下，跟踪误差会超出预设边界，在实际使用中可能造成落点误差大、超出引导雷达探测范围等问题，产生着舰风险。

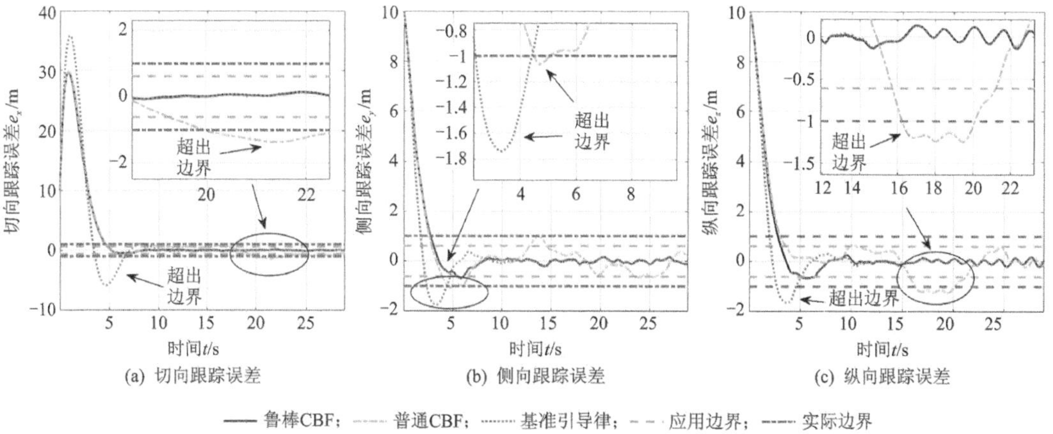

图 6.5　不同方法控制下的跟踪误差

图 6.6 所示为三种引导方法控制下着舰过程中的飞行状态量。可以看出，由于期望路径随航母运动的影响，舰载机爬升角绝对值稍小于 3.5°的期望下滑道倾角。此外，舰载机爬升角及偏航角不断变化以跟踪受海浪等影响的航母运动。引导律控制输入如图 6.7 所示，三种方法控制输入均在合理范围内。

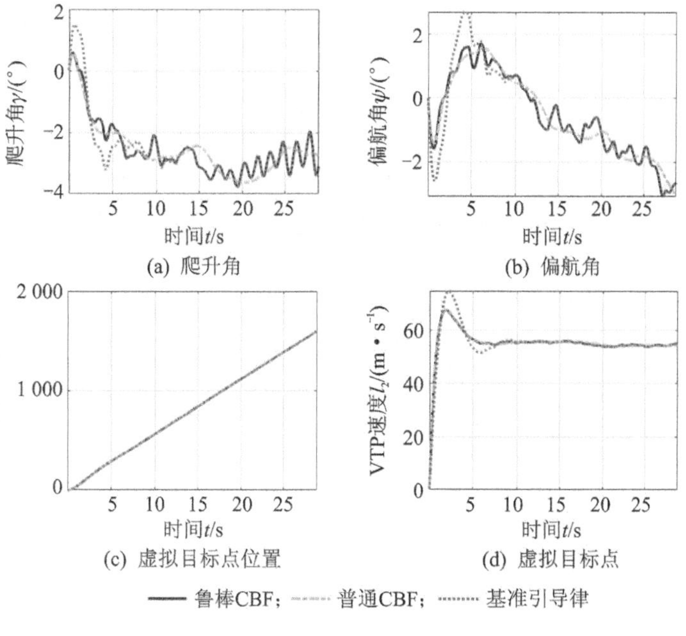

图 6.6　不同方法控制下的飞行状态

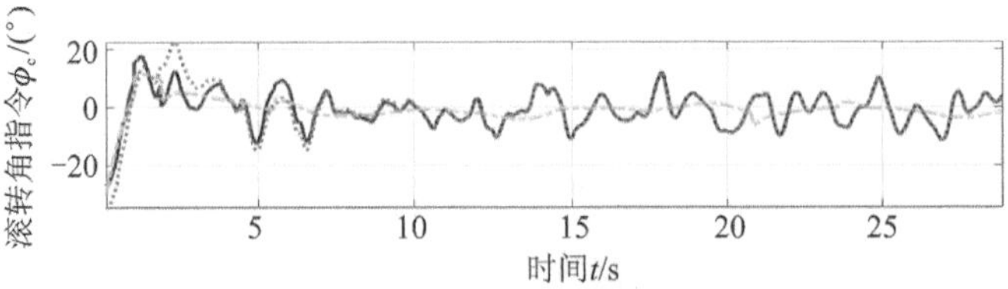

(a) 滚转角指令

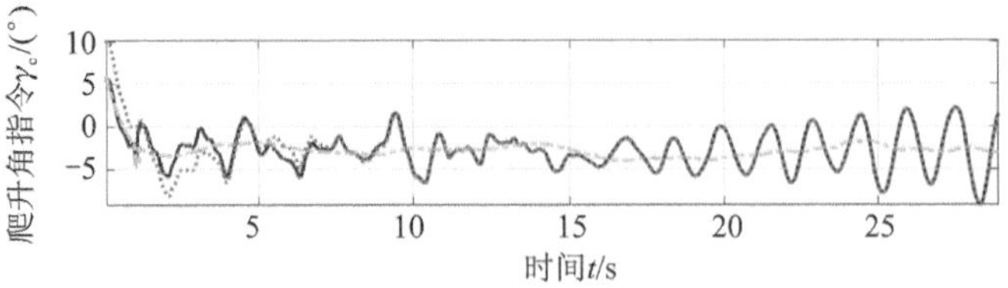

(b) 爬升角指令

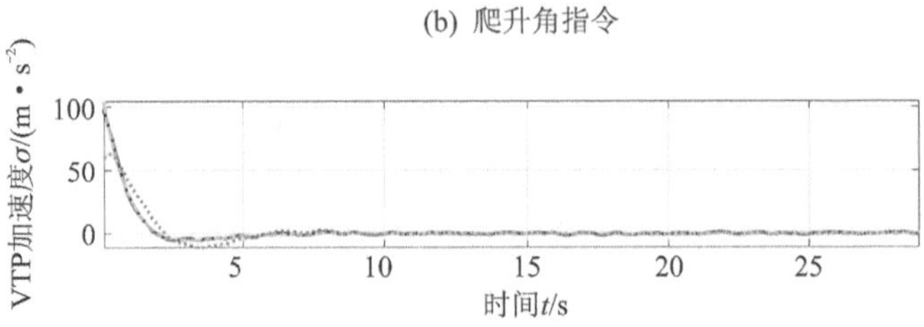

(c) 虚拟目标点加速度指令

—— 鲁棒CBF; - - - 普通CBF; ······ 基准引导律

图 6.7 不同方法控制下的指令

本章小结

本章研究了受扰环境下带有输出受限控制需求的移动路径跟踪问题。首先,将移动路径跟踪问题转化为二阶时变系统控制问题,提出基于时变李导数的基准引导律克服期望路径移动带来的影响,并设计高阶干扰观测器对外界扰动进行估计与补偿。之后,为满足受扰系统输出受限需求,提出了鲁棒控制障碍函数方法,通过设计安全裕度,定量分析外界扰动观测误差对控制精度的影响并加以补偿。基于所提出的鲁棒控制障碍函数方法,对基准引导律进行增强,可实现舰载机在舰艉流等外界扰动下仍能在预设区域内着舰,且不需对舰载机初始跟踪误差提出严格要求。理论分析及数值仿真证明了所提出引导方法的有效性。

第7章　基于图像视觉伺服的着舰控制方法

本章基于第2章建立的全自动着舰流程与运动学、动力学模型，在第3章提出的舰载机着舰非线性控制架构基础上，考虑着舰过程中受海浪影响产生的纵摇、垂荡、横摇等运动，引入视觉伺服理论，提出利用图像视觉伺服方法解决全自动着舰引导问题的方法。首先利用透视图像矩定义图像特征，通过消除图像特征误差来实现对期望下滑道的跟踪。利用反步法，设计了以视觉伺服引导为外回路，姿态控制为内回路的控制框架。此外，针对着舰过程中存在的舰艉流等扰动，利用非线性干扰观测器进行观测和补偿。针对反步法中存在的“指令爆炸”问题，利用跟踪微分器对指令滤波并估指令的导数项。

本章提出的基于图像视觉伺服的着舰控制方法具有如下特点：

① 与传统的视觉导航相比，本章提出的方法避免了复杂的相对位姿解算，通过消除图像特征误差来解决对移动下滑道的跟踪问题。

② 利用透视图像矩，通过引入虚拟图像平面，简化了图像运动学模型，降低了控制器设计的复杂度。

③ 所设计的非线性干扰观测器对舰艉流等外界扰动进行了观测并抑制其影响。

④ 所设计的控制器通过跟踪微分器提取指令导数项，避免了高阶控制系统中复杂的微分运算。

7.1　问题描述

本章以舰载机跟踪移动下滑道着舰任务为研究对象，引入图像视觉伺服理论，如图7.1所示，定义摄像机坐标系为 $O_cx_cy_cz_c$，摄像机坐标系的原点 O_c 位于摄像机平面后 λ 处，Ox_cy_c 平面和真实图像平面是平行的，z_c 轴与图像平面垂直，其指向根据右手定则来确定；$O_vx_vy_vz_v$ 为虚拟摄像机坐标系，虚拟摄像机坐标系原点与摄像机坐标系原点重合，x_c、y_c、z_c 轴分别与惯性系的 x_g、y_g、z_g 轴平行，且方向是相同的；同时，引入虚拟图像平面，虚拟图像平面不随真实图像平面进行旋转运动，始终平行于水平面。

设航母甲板上有一点 P，其在坐标系 $O_gx_gy_gz_g$ 下的坐标为 $\boldsymbol{P}=[x,y,z]$，在坐标系 $O_cx_cy_cz_c$ 下的坐标为 $\boldsymbol{P}_c=[{}^cx,{}^cy,{}^cz]^{\mathrm{T}}$，在坐标系 $O_vx_vy_vz_v$ 下的坐标为 $\boldsymbol{P}_v=[{}^vx,{}^vy,{}^vz]^{\mathrm{T}}$，根据坐标系定义，得到：

$$\boldsymbol{P}_c=\boldsymbol{R}_G^{C\mathrm{T}}(\boldsymbol{P}-\boldsymbol{O}_c),\quad \boldsymbol{P}_v=\boldsymbol{P}-\boldsymbol{O}_v$$

式中：$\boldsymbol{R}_G^C$ 为摄像机系到惯性系的旋转矩阵，表达式为

$$\boldsymbol{R}_G^{C\mathrm{T}}=\begin{bmatrix}\cos\theta\cos\psi & \cos\theta\sin\psi & -\sin\theta\\ \sin\theta\sin\phi\cos\psi-\cos\varphi\sin\psi & \sin\theta\sin\phi\sin\psi+\cos\phi\cos\psi & \sin\phi\cos\theta\\ \cos\phi\sin\theta\cos\psi+\sin\varphi\sin\psi & \cos\phi\sin\theta\sin\psi-\sin\phi\cos\psi & \cos\phi\cos\theta\end{bmatrix}$$

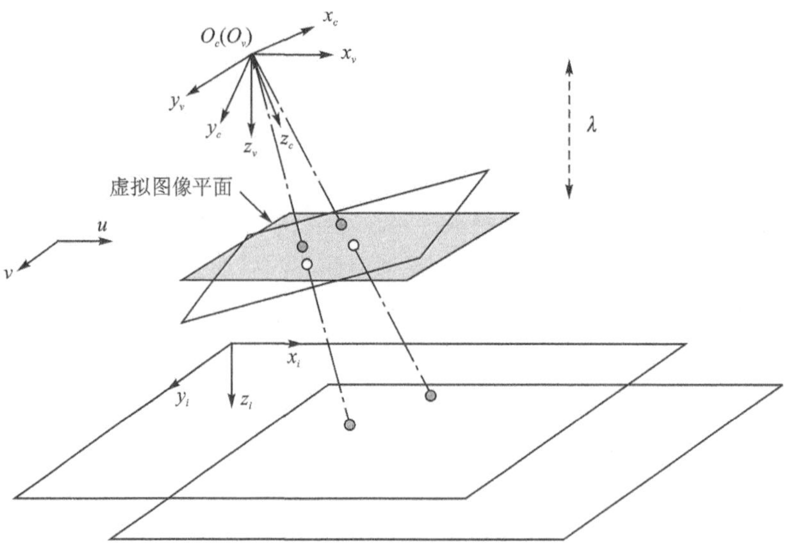

图 7.1 相机坐标系及图像平面定义

因此，$\boldsymbol{P}_v$ 的一阶微分为

$$\dot{\boldsymbol{P}}_v = \dot{\boldsymbol{P}} - \dot{\boldsymbol{O}}_v = \boldsymbol{v}_p - \boldsymbol{v}_v \tag{7.1}$$

式中：$\boldsymbol{v}_v = [{}^v u_1 \quad {}^v v_1 \quad {}^v w_1]^{\mathrm{T}}$，$\boldsymbol{v}_p = [\mathrm{d}x \quad \mathrm{d}y \quad \mathrm{d}z]^{\mathrm{T}}$；$\boldsymbol{v}_v$ 是摄像机线速度，定义在虚拟摄像机坐标系下，$\boldsymbol{v}_p$ 为理想着舰点的线速度，定义在虚拟摄像机坐标系下。

根据透视投影方程，若摄像头焦距为 λ，则 P 点在真实图像平面上投影的坐标为

$$u = \lambda \frac{{}^c x}{{}^c z}, \quad v = \lambda \frac{{}^c y}{{}^c z}$$

将真实图像平面上的点(u,v)投影到虚拟图像平面上，可得

$$\begin{bmatrix} {}^v u \\ {}^v v \\ \lambda \end{bmatrix} = \tau \begin{bmatrix} u \\ v \\ \lambda \end{bmatrix} - \begin{bmatrix} q_x^D \\ q_y^D \\ \lambda \end{bmatrix}, \quad \tau = \lambda \Bigg/ \left([0 \quad 0 \quad 1] \boldsymbol{R}_{\phi\theta} \begin{bmatrix} u \\ v \\ \lambda \end{bmatrix} \right)$$

式中：$\boldsymbol{R}_{\phi\theta}$ 为绕 $O_g x_g$ 和 $O_g y_g$ 轴的旋转矩阵；$q_x^D = \lambda {}^c x_D / {}^c z$，$q_y^D = \lambda {}^c y_D / {}^c z$；系数 τ 是保证虚拟图像平面的焦距等于 λ；$({}^c x_D, {}^c y_D)$为舰载机到达期望位置时虚拟图像平面距离真实图像平面的距离。

为了获得虚拟图像平面中像点的动态特性，将 P 点投影到虚拟图像平面上，得到其坐标，并对其求导得到

$$\begin{cases} {}^v u = \lambda \dfrac{{}^v x}{{}^v z} \\ {}^v v = \lambda \dfrac{{}^v y}{{}^v z} \end{cases}$$

$$\begin{cases}\dfrac{\mathrm{d}}{\mathrm{d}t}{}^{v}u=\lambda\left(\dfrac{{}^{v}\dot{x}}{{}^{v}z}-\dfrac{{}^{v}x\,{}^{v}\dot{z}}{{}^{v}z^{2}}\right)\\ \dfrac{\mathrm{d}}{\mathrm{d}t}{}^{v}v=\lambda\left(\dfrac{{}^{v}\dot{y}}{{}^{v}z}-\dfrac{{}^{v}y\,{}^{v}\dot{z}}{{}^{v}z^{2}}\right)\end{cases}$$

根据式(7.1),可以得到

$$\begin{bmatrix}{}^{v}\dot{u}\\ {}^{v}\dot{v}\end{bmatrix}=\begin{bmatrix}-\dfrac{\lambda}{{}^{v}z} & 0 & \dfrac{{}^{v}u}{{}^{v}z}\\ 0 & -\dfrac{\lambda}{{}^{v}z} & \dfrac{{}^{v}v}{{}^{v}z}\end{bmatrix}\begin{bmatrix}{}^{v}u_1-\mathrm{d}x\\ {}^{v}v_1-\mathrm{d}y\\ {}^{v}w_1-\mathrm{d}z\end{bmatrix}$$

假设航母在虚拟图像平面内的投影由 N 个图像点组成,在平面内坐标为$(u_k,v_k)_v$,$(k=1,2,\cdots,N)$,得到图像透视矩与图像中心矩为

$$m_{ij}=\sum_{k=1}^{N}u_k^i v_k^j,\quad \mu_{ij}=\sum_{k=1}^{N}(u_k-u_g)^i(v_k-v_g)^j$$

式中:m_{ij} 为图像透视矩;μ_{ij} 为图像中心矩;$u_g=m_{10}/m_{00}$,$v_g=m_{01}/m_{00}$。

对图像透视矩和图像中心矩求导得到

$$\begin{aligned}\dot{m}_{ij}&=\sum_{k=1}^{N}(iu_k^{i-1}v_k^j\dot{u}_k+ju_k^iv_k^{j-1}\dot{v}_k)\\ &=\begin{bmatrix}-\dfrac{i\lambda}{{}^{v}z}m_{i-1,j} & -\dfrac{j\lambda}{{}^{v}z}m_{i,j-1} & \dfrac{i+j}{{}^{v}z}m_{ij}\end{bmatrix}\begin{bmatrix}{}^{v}u_1-\mathrm{d}x\\ {}^{v}v_1-\mathrm{d}y\\ {}^{v}w_1-\mathrm{d}z\end{bmatrix}\end{aligned}$$

$$\begin{aligned}\dot{\mu}_{ij}&=\sum_{k=1}^{N}\left[i(u_k-u_g)^{i-1}(v_k-v_g)^j(\dot{u}_k-\dot{u}_g)+j(u_k-u_g)^i(\overset{v}{k}-v_g)^{j-1}(\dot{v}_k-\dot{v}_g)\right]\\ &=\begin{bmatrix}0 & 0 & \dfrac{i+j}{{}^{v}z}\mu_{ij}\end{bmatrix}\begin{bmatrix}{}^{v}u_1-\mathrm{d}x\\ {}^{v}v_1-\mathrm{d}y\\ {}^{v}w_1-\mathrm{d}z\end{bmatrix}\end{aligned}$$

图像面积可定义为

$$a=\mu_{20}+\mu_{02}$$

在摄像机坐标系下,选择以下图像特征控制舰载机运动:

$$q_x=q_z\frac{u_g}{\lambda},\quad q_y=q_z\frac{v_g}{\lambda},\quad q_z=z^*\sqrt{\frac{a^*}{a}}$$

式中:z^* 为摄像机与目标平面的期望垂直距离;a^* 为此时的期望面积。

对选择的图像特征进行求导,得到

$$\begin{bmatrix}\dot{q}_x\\ \dot{q}_y\\ \dot{q}_z\end{bmatrix}=\begin{bmatrix}-1 & 0 & 0\\ 0 & -1 & 0\\ 0 & 0 & -1\end{bmatrix}\begin{bmatrix}{}^{v}u_1-\mathrm{d}x\\ {}^{v}v_1-\mathrm{d}y\\ {}^{v}w_1-\mathrm{d}z\end{bmatrix}$$

则图像特征 $\boldsymbol{q}=[q_x\quad q_y\quad q_z]^{\mathrm{T}}$ 的运动学方程为

$$\boldsymbol{q}=-\boldsymbol{v}_v+\boldsymbol{v}_p$$

根据惯性坐标系下舰载机的运动学方程式以及虚拟摄像机坐标系与惯性系之间的转换关系，得到虚拟图像坐标系下舰载机速度为

$$\boldsymbol{v}_v = \boldsymbol{v}_G = \begin{bmatrix} \dot{x} \\ \dot{y} \\ \dot{z} \end{bmatrix} = \begin{bmatrix} V_k \cos\gamma\cos\chi \\ V_k\cos\gamma\sin\chi \\ -V_k\sin\gamma \end{bmatrix}$$

因此，结合舰艉流扰动模型，得到图像-舰载机一体化模型为

$$\begin{cases} \dot{\boldsymbol{q}} = -\boldsymbol{v}_v + \boldsymbol{v}_p \\ \boldsymbol{v}_v = \begin{bmatrix} V_k \cos\gamma\cos\chi \\ V_k\cos\gamma\sin\chi \\ -V_k\sin\gamma \end{bmatrix} \end{cases}$$

$$\begin{cases} \dot{V}_k = \dfrac{1}{m}(T\cos\alpha\cos\beta - D - mg\sin\gamma) + d_v \\ \dot{\chi} = \dfrac{1}{mV_k\cos\gamma}[T(\sin\alpha\sin\mu - \cos\alpha\sin\beta\cos\mu) + C\cos\mu + Y\sin\mu] + d_\chi \\ \dot{\gamma} = \dfrac{1}{-mV_k}[T(-\sin\alpha\cos\mu - \cos\alpha\sin\beta\sin\mu) + C\sin\mu - Y\cos\mu + mg\cos\gamma] + d_\gamma \end{cases}$$

$$\begin{cases} \dot{\alpha} = q - [(p\cos\alpha + r\sin\alpha)\sin\beta - \dot{\gamma}\cos\mu - \dot{\chi}\sin\mu\cos\gamma]/\cos\beta \\ \dot{\beta} = p\sin\alpha - r\cos\alpha - \dot{\gamma}\sin\mu + \dot{\chi}\cos\mu\cos\gamma \\ \dot{\mu} = [p\cos\alpha + r\sin\alpha + \dot{\gamma}\sin\beta\cos\mu + \dot{\chi}(\sin\gamma\cos\beta + \sin\beta\sin\mu\cos\gamma)]/\cos\beta \end{cases}$$

$$\begin{cases} \dot{p} = \dfrac{1}{I_xI_z - I_{xz}^2}[(I_yI_z - I_z^2 - I_{xz}^2)rq + (I_xI_{xz} + I_zI_{xz} - I_yI_{xz})pq + I_zL + I_{xz}N] + d_p \\ \dot{q} = \dfrac{1}{I_y}[(I_z - I_x)pr - I_{xz}p^2 + I_{xz}r^2 + M] + d_q \\ \dot{r} = \dfrac{1}{I_xI_z - I_{xz}^2}[(I_x^2 + I_{xz}^2 - I_xI_y)pq + (I_yI_{xz} - I_xI_{xz} - I_zI_{xz})rq + I_{xz}L + I_xN] + d_r \end{cases}$$

7.2 基于图像视觉伺服的着舰控制器

本节将图像视觉伺服方法应用于移动路径跟踪问题——舰载机全自动着舰，设计了基于图像视觉伺服的着舰引导律，并基于反步法设计了非线性姿态控制律。

基于视觉伺服的着舰控制框架如图 7.2 所示，着舰控制器主要分为引导与内环控制两部分，内环控制包括姿态控制与进场功率补偿系统，各子部分详细设计方案如下。

7.2.1 引导律设计

着舰引导律基于反步法进行设计，控制目标是使图像特征坐标 q_y、q_z 跟踪 q_y^*、q_z^*，选择 $\boldsymbol{x}_2^* = [\chi^*, \gamma^*]^{\mathrm{T}}$ 作为制导环的虚拟控制输入。

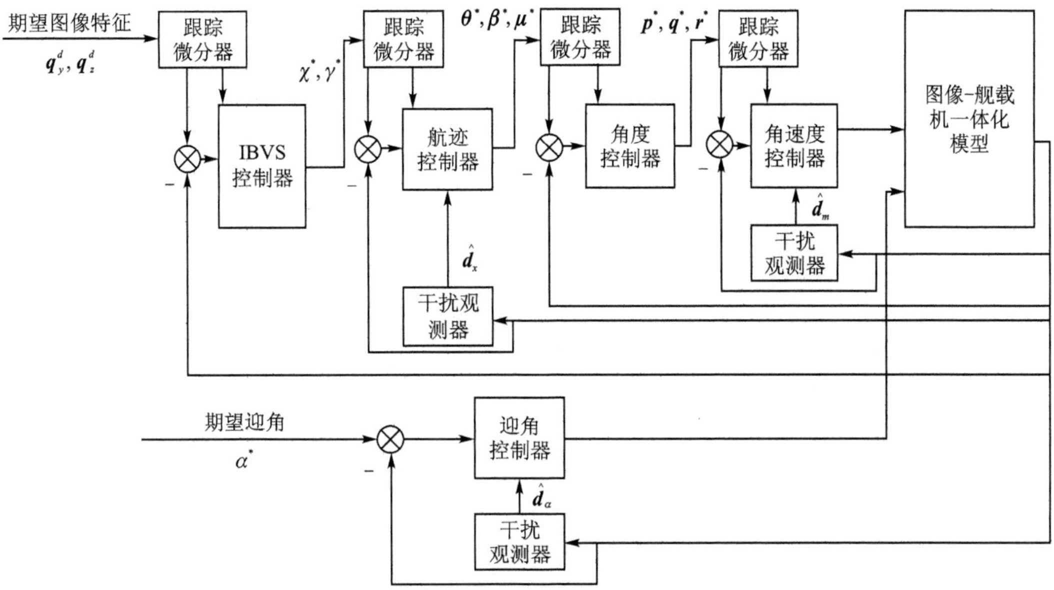

图 7.2　基于图像视觉伺服的着舰控制框架

定义状态量 $\boldsymbol{x}_1$ 的误差为 $\boldsymbol{\varepsilon}_1=\boldsymbol{x}_1^*-\boldsymbol{x}_1$，设计 IBVS 控制器的控制律为

$$\boldsymbol{x}_2^*=\boldsymbol{b}_1^{-1}(-\boldsymbol{f}_1+\boldsymbol{k}_1\boldsymbol{\varepsilon}_1+\dot{\boldsymbol{x}}_1^*) \tag{7.2}$$

式中：$\boldsymbol{x}_1$ 为期望的图像坐标；$\boldsymbol{k}_1$ 定义为待设计参数矩阵。

航迹控制器中期望图像特征的导数 $\dot{\boldsymbol{x}}_1^*$ 以及后文的控制器中的期望指令的导数 $\dot{\chi}^*$，$\dot{\boldsymbol{x}}_3^*$，$\dot{\boldsymbol{x}}_4^*$ 通过跟踪微分器求得，跟踪微分器的原理可见 3.2.2 小节。

考虑 Lyapunov 候选函数 $V_1=\dfrac{1}{2}\boldsymbol{\varepsilon}_1^{\mathrm{T}}\boldsymbol{\varepsilon}_1$，则其关于时间的导数为 $\dot{V}_1=\boldsymbol{\varepsilon}_1^{\mathrm{T}}\dot{\boldsymbol{\varepsilon}}_1$。

将跟踪误差及控制律代入，得到

$$\begin{aligned}\dot{V}_1&=\boldsymbol{\varepsilon}_1^{\mathrm{T}}\boldsymbol{\varepsilon}_1\\&=\boldsymbol{\varepsilon}_1^{\mathrm{T}}(\dot{\boldsymbol{x}}_1^*-\dot{\boldsymbol{x}}_1)\\&=\boldsymbol{\varepsilon}_1^{\mathrm{T}}(\dot{\boldsymbol{x}}_1^*-\boldsymbol{f}_1-\boldsymbol{b}_1\boldsymbol{x}_2)\\&=\boldsymbol{\varepsilon}_1^{\mathrm{T}}(\dot{\boldsymbol{x}}_1^*-\boldsymbol{f}-\boldsymbol{b}_1\dot{\boldsymbol{x}}_2^*+\boldsymbol{b}_1\boldsymbol{\varepsilon}_2)\\&=\boldsymbol{\varepsilon}_1^{\mathrm{T}}(-\boldsymbol{k}_1\boldsymbol{\varepsilon}_1+\boldsymbol{b}_1\boldsymbol{\varepsilon}_2)\\&=-\boldsymbol{\varepsilon}_1^{\mathrm{T}}\boldsymbol{k}_1\boldsymbol{\varepsilon}_1+\boldsymbol{\varepsilon}_1^{\mathrm{T}}\boldsymbol{b}_1\boldsymbol{\varepsilon}_2\\&\leqslant-\varphi_1\boldsymbol{\varepsilon}_1^{\mathrm{T}}\boldsymbol{\varepsilon}_1+\boldsymbol{\varepsilon}_1^{\mathrm{T}}\boldsymbol{b}_1\boldsymbol{\varepsilon}_2\end{aligned} \tag{7.3}$$

式中：φ_1 是矩阵 $\boldsymbol{k}_1$ 的最小特征值；$\boldsymbol{\varepsilon}_2$ 为状态 $\boldsymbol{x}_2$ 的实时误差，定义为 $\boldsymbol{\varepsilon}_2=\boldsymbol{x}_2^*-\boldsymbol{x}_2$。

7.2.2　内环控制律设计

内环控制器通过解算包括副翼偏转角 δ_a，升降舵偏转角 δ_e，方向舵偏转角 δ_r 及油门位置 δ_p 在内的控制输入，控制舰载机追踪引导律生成的期望爬升角、期望航向角指令，并维持着舰过程中恒定迎角。为满足着舰控制快速性与精确性要求,本文基于反步法架构与自抗扰控制理论设计姿态控制器,将控制器分为航迹控制环、角度控制环、角速度控制环和进场功率补偿系统。各子部分详细设计如下:

1. 航迹控制环

由 2.2.1 节可知,航向角运动学方程为

$$\dot{x}_{21}=f_2+b_2\mu+d_\chi$$

由于航迹环存在干扰 d_χ,为了准确估计外部干扰并消除外部干扰的影响,首先设计非线性干扰观测器对干扰进行估计,非线性干扰观测器表达式为

$$\begin{cases}\dot{p}_\chi=-l_{d_\chi}[l_{d_\chi}x_{21}+p_\chi+f_2+b_2\mu]\\ \hat{d}_\chi=p_\chi+l_{d_\chi}x_{21}\end{cases}\tag{7.4}$$

式中:$\hat{d}_\chi$ 为干扰 d_χ 的估计值;l_{d_χ} 为待设计参数;p_χ 是引入的状态量。

注意到:当侧滑角较小时,舰载机俯仰角 θ、迎角 α 与航迹角 γ 存在几何关系 $\theta=\alpha+\gamma$,而且着舰过程中,期望的舰载机迎角是保持不变的,因此根据期望航迹角 γ^* 可计算期望俯仰角 θ^* 表达式为

$$\theta^*=\gamma^*+\alpha$$

航迹环的控制目标是使航向角 χ 跟踪上期望值 χ^*,定义跟踪误差 $\varepsilon_\chi=\chi^*-\chi$,设计虚拟控制律为

$$\mu^*=b_2^{-1}(-f_2+k_2\varepsilon_\chi+\dot{\chi}^*-\hat{d}_\chi+\zeta\varepsilon_{q_y}V_k)\tag{7.5}$$

式中:$\zeta\varepsilon_{q_y}V_k$ 为补偿项,ζ 为一个很小的正常数,取 10^{-5};k_2 为待设计参数。

已知 $\boldsymbol{x}_3^*(2)=\beta^*=0$,$\boldsymbol{x}_3^*(1)=\theta^*=\gamma^*+\alpha$,进而得到

$$\boldsymbol{x}_3^*=[\gamma^*+\alpha,0,\mu^*]^{\mathrm{T}}=[\boldsymbol{x}_2^*(2)+\alpha,0,\mu^*]^{\mathrm{T}}$$

考虑 Lyapunov 候选函数 $V_2=\frac{1}{2\zeta}\varepsilon_\chi^2$,则其关于时间的导数为 $\dot{V}_2=\frac{1}{\zeta}\varepsilon_\chi\dot{\varepsilon}_\chi$。

将定义的跟踪误差及控制律代入,得到

$$\begin{aligned}\dot{V}_2&=\frac{1}{\zeta}\varepsilon_\chi\dot{\varepsilon}_\chi=\frac{1}{\zeta}\varepsilon_\chi(\dot{\chi}^*-\dot{\chi})\\&=\frac{1}{\zeta}\varepsilon_\chi(\dot{\chi}^*-f_2-b_2\mu-d_\chi)\\&=\frac{1}{\zeta}\varepsilon_\chi(\dot{\chi}^*-f_2-b_2\mu^*+b_2\varepsilon_\mu+\tilde{d}_\chi-\zeta\varepsilon_{q_y}V_k)\\&=-\frac{1}{\zeta}k_2\varepsilon_\chi^2+\frac{b_2}{\zeta}\varepsilon_\chi\varepsilon_\mu+\frac{1}{\zeta}\varepsilon_\chi\tilde{d}_\chi-\varepsilon_\chi\varepsilon_{q_y}v_k\end{aligned}$$

又因为 $\varepsilon_\chi\varepsilon_\mu\leqslant\frac{1}{2}(\varepsilon_\chi^2+\varepsilon_\mu^2)$,$\varepsilon_\chi\tilde{d}_\chi\leqslant\frac{1}{2}(\varepsilon_\chi^2+\tilde{d}_\chi^2)$,则

$$\dot{V}_2=-\frac{1}{\zeta}k_2\varepsilon_\chi^2+\frac{b_2}{\zeta}\varepsilon_\chi\varepsilon_\mu+\frac{1}{\zeta}\varepsilon_\chi\tilde{d}_\chi-\varepsilon_\chi\varepsilon_{q_y}V_k$$

$$
\begin{aligned}
&\leqslant -\frac{1}{\zeta}k_2\varepsilon_\chi^2+\frac{b_2}{2\zeta}(\varepsilon_\chi^2+\varepsilon_\mu^2)+\frac{1}{2\zeta}(\varepsilon_\chi^2+\tilde{d}_\chi^2)-\varepsilon_\chi\varepsilon_{q_y}V_k \\
&=-\left(\frac{k_2}{\zeta}-\frac{b_2+1}{2\zeta}\right)\varepsilon_\chi^2+\frac{b_2}{2\zeta}\varepsilon_\mu^2+\frac{1}{2\zeta}\tilde{d}_\chi^2-\varepsilon_\chi\varepsilon_{q_y}V_k \\
&=-\left(\frac{k_2}{\zeta}-\frac{b_2+1}{2\zeta}\right)\varepsilon_\chi^2+\frac{b_2}{2\zeta}\varepsilon_\mu^2+\frac{1}{2}\tilde{d}_\chi^2-\varepsilon_\chi\varepsilon_{q_y}V_k
\end{aligned}
\tag{7.6}
$$

式中：ε_μ 为速度滚转角的实时误差，定义为 $\varepsilon_\mu=\mu^*-\mu$，$\tilde{d}_\chi=\hat{d}_\chi-d_\chi$。

2. 角度控制环

角度环的控制目标是使 $\boldsymbol{x}_3$ 跟踪上期望值 $\boldsymbol{x}_3^*$，选择 $\boldsymbol{x}_4$ 作为虚拟控制输入，定义误差 $\boldsymbol{\varepsilon}_3=\boldsymbol{x}_3^*-\boldsymbol{x}_3$。设计控制律为

$$
\boldsymbol{x}_4^*=\boldsymbol{b}_3^{-1}(-\boldsymbol{f}_3+\boldsymbol{k}_3\boldsymbol{\varepsilon}_3+\dot{\boldsymbol{x}}_3^*+\zeta\boldsymbol{\varepsilon})
\tag{7.7}
$$

式中：$\boldsymbol{\varepsilon}=[\varepsilon_{q_z}V_k,0,0]^{\mathrm{T}}$，$\zeta=10^{-5}$，$\boldsymbol{k}_3$ 为待设计参数矩阵。

考虑 Lyapunov 候选函数 $V_3=\frac{1}{2\zeta}\boldsymbol{\varepsilon}_3^{\mathrm{T}}\boldsymbol{\varepsilon}_3$，则其关于时间的导数为 $\dot{V}_3=\frac{1}{\zeta}\boldsymbol{\varepsilon}_3^{\mathrm{T}}\dot{\boldsymbol{\varepsilon}}_3$。

将跟踪误差及控制律代入，得到

$$
\begin{aligned}
\dot{V}_3&=\frac{1}{\zeta}\boldsymbol{\varepsilon}_3^{\mathrm{T}}\dot{\boldsymbol{\varepsilon}}_3 \\
&=\frac{1}{\zeta}\boldsymbol{\varepsilon}_3^{\mathrm{T}}(\dot{\boldsymbol{x}}_3^*-\dot{\boldsymbol{x}}_3) \\
&=-\frac{1}{\zeta}\boldsymbol{\varepsilon}_3^{\mathrm{T}}\boldsymbol{k}_3\boldsymbol{\varepsilon}_3+\frac{1}{\zeta}\boldsymbol{\varepsilon}_3^{\mathrm{T}}\boldsymbol{b}_3\boldsymbol{\varepsilon}_4-\boldsymbol{\varepsilon}_3^{\mathrm{T}}\boldsymbol{\varepsilon} \\
&=-\frac{1}{\zeta}\boldsymbol{\varepsilon}_3^{\mathrm{T}}\boldsymbol{k}_3\boldsymbol{\varepsilon}_3+\frac{1}{\zeta}\boldsymbol{\varepsilon}_3^{\mathrm{T}}\boldsymbol{b}_3\boldsymbol{\varepsilon}_4-\varepsilon_\theta\varepsilon_{q_z}V_k \\
&=-\frac{1}{\zeta}\boldsymbol{\varepsilon}_3^{\mathrm{T}}\boldsymbol{k}_3\boldsymbol{\varepsilon}_3+\frac{1}{\zeta}\boldsymbol{\varepsilon}_3^{\mathrm{T}}\boldsymbol{b}_3\boldsymbol{\varepsilon}_4-\varepsilon_\gamma\varepsilon_{q_z}V_k
\end{aligned}
$$

又因为 $\boldsymbol{\varepsilon}_3^{\mathrm{T}}\boldsymbol{b}_3\boldsymbol{\varepsilon}_4\leqslant\frac{\varpi_3}{2}(\boldsymbol{\varepsilon}_3^{\mathrm{T}}\boldsymbol{\varepsilon}_3+\boldsymbol{\varepsilon}_4^{\mathrm{T}}\boldsymbol{\varepsilon}_4)$，则

$$
\begin{aligned}
\dot{V}_3&=-\frac{1}{\zeta}\boldsymbol{\varepsilon}_3^{\mathrm{T}}\boldsymbol{k}_3\boldsymbol{\varepsilon}_3+\frac{1}{\zeta}\boldsymbol{\varepsilon}_3^{\mathrm{T}}\boldsymbol{b}_3\boldsymbol{\varepsilon}_4-\varepsilon_\gamma\varepsilon_{q_z}V_k \\
&\leqslant-\frac{\varphi_3}{\zeta}\boldsymbol{\varepsilon}_3^{\mathrm{T}}\boldsymbol{\varepsilon}_3+\frac{\varpi_3}{2\zeta}(\boldsymbol{\varepsilon}_3^{\mathrm{T}}\boldsymbol{\varepsilon}_3+\boldsymbol{\varepsilon}_4^{\mathrm{T}}\boldsymbol{\varepsilon}_4)-\varepsilon_\gamma\varepsilon_{q_z}V_k \\
&=-\left(\frac{\varphi_3}{\zeta}-\frac{\varpi_3}{2\zeta}\right)\boldsymbol{\varepsilon}_3^{\mathrm{T}}\boldsymbol{\varepsilon}_3+\frac{\varpi_3}{2\zeta}\boldsymbol{\varepsilon}_4^{\mathrm{T}}\boldsymbol{\varepsilon}_4-\varepsilon_\gamma\varepsilon_{q_z}V_k \\
&=-\left(\frac{\varphi_3}{\zeta}-\frac{\varpi_3}{2\zeta}\right)\boldsymbol{\varepsilon}_3^{\mathrm{T}}\boldsymbol{\varepsilon}_3+\frac{\varpi_3}{2\zeta}\boldsymbol{\varepsilon}_4^{\mathrm{T}}\boldsymbol{\varepsilon}_4-\varepsilon_\gamma\varepsilon_{q_z}V_k
\end{aligned}
\tag{7.8}
$$

式中：φ_3 是矩阵 $\boldsymbol{k}_3$ 的最小特征值；ϖ_3 是矩阵 $\boldsymbol{b}_3$ 的无穷范数；$\boldsymbol{\varepsilon}_4$ 是状态 $\boldsymbol{x}_4$ 的实时误差，定义为 $\boldsymbol{\varepsilon}_4=\boldsymbol{x}_4^*-\boldsymbol{x}_4$。

3. 角速度控制环

类似于航迹环，为了准确估计外部干扰并消除外部干扰的影响，使用如下非线性干扰观测器对干扰 $\boldsymbol{d}_{\mathrm{m}}$ 进行估计：

$$\begin{cases}\dot{\boldsymbol{p}}_{\mathrm{m}}=-\boldsymbol{l}_{d\mathrm{m}}[\boldsymbol{l}_{d\mathrm{m}}\boldsymbol{x}_4+\boldsymbol{p}_{\mathrm{m}}+\boldsymbol{f}_4+\boldsymbol{b}_4\boldsymbol{u}_{\mathrm{act}}]\\ \hat{\boldsymbol{d}}_{\mathrm{m}}=\boldsymbol{p}_{\mathrm{m}}+\boldsymbol{l}_{d\mathrm{m}}\boldsymbol{x}_4\end{cases} \tag{7.9}$$

式中：$\hat{\boldsymbol{d}}_{\mathrm{m}}$ 为干扰 $\boldsymbol{d}_{\mathrm{m}}$ 的估计值；$\boldsymbol{l}_{d\mathrm{m}}$ 为待设计参数；$\boldsymbol{p}_{\mathrm{m}}$ 为引入的状态量。

角速度环的控制目标是使三轴角速度 $\boldsymbol{x}_4$ 跟踪上期望值 $\boldsymbol{x}_4^*$。以 $\boldsymbol{u}_{\mathrm{act}}$ 作为控制输入，定义误差 $\boldsymbol{\varepsilon}_4=\boldsymbol{x}_4^*-\boldsymbol{x}_4$。设计控制律为

$$\boldsymbol{u}_{\mathrm{act}}=\boldsymbol{b}_4^{-1}(-\boldsymbol{f}_4+\boldsymbol{k}_4\boldsymbol{\varepsilon}_4+\dot{\boldsymbol{x}}_4^*-\hat{\boldsymbol{d}}_{\mathrm{m}}) \tag{7.10}$$

式中：$\boldsymbol{k}_4$ 为待设计参数矩阵。

考虑 Lyapunov 候选函数 $V_4=\frac{1}{2}\boldsymbol{\varepsilon}_4^{\mathrm{T}}\boldsymbol{\varepsilon}_4$，则其关于时间的导数为 $\dot{V}_4=\boldsymbol{\varepsilon}_4^{\mathrm{T}}\dot{\boldsymbol{\varepsilon}}_4$。

将跟踪误差及控制律代入，得到

$$\begin{aligned}\dot{V}_4&=\boldsymbol{\varepsilon}_4^{\mathrm{T}}\dot{\boldsymbol{\varepsilon}}_4\\&=\boldsymbol{\varepsilon}_4^{\mathrm{T}}(\dot{\boldsymbol{x}}_4^*-\dot{\boldsymbol{x}}_4)\\&=\boldsymbol{\varepsilon}_4^{\mathrm{T}}(\dot{\boldsymbol{x}}_4^*-\boldsymbol{f}_4-\boldsymbol{b}_4\boldsymbol{u}_{\mathrm{act}}-\boldsymbol{d}_{\mathrm{m}})\\&=\boldsymbol{\varepsilon}_4^{\mathrm{T}}(-\boldsymbol{k}_4\boldsymbol{\varepsilon}_4+\hat{\boldsymbol{d}}_{\mathrm{m}}-\boldsymbol{d}_{\mathrm{m}})\\&=\boldsymbol{\varepsilon}_4^{\mathrm{T}}(-\boldsymbol{k}_4\boldsymbol{\varepsilon}_4+\tilde{\boldsymbol{d}}_{\mathrm{m}})\\&=-\boldsymbol{\varepsilon}_4^{\mathrm{T}}\boldsymbol{k}_4\boldsymbol{\varepsilon}_4+\boldsymbol{\varepsilon}_4^{\mathrm{T}}s_{\mathrm{m}}\end{aligned}$$

又因为 $\boldsymbol{\varepsilon}_4^{\mathrm{T}}\tilde{\boldsymbol{d}}_{\mathrm{m}}\leqslant\frac{1}{2}(\boldsymbol{\varepsilon}_4^{\mathrm{T}}\boldsymbol{\varepsilon}_4+\tilde{\boldsymbol{d}}_{\mathrm{m}}^{\mathrm{T}}\tilde{\boldsymbol{d}}_{\mathrm{m}})$，得到

$$\begin{aligned}\dot{V}_4&=-\boldsymbol{\varepsilon}_4^{\mathrm{T}}\boldsymbol{k}_4\boldsymbol{\varepsilon}_4+\boldsymbol{\varepsilon}_4^{\mathrm{T}}\tilde{\boldsymbol{d}}_{\mathrm{m}}\\&\leqslant-\varphi_4\boldsymbol{\varepsilon}_4^{\mathrm{T}}\boldsymbol{\varepsilon}_4+\frac{1}{2}(\boldsymbol{\varepsilon}_4^{\mathrm{T}}\boldsymbol{\varepsilon}_4+\tilde{\boldsymbol{d}}_{\mathrm{m}}^{\mathrm{T}}\tilde{\boldsymbol{d}}_{\mathrm{m}})\\&=-\left(\varphi_4-\frac{1}{2}\right)\boldsymbol{\varepsilon}_4^{\mathrm{T}}\boldsymbol{\varepsilon}_4+\frac{1}{2}\tilde{\boldsymbol{d}}_{\mathrm{m}}^{\mathrm{T}}\tilde{\boldsymbol{d}}_{\mathrm{m}}\end{aligned} \tag{7.11}$$

式中：φ_4 是矩阵 $\boldsymbol{k}_4$ 的最小特征值，$\tilde{\boldsymbol{d}}_{\mathrm{m}}=\hat{\boldsymbol{d}}_{\mathrm{m}}-\boldsymbol{d}_{\mathrm{m}}$。

4. 进场功率补偿系统

类似于航迹控制环和角速度控制环，为了准确估计外部干扰并消除外部干扰的影响，使用如下非线性干扰观测器对干扰 d_α 进行估计：

$$\begin{cases}\dot{p}_\alpha=-l_{d\alpha}[l_{d\alpha}\alpha+p_\alpha+f_\alpha+b_\alpha\delta_p]\\ \hat{d}_\alpha=p_\alpha+l_{d\alpha}\alpha\end{cases} \tag{7.12}$$

定义误差 $\varepsilon_\alpha=\alpha^*-\alpha$。设计控制律

$$\delta_p = b_\alpha^{-1}(-f_\alpha + k_\alpha \varepsilon_\alpha + \dot{\alpha}^* - \hat{d}_\alpha) \tag{7.13}$$

式中：k_α 为待设计参数。

考虑 Lyapunov 候选函数 $V_5 = \frac{1}{2}\varepsilon_\alpha^2$，则其关于时间的导数为 $\dot{V}_5 = \varepsilon_\alpha \dot{\varepsilon}_\alpha$。

将跟踪误差及控制律代入，得到

$$\begin{aligned}
\dot{V}_5 &= \varepsilon_\alpha \dot{\varepsilon}_\alpha \\
&= \varepsilon_\alpha(\dot{\alpha}^* - \dot{\alpha}) \\
&= \varepsilon_\alpha(\dot{\alpha}^* - f_\alpha - b_\alpha \delta_p - d_\alpha) \\
&= \varepsilon_\alpha(-k_\alpha \varepsilon_\alpha + \tilde{d}_\alpha) \\
&= -k_\alpha \varepsilon_\alpha^2 + \varepsilon_\alpha \tilde{d}_\alpha
\end{aligned}$$

又因为 $\varepsilon_\alpha \tilde{d}_\alpha \leqslant \frac{1}{2}(\varepsilon_\alpha^2 + \tilde{d}_\alpha^2)$，得到

$$\begin{aligned}
\dot{V}_5 &= -k_\alpha \varepsilon_\alpha^2 + \varepsilon_\alpha \tilde{d}_\alpha \\
&\leqslant -k_\alpha \varepsilon_\alpha^2 + \frac{1}{2}(\varepsilon_\alpha^2 + \tilde{d}_\alpha^2) \\
&= -\left(k_\alpha - \frac{1}{2}\right)\varepsilon_\alpha^2 + \frac{1}{2}\tilde{d}_\alpha^2
\end{aligned} \tag{7.14}$$

7.2.3　系统稳定性分析

定理 7.1　考虑舰载机六自由度数学模型，所设计引导律(7.2)，内环控制律(7.5)、(7.7)、(7.10)、(7.13)及非线性干扰观测器(7.4)、(7.9)、(7.12)，可保证舰载机对下滑道跟踪误差收敛。

证明　考虑 Lyapunov 候选函数 $V = V_1 + V_2 + V_3 + V_4 + V_5$，联立式(7.3)、(7.6)、(7.8)、(7.11)、(7.14)，可得 V 的导数为

$$\begin{aligned}
\dot{V} &= \dot{V}_1 + \dot{V}_2 + \dot{V}_3 + \dot{V}_4 + \dot{V}_5 \\
&= -\boldsymbol{\varepsilon}_1^{\mathrm{T}}\boldsymbol{k}_1\boldsymbol{\varepsilon}_1 + \boldsymbol{\varepsilon}_1^{\mathrm{T}}\boldsymbol{b}_1\boldsymbol{\varepsilon}_2 - \frac{1}{\zeta}k_2\varepsilon_\chi^2 + \frac{b_2}{\zeta}\varepsilon_\chi\varepsilon_\mu + \frac{1}{\zeta}\varepsilon_\chi\tilde{d}_\chi - \varepsilon_\chi\varepsilon_{q_y}V_k - \frac{1}{\zeta}\boldsymbol{\varepsilon}_3^{\mathrm{T}}\boldsymbol{k}_3\boldsymbol{\varepsilon}_3 + \\
&\quad \frac{1}{\zeta}\boldsymbol{\varepsilon}_3^{\mathrm{T}}\boldsymbol{b}_3\boldsymbol{\varepsilon}_4 - \varepsilon_\gamma\varepsilon_{q_z}V_k - \boldsymbol{\varepsilon}_4^{\mathrm{T}}\boldsymbol{k}_4\boldsymbol{\varepsilon}_4 + \boldsymbol{\varepsilon}_4^{\mathrm{T}}\tilde{\boldsymbol{d}}_{\mathrm{m}} - k_\alpha\varepsilon_\alpha^2 + \varepsilon_\alpha\tilde{d}_\alpha \\
&\leqslant -\varphi_1\boldsymbol{\varepsilon}_1^{\mathrm{T}}\boldsymbol{\varepsilon}_1 - \left(\frac{k_2}{\zeta} - \frac{b_2+1}{2\zeta}\right)\varepsilon_\chi^2 + \frac{b_2}{2\zeta}\varepsilon_\mu^2 + \frac{1}{2}\tilde{d}_\chi^2 - \left(\frac{\varphi_3}{\zeta} - \frac{\varpi_3}{2\zeta}\right)\boldsymbol{\varepsilon}_3^{\mathrm{T}}\varepsilon_3 + \frac{\varpi_3}{2\zeta}\varepsilon_4^{\mathrm{T}}\varepsilon_4 - \\
&\quad \left(\varphi_4 - \frac{1}{2}\right)\boldsymbol{\varepsilon}_4^{\mathrm{T}}\boldsymbol{\varepsilon}_4 + \frac{1}{2}\tilde{\boldsymbol{d}}_{\mathrm{m}}^{\mathrm{T}}\tilde{\boldsymbol{d}}_{\mathrm{m}} - \left(k_\alpha - \frac{1}{2}\right)\varepsilon_\alpha^2 + \frac{1}{2}\tilde{d}_\alpha^2
\end{aligned} \tag{7.15}$$

因为 $\varepsilon_\mu^2 \leqslant \boldsymbol{\varepsilon}_3^{\mathrm{T}}\boldsymbol{\varepsilon}_3$，所以

$$\begin{aligned}
\dot{V} &\leqslant -\varphi_1\boldsymbol{\varepsilon}_1^{\mathrm{T}}\boldsymbol{\varepsilon}_1 - \left(\frac{k_2}{\zeta} - \frac{b_2+1}{2\zeta}\right)\varepsilon_\chi^2 + \frac{b_2}{2\zeta}\varepsilon_\mu^2 + \frac{1}{2}\tilde{d}_\chi^2 - \left(\frac{\varphi_3}{\zeta} - \frac{\varpi_3}{2\zeta}\right)\boldsymbol{\varepsilon}_3^{\mathrm{T}}\boldsymbol{\varepsilon}_3 + \frac{\varpi_3}{2\zeta}\boldsymbol{\varepsilon}_4^{\mathrm{T}}\boldsymbol{\varepsilon}_4 - \\
&\quad \left(\varphi_4 - \frac{1}{2}\right)\boldsymbol{\varepsilon}_4^{\mathrm{T}}\boldsymbol{\varepsilon}_4 + \frac{1}{2}\tilde{\boldsymbol{d}}_{\mathrm{m}}^{\mathrm{T}}\tilde{\boldsymbol{d}}_{\mathrm{m}} - \left(k_\alpha - \frac{1}{2}\right)\varepsilon_\alpha^2 + \frac{1}{2}\tilde{d}_\alpha^2
\end{aligned}$$

$$\leqslant -\varphi_1\boldsymbol{\varepsilon}_1^{\mathrm{T}}\boldsymbol{\varepsilon}_1-\left(\frac{k_2}{\zeta}-\frac{b_2+1}{2\zeta}\right)\varepsilon_\chi^2-\left(\frac{\varphi_3}{\zeta}-\frac{\varpi_3+b_2}{2\zeta}\right)\boldsymbol{\varepsilon}_3^{\mathrm{T}}\boldsymbol{\varepsilon}_3-\left(\varphi_4-\frac{\varpi_3+\zeta}{2\zeta}\right)\boldsymbol{\varepsilon}_4^{\mathrm{T}}\boldsymbol{\varepsilon}_4-$$
$$\left(k_\alpha-\frac{1}{2}\right)\varepsilon_\alpha^2+\frac{1}{2}\tilde{d}_\chi^2+\frac{1}{2}\tilde{\boldsymbol{d}}_{\mathrm{m}}^{\mathrm{T}}\tilde{\boldsymbol{d}}_{\mathrm{m}}+\frac{1}{2}\tilde{d}_\alpha^2 \tag{7.16}$$

根据上述公式，定义为

$$k_v=\min\left\{\varphi_1,\frac{k_2}{\zeta}-\frac{b_2+1}{2\zeta},\frac{\varphi_3}{\zeta}-\frac{\varpi_3+b_2}{2\zeta},\varphi_4-\frac{\varpi_3+\zeta}{2\zeta},k_\alpha-\frac{1}{2}\right\}$$

$$\ni=\max\left\{\frac{1}{2}\tilde{d}_\chi^2,\frac{1}{2}\tilde{\boldsymbol{d}}_{\mathrm{m}}^{\mathrm{T}}\tilde{\boldsymbol{d}}_{\mathrm{m}},\frac{1}{2}\tilde{\boldsymbol{d}}_{\mathrm{m}}^{\mathrm{T}}\tilde{\boldsymbol{d}}_{\mathrm{m}}\right\}$$

根据 Lyapunov 函数的定义可以得到

$$\dot{V}\leqslant -k_vV+\ni' \tag{7.17}$$

对式(7.17)两侧同时进行积分得到

$$V\leqslant\left(V(0)-\frac{\ni}{k_v}\right)\mathrm{e}^{-k_vt}+\frac{\ni}{k_v} \tag{7.18}$$

为保证系统稳定，需保证 $k_v>0$，因此，控制参数 $\lambda_{\min}(\boldsymbol{k}_1)>0$，$k_2>\frac{b_2+1}{2}$，$\lambda_{\min}(\boldsymbol{k}_3)>\frac{b_2+\|\boldsymbol{b}_3\|_\infty}{2}$，$\lambda_{\min}(\boldsymbol{k}_4)>\frac{\|\boldsymbol{b}_3\|_\infty+\zeta}{2\zeta}$，$k_\alpha>\frac{1}{2}$。由式(7.18)可知，Lyapunov 候选函数 V 是有界的，且 V 将渐近收敛至 $\Omega=\left\{V:V\leqslant\frac{\ni}{k_v}\right\}$。考虑 V 的定义，可知跟踪误差 $\boldsymbol{\varepsilon}_1,\boldsymbol{\varepsilon}_\chi,\boldsymbol{\varepsilon}_3,\boldsymbol{\varepsilon}_4$ 有界且将收敛至 0 的小邻域。

7.3 仿真结果

为验证本章提出的基于图像视觉伺服的着舰控制方法的有效性，本节针对舰载机全自动着舰任务进行了一系列数值仿真。仿真以 2.1.1 小节中介绍的 F/A-18 舰载机为对象机，舰载机对期望下滑道初始纵向跟踪误差设定为 $\varphi_{\mathrm{lon}}=10$ m，初始侧向跟踪误差设定为 $\varphi_{\mathrm{lat}}=5$ m，初始速度设定为 $V_{k0}=70$ m/s。舰载机初始角度设定为 $\alpha_0=\theta_0=2°$，$\chi_0=0°$，$\gamma_0=\mu_0=\beta_0=0°$；初始角速度设定为 $p_0=q_0=r_0=0°$；初始舵面偏转角度设定为 $\delta_a=\delta_e=\delta_r=0°$，初始油门位置设定为 $\delta_p=10\%$。取以理想着舰点为中心的 4 个点作为图像特征点，惯性系下的初始坐标分别为 $\boldsymbol{p}_1=[5,5,0]^{\mathrm{T}}$，$\boldsymbol{p}_2=[-5,5,0]^{T}$，$\boldsymbol{p}_3=[5,-5,0]^{\mathrm{T}}$，$\boldsymbol{p}_4=[-5,-5,0]^{\mathrm{T}}$。假设在着舰过程中，航空母舰的航速不变，约为 13.9 m/s(27 kn)，且始终沿着 x_g 坐标轴方向。

在着舰过程中，舰载机的期望位置根据下列公式计算得到：

$$\begin{cases}x=\int_0^t V_k\cos\gamma_c-V_{\mathrm{ship}}t-L\\ y=0\\ z=-x\tan\gamma_c\end{cases}$$

式中：V_{ship} 为航母的航速；L 代表舰载机距航母的初始距离，为 1 600 m；γ_c 为期望下滑角。

受到航母运动以及甲板运动的影响，航母上的 4 个特征点的坐标处于不断变化中，计算公式如下：

$$\begin{cases} p_{ix} = p_{ix_0} + V_{\text{ship}} t \\ p_{iy} = p_{iy_0} + p_{\text{decky}}, \quad i = 1,2,3,4 \\ p_{iz} = p_{iz_0} + p_{\text{deckz}} \end{cases}$$

式中：p_{ix_0}，p_{iy_0}，p_{iz_0} 是 4 个特征点的初始惯性系坐标；p_{decky}，p_{deckz} 代表甲板运动导致的理想着舰点侧向、纵向偏移坐标。

IBVS 环控制参数设计为 $\boldsymbol{k}_1=[0.6,0;0,0.35]$，航迹控制环控制参数设计为 $k_2=0.6$，角度控制环控制参数设计为 $\boldsymbol{k}_3=[1.8,0,0;0,1.6,0;0,0,1.6]$，角速度环控制参数设计为 $\boldsymbol{k}_4=[2,0,0;0,2.1,0;0,0,1.8]$，进场功率补偿系统控制参数设计为 $k_a=2.5$。设置航迹环的干扰观测器参数为 $l_{d2}=5$，角速度环的干扰观测器参数为 $\boldsymbol{l}_{d4}=[5,0,0;0,5,0;0,0,5]$，进场动力补偿系统的干扰观测器参数为 $l_{da}=40$。

图 7.3～图 7.8 所示为全自动着舰过程中飞机状态量的变化曲线。根据图 7.3 和图 7.4 可以看到，即使在飞行初始状态时有较大的纵向及侧向偏差时，舰载机也可迅速控制纵向及侧向的图像特征，从而实现调整高度与侧向位置，使得舰载机能够沿着期望的下滑道轨迹进行飞行，纵向误差最终可以控制在±0.7 m 的范围内波动，触舰时的纵向误差为 0.45 m，侧向误差最终收敛于零。

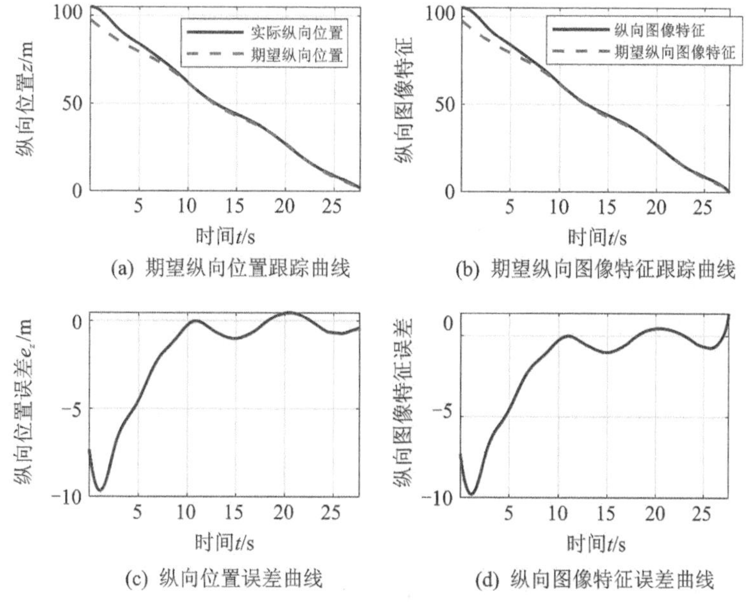

图 7.3　纵向位置及图像特征相关曲线

从图 7.5 可以看出，在仿真开始的 5 s 左右，舰载机的航向角开始跟踪上期望的航向角变化，跟踪误差为零，跟踪性能较好。而爬升角的跟踪误差是在零左右上下波动，这是因为航迹环只设计了控制器控制航向角，爬升角的控制则是通过控制迎角和俯仰角来间接控制的，从迎角变化曲线可以看到，迎角误差并非保持为零，所以相比航向角，爬升角的跟踪性能略差一些。

从图 7.6 可以看出，在仿真的第 4 s 左右，舰载机的俯仰角、侧滑角、速度滚转角已经跟踪上了各自的期望角度，跟踪误差基本为零。需要说明的是，侧滑角在仿真 14 s 左右开始波动，这是因为在这个时候开始引入了舰艉流扰动，而侧滑角作为气动角，相比其他角度略有波动。从图 7.7 可以看出，在仿真第 4 s 左右，三个角速度已经跟踪上了期望的角速度变化，跟踪误差此后一直保持为零，具有很好的跟踪性能。

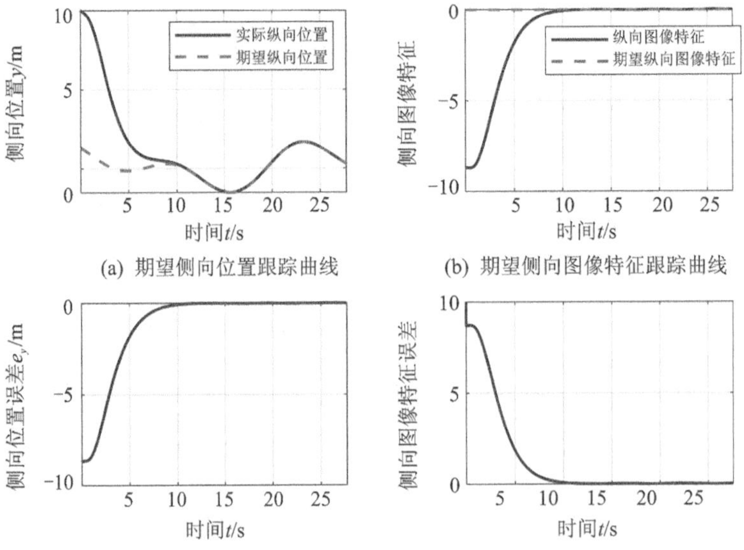

(a) 期望侧向位置跟踪曲线　(b) 期望侧向图像特征跟踪曲线

(c) 侧向位置误差曲线　(d) 侧向图像特征误差曲线

图 7.4　侧向位置及图像特征相关曲线

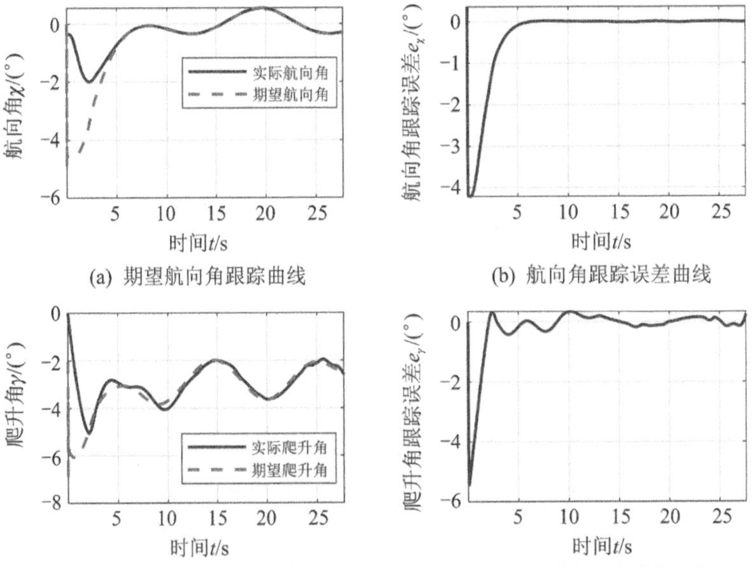

(a) 期望航向角跟踪曲线　(b) 航向角跟踪误差曲线

(c) 期望爬升角跟踪曲线　(d) 爬升角跟踪误差曲线

图 7.5　航迹角变化及误差变化曲线

从图 7.8 可以看出，由于一方面要跟踪甲板运动，另一方面受到舰艉流扰动的影响，迎角发生一定变化，但是当系统趋于稳定时，在仿真的 12 s 之后，舰载机的迎角误差的变化幅度在 0°～0.87°范围内，是满足要求的，由此说明所设计的进场动力补偿系统，是满足要求的。可以通过调整发动机推力，使得着舰过程中的迎角维持定值。

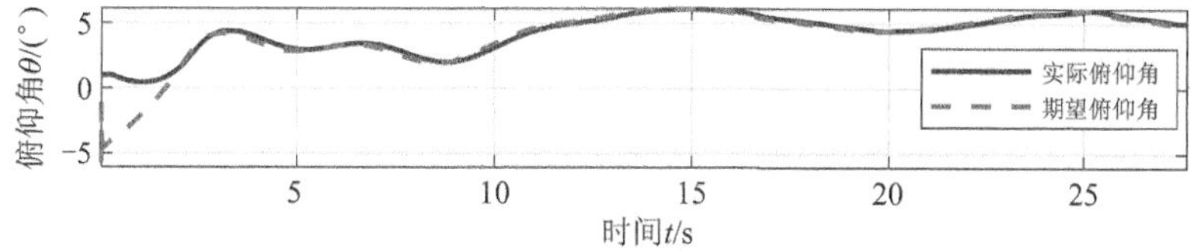

(a) 期望俯仰角跟踪曲线

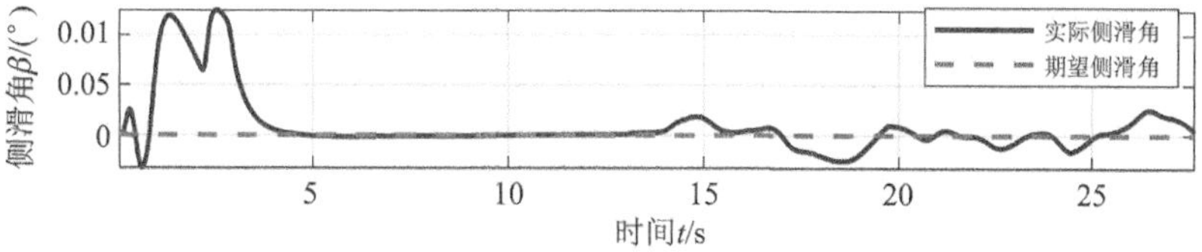

(b) 期望侧滑角跟踪曲线

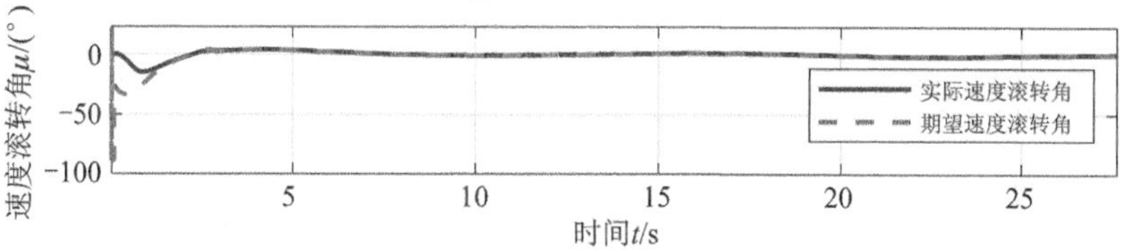

(c) 期望速度滚转角跟踪曲线

图 7.6　俯仰角、侧滑角、速度滚转角变化曲线

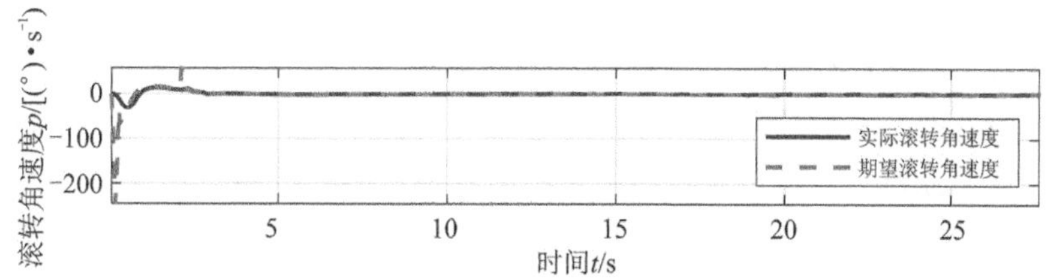

(a) 滚转角速度

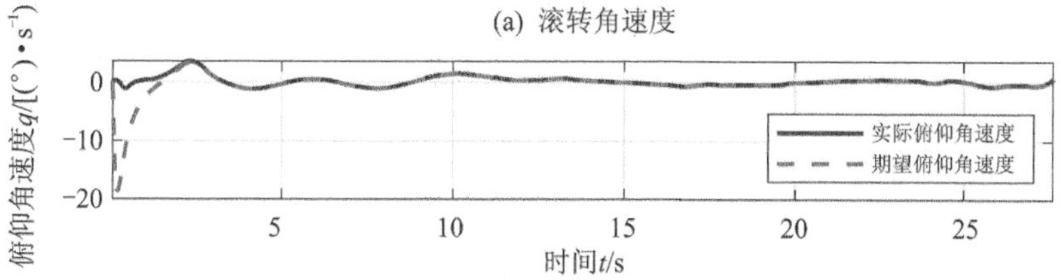

(b) 俯仰角速度

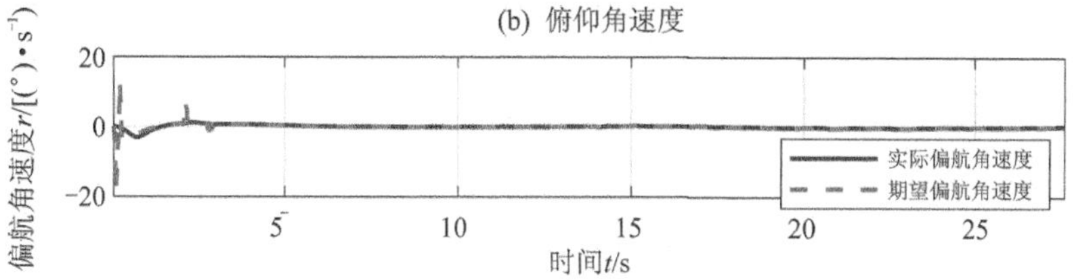

(c) 偏航角速度

图 7.7　角速度变化曲线

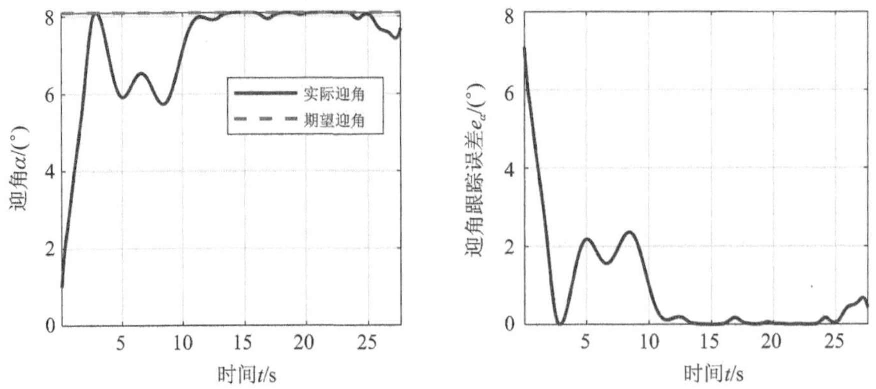

(a) 期望迎角跟踪曲线　　(b) 迎角跟踪误差曲线

图 7.8　迎角及其误差变化曲线

本章小结

本章研究了基于图像视觉伺服的着舰控制问题。首先，采用基于图像的视觉伺服技术，使用图像透视矩，引入虚拟图像平面，建立图像-舰载机一体化模型，将移动路径跟踪问题转化为图像特征跟踪问题，以反步法为控制算法，设计了以视觉引导为外回路，以姿态控制为内回路的控制框架。考虑到着舰过程中的甲板运动，将甲板运动信息反馈到控制器中。对于着舰过程中的舰艉流带来的扰动，采用非线性干扰观测器进行估计。跟踪微分器用于生成微分信号，在控制器中使用。设计了保持迎角不变的进场动力补偿系统，用于改善舰载机低速进场的轨迹不稳定性。理论分析及数值仿真证明了所提出着舰控制方法的有效性。

第 8 章　执行器系统的扩展多模型自适应故障诊断

执行器是对被控系统施加控制的机械装置，对于舰载机，执行器主要包括副翼、升降舵、方向舵的气动舵面及发动机等动力装置。舰载机操作舵面较多，长时间运行或不及时维修都可能导致其发生故障。一般在飞机起飞前都会对飞机的飞行控制系统进行安全测试以确保各个执行器能够正常运行。然而，执行器故障多是在飞机飞行过程中由于遭遇恶劣的飞行环境或其他因素导致，如果没有对故障进行及时处理，就可能发生严重的问题。本章设计了基于扩展多模型自适应的舰载机执行器系统故障诊断方法，可对发生的故障进行及时诊断与定位。

8.1　问题描述

一般情况下研究飞机的故障时以单一故障为主，根据每种故障的特点，执行器故障可分为四种类型：执行器卡死、饱和、漂移以及失效故障。执行器卡死故障是指执行器卡死在某一固定位置，输出信号为一个常值，这类故障的主要原因是机械结构老化或润滑不足，如舵面损坏、控制电压泄漏等。执行器饱和故障是卡死故障的一种特殊情况。执行器漂移故障是指输出信号在常规值附近不规则的随机漂移模式。执行器失效故障表现为执行器的输出信号与预期信号的部分偏差，这主要是由于外部干扰的影响或某些设备的老化造成的。舰载机执行器的四种故障类型分别如图 8.1～图 8.4 所示，其中，$u_{\max}$，$u_{\min}$ 分别为执行器实际能够输出的最大值和最小值，u 为执行器的实际输出，t_f 表示执行器出现故障的时刻。

1. 执行器卡死故障

图 8.1 所示为执行器卡死故障示意图。执行器在某一时刻输出固定为某一恒定值，该值处于执行器输出范围之内。第 i 个执行器出现卡死故障的数学模型可以表示为

$$u_i = c,\quad u_{\max} > c > u_{\min}$$

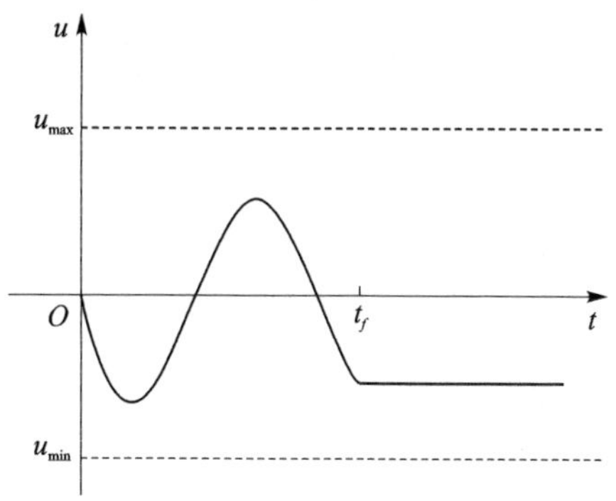

图 8.1　执行器卡死示意图

2. 执行器饱和故障

图 8.2 所示为执行器饱和故障示意图。执行器发生饱和故障时，执行器的输出为正常时输出范围的最大值或最小值。第 i 个执行器出现饱和故障的数学模型可以表示为

$$u_i = u_{\max} \text{ 或 } u_i = u_{\min}$$

3. 执行器漂移故障

图 8.3 所示为执行器随机漂移故障示意图。执行器发生漂移故障时，执行器的输出为在正常输出的基础上加上不规则的干扰信号。第 i 个执行器出现漂移故障的数学模型可以表示为

$$u_i = u_n + u_f$$

式中：u_n 为正常输出信号；u_f 为不规则干扰信号。为方便研究，这里设置执行器漂移故障为正弦函数，表示如下：

$$u_f = \sigma \cdot \sin(kt)$$

式中：σ 为输出幅值；k 为放大系数；t 为仿真时间。第 i 个执行器漂移故障的数学模型可以进一步表示为

$$u_i = u_n + \sigma\sin(kt)$$

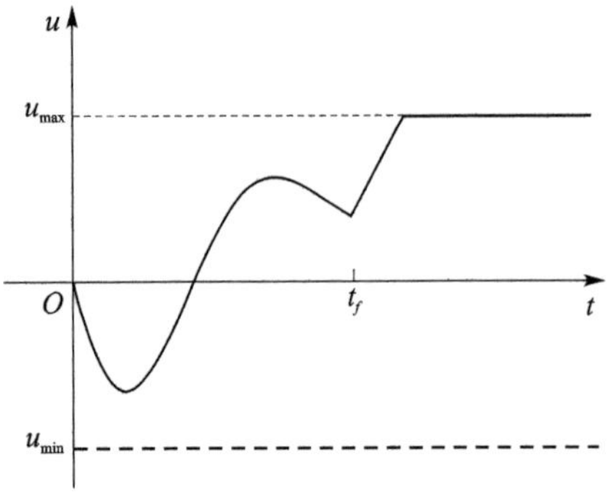

图 8.2 饱和故障示意图

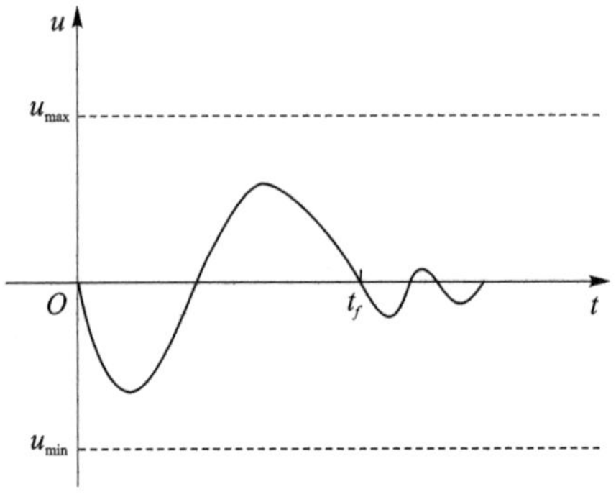

图 8.3 随机漂移故障示意图

4. 执行器失效故障

图 8.4 所示为执行器失效故障示意图。发生执行器失效故障时，执行器的执行效率下降。第 i 个执行器出现执行器部分损伤故障的数学模型可以表示为

$$u_i = \beta u_n$$

式中：β 为损伤系数，其值范围满足 $1>\beta>0$。

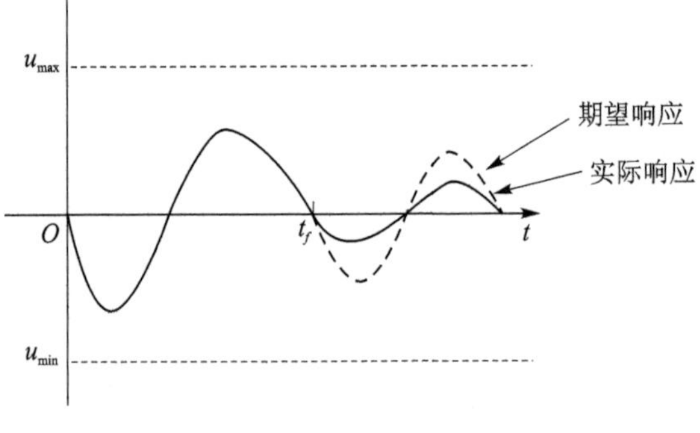

图 8.4 失效故障示意图

8.2 扩展多模型自适应故障诊断算法介绍

扩展多模型自适应故障诊断算法是检测和隔离执行器或传感器故障的一种方法。如图 8.5 所示它是基于一组并行的扩展卡尔曼滤波器，每个滤波器监测某个特定的执行器状态。算法根据系统的可观测的值以及系统的数学模型通过以下三个步骤实现故障部件的诊断与定位。首先，建立系统正常状态下的状态方程，再根据故障特定建立系统故障状态时的状态方程。然后，设计滤波器组，利用滤波器组与系统实际输出的偏差构造故障指示变量。最后，通过故障指示变量的值判断被监测系统是否出现故障，通过诊断逻辑定位故障部件。

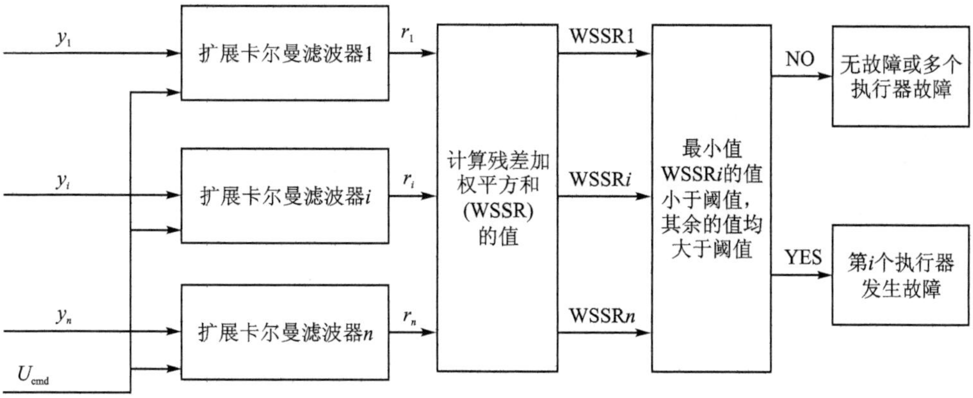

图 8.5　扩展多模型自适应故障诊断算法结构图

利用经典的多模型自适应故障诊断算法实现故障诊断时，设计若干个卡尔曼滤波器，分别用来监测对应的执行器的特定故障状态。多模型自适应算法考虑了一组具有以下形式的线性模型：

$$\dot{x} = Ax + Bu$$
$$y = Cx + Du$$

式中：每个模型对应一个故障情形。例如描述第 j 个执行器的一个故障，就对矩阵 $\boldsymbol{B}$ 进行如此改变：矩阵 $\boldsymbol{B}$ 的第 j 列元素用该列元素乘以因子 λ_j 的积替代，因子 λ_j 从 0 变化到 1 分别对应于执行器的完全失效状态到执行器的完全正常状态，方程如下：

$$\dot{\boldsymbol{x}} = \boldsymbol{A}\boldsymbol{x} + \boldsymbol{B}_j\boldsymbol{u} \tag{8.1}$$

$$\dot{\boldsymbol{x}} = \boldsymbol{A}\boldsymbol{x} + \begin{bmatrix} b_1 & \cdots & b_j\lambda_j & \cdots & b_n \end{bmatrix} \begin{bmatrix} u_1 \\ \vdots \\ u_j \\ \vdots \\ u_n \end{bmatrix} \tag{8.2}$$

但是，这种故障建模方式有很大的不足和局限性。事实上存在这种情况，当第 j 个执行器完全失效时，对应的因子 λ_j 等于零。这就意味着，针对第 j 个执行器，控制器无论产生什么控制输入信号，都不会对飞机的动力学特性产生影响，故障作动器偏转量被认为是 0。如果第 j 个执行器确实被卡在一个非零偏转角度上，第 j 作动器控制信号对飞机动力学特性不会产生影响。但是，该故障作动器的偏转确实又对飞机的动力学特性产生作用。这种状况产生一个未知的偏差，采用普通的多模型自适应方法，将导致第 j 个卡尔曼滤波器不能有效工作。滤波器输出的残差信号中将包含由故障作动器作用产生的未知偏差，状态估计和概率计算也将不准确。

为了使多模型自适应算法能够适应所有的飞行状态，并能够隔离执行器的卡死或摆动饱和等故障，将多模型自适应算法与扩展卡尔曼滤波器相结合，构成扩展多模型自适应故障诊断算法。

在扩展多模型自适应故障诊断算法中，不仅修改了控制输入矩阵，而且还修改了动力学矩阵。为了定义一个模型来描述第 j 个执行器的一个故障，输入控制矩阵的第 j 列设为 0，对状态向量进行了扩大，增加了第 j 个执行器的偏转量，动力学矩阵也进行扩大，增加了控制输入矩阵的第 j 列。这样，来自控制器到第 j 个执行器的控制输入将会完全被忽略，但是状态向量中故障作动器偏转量始终被估计为某一固定的值，改变与第 j 个滤波器对应的飞机空气动力学模型，使该滤波器残差输出最小，这个滤波器与所发生的故障相对应。

扩展多模型自适应故障诊断算法的主要优点是对系统参数变化的直接响应，即使当一个执行器出现故障，该方法也能够完成一个正确的状态估计，与其他非多模型结构故障诊断算法相比，具有更高的诊断效率。

8.3 扩展卡尔曼滤波器设计

8.3.1 扩展卡尔曼滤波器方程

基于飞机某一基准状态($\boldsymbol{x}_s,\boldsymbol{u}_s,\boldsymbol{y}_s$)建立的线性模型方程，可以简化为式(8.3)和式(8.4)所示：

$$\Delta\dot{\boldsymbol{x}}=\boldsymbol{F}\Delta\boldsymbol{x}+\boldsymbol{B}\Delta\boldsymbol{u}+\boldsymbol{w} \tag{8.3}$$

$$\Delta\boldsymbol{y}=\boldsymbol{H}\Delta\boldsymbol{x}+\boldsymbol{v} \tag{8.4}$$

式中：$\Delta\boldsymbol{x}$，$\Delta\boldsymbol{u}$ 分别为状态量和控制量；$\Delta\boldsymbol{y}$ 为输出量；$\boldsymbol{w}$，$\boldsymbol{v}$ 为随机噪声；$\boldsymbol{Q}$ 和 $\boldsymbol{R}$ 分别是 $\boldsymbol{w}$，$\boldsymbol{v}$ 的协方差矩阵，如下式：

$$\boldsymbol{Q}=E\{\boldsymbol{w}\cdot\boldsymbol{w}^{\mathrm{T}}\} \tag{8.5}$$

$$\boldsymbol{R}=E\{\boldsymbol{v}\cdot\boldsymbol{v}^{\mathrm{T}}\} \tag{8.6}$$

对以上公式进行离散化后，可以表示如下：

$$\boldsymbol{x}_{k+1}=\boldsymbol{\Phi}_k\boldsymbol{x}_k+\boldsymbol{G}_k\boldsymbol{u}_k+\boldsymbol{w} \tag{8.7}$$

$$\boldsymbol{y}_k=\boldsymbol{H}\boldsymbol{x}_k+\boldsymbol{v} \tag{8.8}$$

式中：离散系统在 $t_k=kT_s$ 时进行采样，T_s 为设定的采样间隔时间；$\boldsymbol{x}_{k+1}$ 为第 $k+1$ 次采样的状态量；$\boldsymbol{x}_k$，$\boldsymbol{u}_k$ 分别为 k 时刻的状态量与控制输入量。

状态转移矩阵 $\boldsymbol{\Phi}_k$ 与控制输入矩阵 $\boldsymbol{G}_k$ 分别可以用下式近似：

$$\boldsymbol{\Phi}_k\approx\boldsymbol{I}+\boldsymbol{F}\cdot T_s$$

$$\boldsymbol{G}_k\approx\boldsymbol{B}\cdot T_s$$

根据以上的分析，扩展卡尔曼滤波器的计算流程图如图 8.6 所示。

计算流程如下：

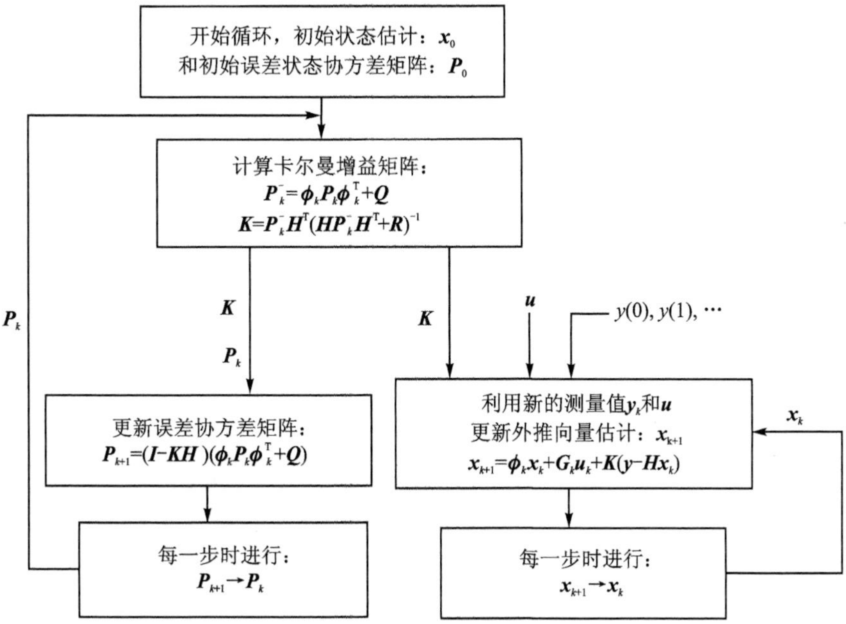

图 8.6　扩展卡尔曼滤波器流程图

① 初始化 $\boldsymbol{x}_0$ 和 $\boldsymbol{P}_0$。

② 计算卡尔曼增益矩阵 $\boldsymbol{K}$：

$$\boldsymbol{P}_k^- = \boldsymbol{\Phi}_k \boldsymbol{P}_k \boldsymbol{\Phi}_k^{\mathrm{T}} + Q$$

$$\boldsymbol{K} = \boldsymbol{P}_k^- \boldsymbol{H}^{\mathrm{T}} (\boldsymbol{H}\boldsymbol{P}_k^- \boldsymbol{H}^{\mathrm{T}} + \boldsymbol{R})^{-1}$$

它是当前第 k 次采样时刻的误差状态协方差矩阵 $\boldsymbol{P}_k$ 和零均值随机噪声协方差矩阵 $\boldsymbol{Q}$ 与 $\boldsymbol{R}$ 的函数。

③ 状态估计量 x_k 的测量更新：

$$\boldsymbol{x}_{k+1} = \boldsymbol{\Phi}_k \boldsymbol{x}_k + \boldsymbol{G}_k \boldsymbol{u}_k + \boldsymbol{K}(\boldsymbol{y} - \boldsymbol{H}\boldsymbol{x}_k)$$

式中：$\boldsymbol{x}_k$ 为当时最新的状态估计量；$\boldsymbol{y}$ 为被监测系统输出的测量向量；$\boldsymbol{K}$ 为卡尔曼增益；$\boldsymbol{H}\boldsymbol{x}_k$ 为当前第 k 次采样时刻扩展卡尔曼滤波器预测的测量向量。

④ 误差状态协方差矩阵 $\boldsymbol{P}_k$ 的更新，其中 $\boldsymbol{P}_k = E\{\boldsymbol{e}_k \cdot \boldsymbol{e}_k^{\mathrm{T}}\}$，$\boldsymbol{e}_k = \boldsymbol{x}(k) - \boldsymbol{x}_k$，$\boldsymbol{x}(k)$表示当前采样时刻状态向量的真实值（未知）。下一时刻的误差状态协方差矩阵 $\boldsymbol{P}_{k+1}$ 通过递归迭代获得，它是最新时刻的误差协方差矩阵 $\boldsymbol{P}_k$ 和矩阵 $\boldsymbol{K}$ 与 $\boldsymbol{Q}$ 的函数，如下式：

$$\boldsymbol{P}_{k+1} = (\boldsymbol{I} - \boldsymbol{K}\boldsymbol{H})(\boldsymbol{\Phi}_k \boldsymbol{P}_k \boldsymbol{\Phi}_k^{\mathrm{T}} + \boldsymbol{Q})$$

8.3.2　无故障下的扩展卡尔曼滤波器设计

建立的执行器无故障情形下的扩展卡尔曼滤波器方程如下：

$$\boldsymbol{x}_{k+1} = \boldsymbol{\Phi}_{k-n} \boldsymbol{x}_k + \boldsymbol{G}_{k-n} \boldsymbol{u}_k + \boldsymbol{K}(\boldsymbol{y} - \boldsymbol{y}_k) \tag{8.9}$$

$$\boldsymbol{y}_k = \boldsymbol{H}\boldsymbol{x}_k \tag{8.10}$$

设计无故障滤波器时，其状态转移矩阵 $\boldsymbol{F}_{\text{no-fault}}$ 可以直接从飞机线性化模型中导出，有如下形式：

$$\boldsymbol{F}_{\text{no-fault}}=\begin{bmatrix} & & & 0 & 0 & 0 \\ & \boldsymbol{F}_1 & & \dfrac{(I_z-I_x)r_*}{I_y} & \dfrac{(I_z-I_x)p_*}{I_y} & 0 \\ & & & \alpha_* & -1 & \dfrac{g\cos\theta_*}{V_*} \\ 0 & \dfrac{(I_y-I_z)r_*}{I_x} & \dfrac{L_\beta}{I_x} & & & \\ 0 & \dfrac{(I_y-I_x)p_*}{I_z} & \dfrac{N_\beta}{I_z} & & \boldsymbol{F}_2 & \\ 0 & 0 & 0 & & & \end{bmatrix}$$

式中：子矩阵 $\boldsymbol{F}_1$ 和 $\boldsymbol{F}_2$ 的值为

$$\boldsymbol{F}_1=\begin{bmatrix} \dfrac{-L_\alpha-T_*\cos(\alpha_*+\varphi)+mg\sin\gamma_*}{mV_*} & 1 & 0 \\ \dfrac{M_\alpha}{I_y} & \dfrac{M_q}{I_y} & 0 \\ 0 & 0 & \dfrac{C_\beta-D_*}{mV_*} \end{bmatrix} \tag{8.11}$$

$$\boldsymbol{F}_4=\begin{bmatrix} \dfrac{L_p}{I_x} & \dfrac{L_r+(I_y-I_z)q_*}{I_x} & 0 \\ \dfrac{(I_y-I_x)q_*}{I_z} & \dfrac{N_r}{I_z} & 0 \\ 1 & \tan\theta_* & 0 \end{bmatrix} \tag{8.12}$$

无故障滤波器的离散转移矩阵可以用 $\boldsymbol{\Phi}_{k-n}=\boldsymbol{I}+\boldsymbol{F}_{\text{no-fault}}\cdot T_s$ 计算。无故障滤波器的控制输入矩阵 $\boldsymbol{B}_{\text{no-fault}}$ 如下：

$$\boldsymbol{B}_{\text{no-fault}}=\begin{bmatrix} \dfrac{-L_{\delta_e}}{mV_*} & \dfrac{M_{\delta_e}}{I_y} & 0 & 0 & 0 & 0 \\ \dfrac{-T_M\sin(\alpha_*+\varphi)}{mV_*} & 0 & 0 & 0 & 0 & 0 \\ 0 & 0 & 0 & \dfrac{L_{\delta_a}}{I_x} & 0 & 0 \\ 0 & 0 & 0 & \dfrac{L_{\delta_r}}{I_x} & \dfrac{N_{\delta_r}}{I_z} & 0 \end{bmatrix}^{\mathrm{T}} \tag{8.13}$$

无故障滤波器离散控制输入矩阵表示为

$$\boldsymbol{G}_{k-n}=\boldsymbol{B}_{\text{no-fault}}\cdot T_s \tag{8.14}$$

8.3.3 利用故障执行器参数增广状态向量

通过增广执行器参数的方式，监测执行器是否发生故障。具体的增广方法是将故障执行器的偏转量增加至状态向量中，该状态向量可以通过滤波器估计得到，任意执行器 $\delta_i(i=a,e,r)$ 的增广状态向量为

$$\boldsymbol{m}_i = \begin{bmatrix} \boldsymbol{x} \\ \delta_i \end{bmatrix}$$

滤波器的增广状态向量满足如下非线性状态方程：

$$\boldsymbol{m}_i(k+1) = \boldsymbol{f}_{m_i}(\boldsymbol{m}_i(k), \boldsymbol{u}(k)) + \boldsymbol{w}$$

$$\boldsymbol{y}_i(k) = \boldsymbol{h}(\boldsymbol{m}_i(k)) + \boldsymbol{v}$$

式中：

$$\boldsymbol{f}_{m_i}(\boldsymbol{m}_i(k), \boldsymbol{u}(k)) = \begin{bmatrix} \boldsymbol{f}(\boldsymbol{m}_i(k), \boldsymbol{u}(k)) \\ \delta_i \end{bmatrix}$$

经过线性化后得到的系统可以描述为

$$\begin{bmatrix} \boldsymbol{x}(k+1) \\ \delta_i(k+1) \end{bmatrix} = \begin{bmatrix} \boldsymbol{F} & \boldsymbol{B}^i \\ 0 & 1 \end{bmatrix} \begin{bmatrix} \boldsymbol{x}(k) \\ \delta_i(k) \end{bmatrix} + \begin{bmatrix} \boldsymbol{B}^{(0,i)} \\ 0 \end{bmatrix} \boldsymbol{u}(k)$$

$$\boldsymbol{y}(k) = [\boldsymbol{H} \quad 0] \begin{bmatrix} \boldsymbol{x}(k) \\ \delta_i(k) \end{bmatrix}$$

式中：$\boldsymbol{B}^i$ 表示的是矩阵 $\boldsymbol{B}$ 中与执行器 δ_i 相对应的列；$\boldsymbol{B}^{(0,i)}$ 表示的是将 $\boldsymbol{B}$ 对应于执行器 δ_i 的相应列的所有值均设为 0 的矩阵。

8.3.4 执行器故障下的扩展卡尔曼滤波器设计

为了说明如何使卡尔曼滤波器矩阵与执行器故障相对应，具体设计了滤波器检测副翼的功能。针对副翼故障的滤波器，系统动态矩阵 $F_{\delta a1}(k)$ 可以从如下非线性模型中导出：

$$\boldsymbol{F}_{nf}(k) = \left[\begin{array}{cccccc} & & & 0 & \dfrac{Sb[I_{zz}C_{L\beta} - I_{xz}C_{N\beta}]}{D_1}\bar{q} & \dfrac{SbI_{zz}C_{La1}}{D_1}\bar{q} \\ & \boldsymbol{F}_1 & & \dfrac{S\bar{c}C_{M\alpha}}{I_{yy}}\bar{q} & 0 & \dfrac{S\bar{c}C_{M\alpha 1}}{I_{yy}}\bar{q} \\ & & & 0 & \dfrac{Sb[I_{xx}C_{N\beta} - I_{xz}C_{L\beta}]}{D_1}\bar{q} & \dfrac{-SbI_{xz}C_{La1}}{D_1}\bar{q} \\ 0 & 1 & 0 & \dfrac{\rho V_T S C_{Z\alpha}}{2m} & 0 & 0 \\ 0 & 0 & -1 & 0 & \dfrac{\rho V_T S C_{Y1}}{2m} & 0 \\ 0 & 0 & 0 & 0 & 0 & 1 \end{array}\right]_{\hat{z}_1(k|k)}$$

式中：

$$\boldsymbol{F}_1 = \begin{bmatrix} \dfrac{I_{zz}sb^2c_{l\tilde{p}}}{2D_1V_T}\bar{q} - \dfrac{N_1}{D_1}q & \dfrac{-N_1}{D_1}p + \dfrac{N_2}{D_1}r & \dfrac{(I_{zz}C_{L\tilde{r}} - I_{xz}C_{N\tilde{r}})sb^2}{2D_1V_T}\bar{q} + \dfrac{N_2}{D_1}q \\ \dfrac{I_{xx} - I_{zz}}{I_{yy}}r - 2\dfrac{I_{zx}}{I_{yy}}p & \dfrac{S\bar{c}^2C_{M\bar{q}}}{2V_TI_{yy}}\bar{q} & -\dfrac{I_{xx} - I_{zz}}{I_{yy}}p - 2\dfrac{I_{xz}}{I_{yy}}r \\ -\dfrac{Sb^2C_{L\tilde{p}}I_{xz}}{2D_1V_T}\bar{q} + \dfrac{N_3}{D_1}q & \dfrac{N_3}{D_1}p + \dfrac{N_1}{D_1}r & \dfrac{Sb^2[-I_{xz}C_{L\tilde{r}} + I_{xx}C_{N\tilde{r}}]}{2D_1V_T}\bar{q} + \dfrac{N_1}{D_1}q \end{bmatrix}$$

式中：

$$N_1 = I_{xz}(I_{xx} - I_{yy} + I_{zz})$$
$$N_2 = I_{yy}I_{zz} - I_{xz}^2 - I_{zz}^2$$
$$N_3 = I_{xz}^2 - I_{xx}I_{yy} + I_{xx}^2$$
$$D_1 = I_{xx}I_{zz} - I_{xz}^2$$

对应于副翼的故障滤波器，其离散转移矩阵按照 $\boldsymbol{\Phi}_{k,\delta a1} = \boldsymbol{I} + \boldsymbol{F}_{\delta a1}(k)T_s$ 来计算。其故障滤波器的控制输入矩阵 $\boldsymbol{G}_{\delta a1}(k)$ 按照下式计算：

$$\boldsymbol{G}_{\delta a1}(k) = \bar{q}\begin{bmatrix} 0 & \dfrac{SbI_{zz}C_{La2}}{D_1} & \dfrac{SbI_{zz}C_{Le1}}{D_1} & \dfrac{SbI_{zz}C_{Le2}}{D_1} & -\dfrac{SbI_{xz}C_{N\delta r}}{D_1} \\ 0 & \dfrac{S\bar{c}C_{Ma2}}{I_{yy}} & \dfrac{S\bar{c}C_{Me1}}{I_{yy}} & \dfrac{S\bar{c}C_{Me2}}{I_{yy}} & 0 \\ 0 & -\dfrac{SbI_{xz}C_{La2}}{D_1} & -\dfrac{SbI_{xz}C_{Le1}}{D_1} & -\dfrac{SbI_{xz}C_{Le2}}{D_1} & -\dfrac{SbI_{xx}C_{N\delta r}}{D_1} \\ 0 & 0 & 0 & 0 & 0 \\ 0 & 0 & 0 & 0 & 0 \\ 0 & 0 & 0 & 0 & 0 \end{bmatrix}_{\bar{q}(k)}$$

副翼故障滤波器的离散控制输入矩阵为 $\boldsymbol{G}_{\delta a1,k} = \boldsymbol{G}_{\delta a1}(k)T_s$，检测其他执行器的滤波器也可以按照类似的方法设计。

8.4 执行器故障隔离与诊断

8.4.1 滤波器残差分析

本节主要研究残差的生成，残差的定义运用到各个领域中，其实质是真实值与估计值进行比较，表达出系统估计与真实系统之间的差距，通过差距的幅度变化，可以看出系统是否有故障产生。而残差在故障诊断中起到至关重要的作用，主要是通过其对系统准确地进行检测，第一时间发现问题，降低风险，保障系统的正常运行。目前，残差的生成方式很多，大概可将其归为四类，在这四类方法中，每类方法都各有优劣。在现实生活中，特别是滤波器法和观测器法被众多学者所追捧，并将它运用于各种实践活动中，但观测器法在实际应用中设计计算相对复杂烦琐，适用性较差，故基于滤波器法生成残差的方法渐渐成为主流。

滤波器的设计如下：

$$\hat{\boldsymbol{x}}_{k+1|k} = \boldsymbol{f}(k, \hat{\boldsymbol{x}}_{k|k}, \boldsymbol{u}_k)$$
$$\hat{\boldsymbol{z}}_{k+1|k} = \boldsymbol{h}(k+1, \hat{\boldsymbol{x}}_{k+1|k})$$

通过对 $\boldsymbol{e}(t) = \boldsymbol{z}(t) - \hat{\boldsymbol{z}}(t)$ 进行定义，可以得到如下的残差方程：

$$\boldsymbol{e}_{k+1} = \boldsymbol{z}_{k+1} - \hat{\boldsymbol{z}}_{k+1} + \boldsymbol{n}_{k+1} = \boldsymbol{h}(k+1, \boldsymbol{x}_{k+1}) - \boldsymbol{h}(k+1, \hat{\boldsymbol{x}}_{k+1}) + \boldsymbol{g}(s_{k+1}) + \boldsymbol{n}_{k+1}$$

通过最优化的处理，使滤波器在正常运行的情况下输出估计误差 $\lim\limits_{t\to\infty} \boldsymbol{e}(t) = 0$。

如上所述，系统实际的输入输出与系统估计的输入输出相差，决定了残差的生成。一般情况下，往往故障的产生离不开传感器、执行器以及元部件的作用，现今有大量的文献描述了基于这三部分的故障诊断。如果故障发生，系统的实际输入输出值就会改变，其残差值也会受到影响，当系统残差不为零时，即代表系统工作出现故障。

8.4.2　执行器故障隔离

由图 8.6 可知，监测执行器 $\delta_i(i=a,e,r)$ 的扩展卡尔曼滤波器方程为

$$\boldsymbol{m}_{k+1}=\boldsymbol{\Phi}_{k-i}\boldsymbol{m}_k+\boldsymbol{G}_{k-i}\boldsymbol{u}_k+\boldsymbol{K}^i(\boldsymbol{y}^i-\boldsymbol{y}_k^i)$$

$$\boldsymbol{y}_k^i=\boldsymbol{H}\boldsymbol{m}_k$$

扩展卡尔曼滤波器的输入值 $\boldsymbol{y}^i$ 与滤波之后的预测输出值 $\boldsymbol{y}_k^i$ 的差值即为前文提到的残差，对于监测执行器 $\delta_i(i=a,e,r)$ 的扩展卡尔曼滤波器，若用 $\boldsymbol{e}$ 表示残差，则有

$$\boldsymbol{e}^i=\boldsymbol{y}^i-\boldsymbol{y}_k^i$$

式中值得注意的是，$\boldsymbol{y}^i$ 为系统模型输出的真实值，其作为监测执行器 δ_i 的扩展卡尔曼滤波器输入量；$\boldsymbol{y}_k^i$ 表示经过扩展卡尔曼滤波器后观测值的预测值。由此获得的残差序列 $\boldsymbol{e}^i$ 作为进一步诊断执行器故障的数据。

当执行器无故障，而且系统噪声趋于稳定时，残差序列一般服从高斯分布 $\boldsymbol{e}^i\sim N(0,\sigma^2)$，因此构造相应的执行器故障指示变量 WSSR^i 为

$$\mathrm{WSSR}^i=(\boldsymbol{e}^i)^{\mathrm{T}}\cdot(\boldsymbol{\Sigma}^i)\cdot\boldsymbol{e}^i$$

$$\boldsymbol{\Sigma}^i=\mathrm{diag}\,[\sigma]^2$$

WSSR^i(Weight Sum of Squared Residuals)表示为“残差加权平方和”，该值为一个标量。无故障时系统输出的实际值与扩展卡尔曼滤波器预测值之间的残差较小，当某一个执行器出现故障时，系统的输出测量参数值与扩展卡尔曼滤波器的估计输出值偏差变大，使得残差发生相应改变，WSSR^i 的值就会出现较大变化，因此可以通过故障指示变量 WSSR^i 的大小变化情况判断监测的执行器是否发生故障。

根据 8.3.3 小节中线性化后的系统方程可以发现，在监测某个特定执行器 δ_i 的扩展卡尔曼滤波器方程中，输入控制矩阵对应的列为 0，即去除了执行器 δ_i 的输入控制效果，输入为其余执行器的控制量，因此当此执行器出现故障时，扩展卡尔曼滤波器的预测值与系统实际输出值保持一致。由于其余的扩展卡尔曼滤波器均使用了故障执行器的输出数据作为输入控制量，导致扩展卡尔曼滤波器的预测值都将偏离被监测系统的实际输出值。如果设置关于执行器故障指示变量的一个阈值 ε，当执行器 δ_i 出现故障时，除了 WSSR^i 处于一个较小的范围外，其余执行器故障指示变量的值都将超过所设定的阈值 ε，则可以准确实现执行器 δ_i 故障的诊断和隔离。所以，判断执行器 δ_i 发生故障的诊断逻辑为

$$\mathrm{WSSR}^i=\min(\mathrm{WSSR}^j)\,\&\,\mathrm{WSSR}^j>\varepsilon,\quad j=a,e,r,\quad j\neq i$$

8.4.3　基于假设检验的故障诊断

假设检验算法根据每一个扩展卡尔曼滤波器的残差和状态误差协方差矩阵，设定每一个故障的条件概率。系统的状态向量估计是每一个扩展卡尔曼滤波器状态向量的加权和，权值是与其对应的故障条件概率，如下式：

$$\hat{\boldsymbol{x}}[k]=\sum_i\hat{\boldsymbol{x}}_i[k]\cdot p_i[k]$$

式中：$\hat{\boldsymbol{x}}_i[k]$为假设故障为 θ_i 的条件下，由扩展卡尔曼滤波器得到的状态估计；i 为索引参数，表示应用中出现的所有故障，也包括无故障情形；$p_i[k]$为第 i 个故障发生的概率。现在的主

要问题是在线计算概率 $p_i[k]$。为确定当前最有可能为哪种故障形式，就必须参考传感器的测量数据。定义最后的测量向量为如下序列形式 $Y_k=\{y_k,y_{k-1},y_{k-2},\cdots,y_0\}$，故障发生概率 $p_i[k]$ 可表述为后验条件概率 $p_i[k]=p(\theta=\theta_i|\boldsymbol{Y}_k)$，即在给定最后测量序列 Y_k 条件下，装置发生故障 θ_i 的概率。根据贝叶斯定理，有

$$p_i[k]=p[\theta=\theta_i \mid \boldsymbol{Y}_k]=\frac{p[\boldsymbol{Y}_k \mid \theta=\theta_i]p[\theta=\theta_i]}{p[\boldsymbol{Y}_k]}$$

式中：概率 $p_i[k]$ 可以分解为

$$\begin{aligned}p[\boldsymbol{Y}_k]&=p[\boldsymbol{Y}_k \mid \theta=\theta_1]\cdot p[\theta=\theta_1]+\cdots+p[\boldsymbol{Y}_k \mid \theta=\theta_N]\cdot p[\theta=\theta_N]\\&=\sum_{j=0}^{N}p[\boldsymbol{Y}_k \mid \theta=\theta_j]\cdot p[\theta=\theta_j]\end{aligned}$$

将上边两式合并，得

$$p_i[k]=p[\theta=\theta_i \mid \boldsymbol{Y}_k]=\frac{p[\boldsymbol{Y}_k \mid \theta=\theta_i]p[\theta=\theta_i]}{\sum_{j=0}^{N}p[\boldsymbol{Y}_k \mid \theta=\theta_j]\cdot p[\theta=\theta_j]}$$

式中：N 为不同故障的个数。为了获得概率计算的递归形式，测量数据序列 $\boldsymbol{Y}_k$ 可以写成 $\{\boldsymbol{y}_k,\boldsymbol{Y}_{k-1}\}$ 的序列形式：

$$\begin{aligned}p[\boldsymbol{Y}_k \mid (\theta=\theta_j)]&=p[\boldsymbol{y}_k,\boldsymbol{Y}_{k-1} \mid (\theta=\theta_j)]=p[\boldsymbol{y}_k \mid (\boldsymbol{Y}_{k-1},\theta=\theta_j)]\cdot p[\boldsymbol{Y}_{k-1} \mid (\theta=\theta_j)]\\&=p[\boldsymbol{y}_k \mid (\theta=\theta_j,\boldsymbol{Y}_{k-1})]\cdot p[(\theta=\theta_j) \mid \boldsymbol{Y}_{k-1}]\\&=p[\boldsymbol{y}_k \mid (\theta=\theta_j,\boldsymbol{Y}_{k-1})]\cdot p_j[k-1]\end{aligned}$$

整理结果后，得

$$p_i[k]=p[(\theta=\theta_i) \mid \boldsymbol{Y}_k]=\frac{p[\boldsymbol{y}_k \mid (\theta=\theta_i,\boldsymbol{Y}_{k-1})]\cdot p_i[k-1]\cdot p[\theta=\theta_i]}{\sum_{j=0}^{N}p[\boldsymbol{y}_k \mid (\theta=\theta_j,\boldsymbol{Y}_{k-1})]\cdot p_j[k-1]\cdot p[\theta=\theta_j]}$$

对于每个执行器，故障都可能随机发生。因此，可对所有故障指定相同的先验发生概率，即 $p_i[\theta=\theta_j]=1/N,j=1,\cdots,N$。这样上式可以简化为如下递归表达式：

$$p_i[k]=p[\theta=\theta_i \mid \boldsymbol{Y}_k]=\frac{p[\boldsymbol{y}=\boldsymbol{y}_k](\theta=\theta_i,\boldsymbol{Y}_{k-1})]\cdot p_i[k-1]}{\sum_{j=0}^{N}p[\boldsymbol{y}=\boldsymbol{y}_k \mid (\theta=\theta_j,\boldsymbol{Y}_{k-1})]\cdot p_j[k-1]}$$

通过查看故障发生概率，可以确定系统的“健康状态”，要么是无故障状态，要么是一个执行器/传感器在某个位置被卡死或者抖动。在一定时间范围内，如果执行器故障发生的概率超过 90%，可以肯定该执行器有故障；当概率低于 5%时，说明该执行器/传感器故障已经排除。

8.5 故障诊断模型实验结果

8.5.1 仿真环境及参数设置

为了验证扩展多模型自适应故障诊断算法，构建扩展卡尔曼滤波器的执行器故障检测仿真模块。扩展卡尔曼滤波器各个参数的设置分别为：设定初始状态向量 $\boldsymbol{x}_0$ 的值等于初始观测量 $y(0)$ 的值；状态误差协方差矩阵 $\boldsymbol{P}_0$ 的值进行随机初始化即可，本研究中将其初始值设置为

1;将扩展卡尔曼滤波器的零均值噪声协方差矩阵 $\boldsymbol{Q}$ 和 $\boldsymbol{R}$ 分别设定如下:

$$\boldsymbol{Q} = 0.002 \times \boldsymbol{I}_6$$

$$\boldsymbol{R} = \mathrm{diag}\left[0.1 \times \boldsymbol{I}_3 \quad 0.02 \times \boldsymbol{I}_3\right]$$

仿真环境为舰载机的着舰过程,针对各执行器分别设置不同程度的卡死故障、饱和故障与漂移故障,研究扩展多模型自适应故障诊断算法的诊断效果。

8.5.2 仿真结果分析

图 8.7 所示为针对舰载机执行器系统卡死和饱和故障,扩展多模型自适应故障诊断算法的诊断结果。最上面一张标有“执行器故障概率”的图表示当前时刻是否有任何执行器出现故障。如果存在某个执行器故障概率大于 95%,则认为该执行器存在故障;如果执行器故障概率小于 10%,则认为该执行器处于正常运行状态,即认为故障已经被排除。对图 8.7 进行分析可知,执行器系统在 7.5～10 s,15～20 s 以及 25～30 s 这三个时间段存在故障,故障诊断模型在相应的时间段内检测出执行器系统发生了故障,实现了对执行器系统所有执行器的监测与诊断。对升降舵、副翼和方向舵的监测以及故障诊断的具体结果分别如图 8.8～图 8.10 所示。

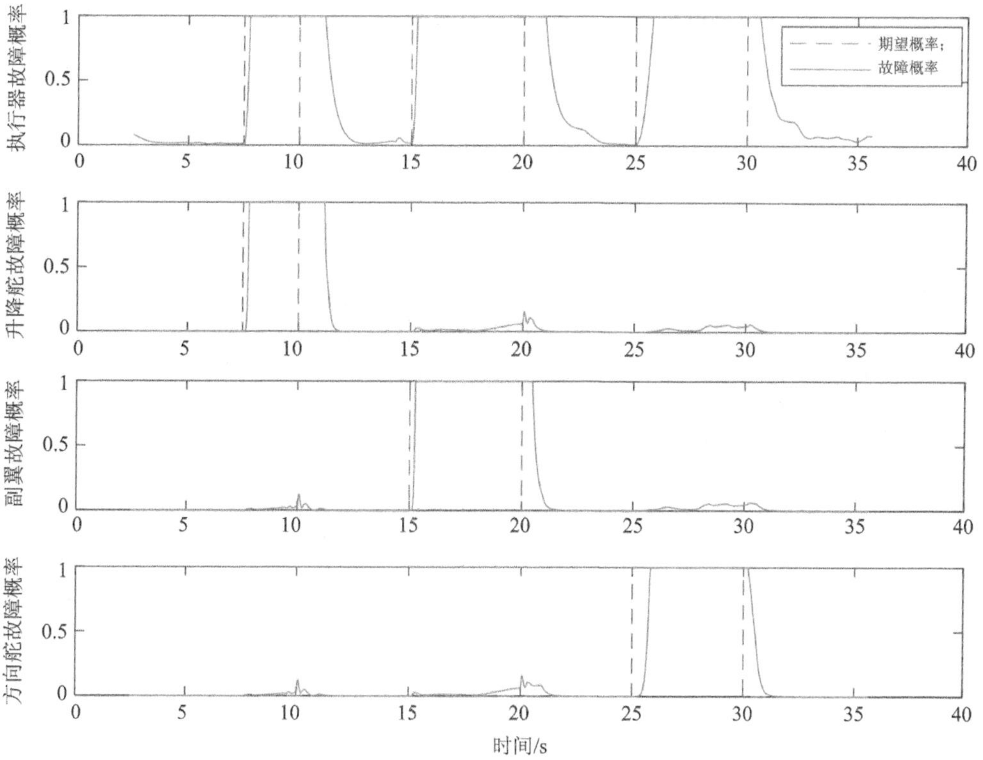

图 8.7　执行器故障诊断实验结果

实验中针对升降舵执行器设置了一定程度的卡死故障,其诊断结果如图 8.8 所示。对图 8.8 分析可知,升降舵在 $t=7$ s 时出现故障,经过约 0.5 s,故障检测模型检测到该故障,随后使图 8.8 中的“执行器故障概率”上升至 1,说明某处出现了一个故障。与此同时“升降舵故障概率”上升到 1,说明故障检测已经诊断出升降舵出现故障。在 $t=10$ s 时升降舵故障排除,

“执行器故障概率”与“升降舵故障概率”开始下降直至低于 10%，故障检测系统经过约 1 s 检出故障已排除。

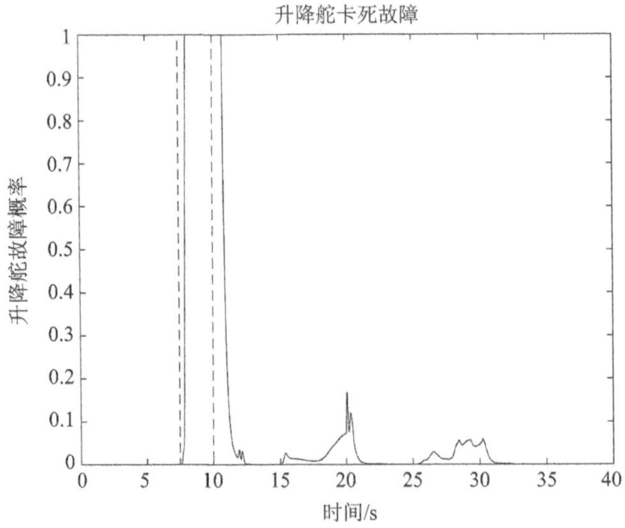

图 8.8 升降舵卡死故障诊断结果

升降舵故障情形下的扩展卡尔曼滤波器具有较好的实时性与敏感性，能够在升降舵故障发生 1 s 内检测出执行器系统的升降舵出现了故障，同时能在故障排除后的 1 s 内检测出该部位的故障已经消除。实验结果表明，该模型实现了对升降舵的状态监测以及故障诊断，达到了预期效果。

为了测试针对副翼执行器的故障检测模型的诊断效果，实验中设置一定程度的副翼卡死故障，最终故障诊断结果如图 8.9 所示。在 $t=15$ s 时，在仿真平台中注入副翼卡死故障；在 $t=15.3$ s 时，由图 8.9 可知监测整个执行器系统的模型诊断出执行器系统出现故障（“执行器故障概率”大于 90%），故障检测系统检测发现该故障。与此同时，副翼监测模型出现“副翼故障概率”逐渐上升到 1，说明此时副翼故障检测系统已经诊断出副翼出现故障；在 $t=20$ s 时，在仿真平台上消除副翼卡死故障；在 $t=20.5$ s 时，图 8.7 中的“执行器故障概率”与图 8.9 中的“副翼故障概率”下降至 10%以下，说明故障检测系统检测出故障已排除。

通过以上实验可以说明，本章设计的以扩展卡尔曼滤波器为核心的扩展多模型自适应故障检测算法对于副翼故障具有很好的检测和诊断效果。设计的故障检测模型能够在副翼故障发生约 0.5 s 内检测出执行器系统的副翼部位出现了故障，同时能在故障排除后约 0.5 s 内检测出该部位故障已消除。实验结果证明，该模型对于监测副翼的状态及实现其故障诊断具有良好的效果。

针对方向舵的故障，实验中设计了一定程度的方向舵卡死故障，利用本章设计的故障诊断模型检测该故障，实验结果如图 8.10 所示。在 $t=25$ s 时，引入方向舵故障；在 $t=26$ s，系统检测出该故障，此时方向舵故障概率上升至 1，经过 5 s 在 $t=30$ s 时消除该故障；随后经过约 1 s，方向舵的故障概率下降至 0，故障排除。

通过上述分析可以看出，故障检测系统在各作动器故障发生后 1 s 内检出故障，在故障排除后 1 s 内检出故障已排除，具有较小的诊断滞后与较好的检测效果。实验结果证明，该模型

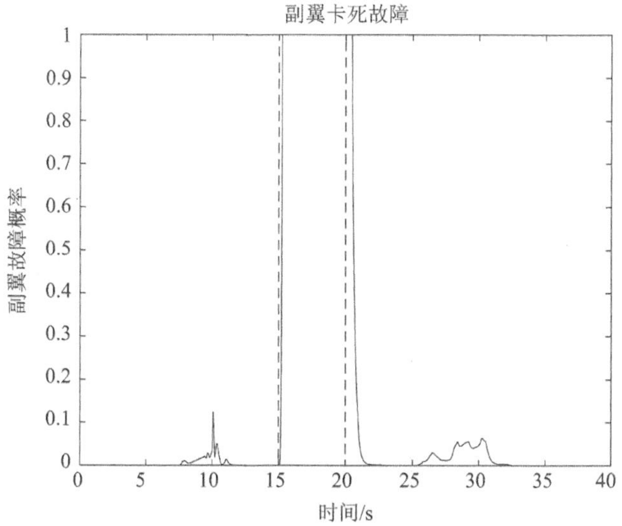

图 8.9　副翼卡死故障诊断结果

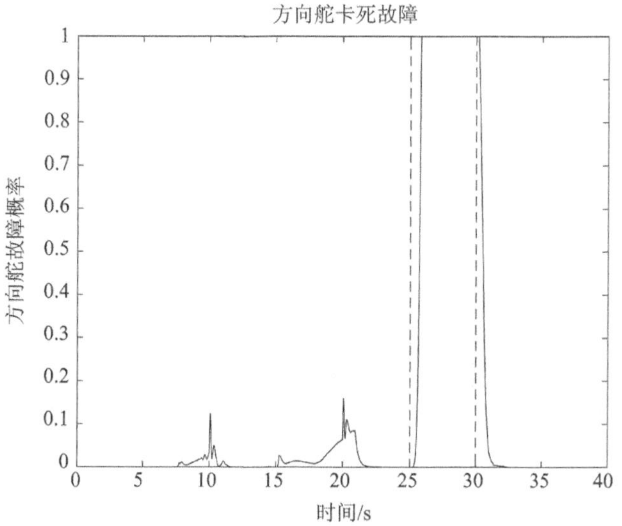

图 8.10　方向舵卡死故障诊断结果

对于监测副翼的状态及实现其故障诊断具有良好的效果，实现检测方向舵故障诊断的预期目标。

在实验中设置一定程度的升降舵漂移故障，图 8.11 所示为针对执行器漂移故障，扩展多模型自适应故障诊断算法的诊断仿真结果。

实验中设置的升降舵漂移故障为正弦函数，正弦函数的幅值超过故障指示变量设定的阈值。在 $t=7.5$ s 时注入漂移故障，约 0.1 s 过后故障检测系统检测出该故障。随着正弦函数值的周期变化，当函数值低于阈值时，故障检测系统不显示该故障，当函数值高于阈值时，系统检测显示出该故障。在 $t=20$ s 时漂移故障排除，此时系统检测故障发生概率逐步降低到 0，说明故障检测系统检出该故障已排除。

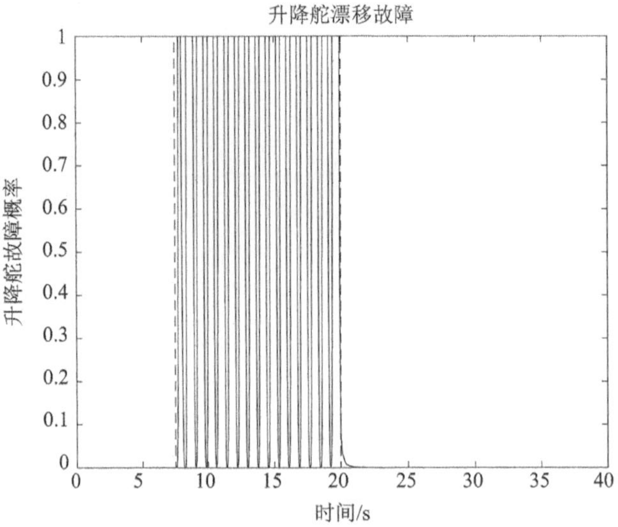

图 8.11 升降舵漂移故障诊断结果

本章小结

通过上述分析可知，本研究设计的故障诊断模型对于周期性的正弦漂移故障具备一定的诊断能力。故障诊断模型的诊断结果与执行器卡死故障以及饱和故障略有不同，针对执行器漂移故障本模型的诊断效果与卡死故障的诊断效果相比稍差一些，但仍能诊断出该执行器出现故障。

综上，本章设计的以扩展卡尔曼滤波器为核心的扩展多模型自适应故障诊断模型能够实现执行器系统的故障诊断，同时能够将故障精确定位到具体的执行器上。本模型实现了各执行器的状态监测与故障诊断，具有良好的监测和诊断效果。

第9章 基于非线性自适应的容错着舰控制方法

第2～4章设计的非线性内环控制器可实现对舰载机期望姿态的跟踪，但未考虑系统故障后的控制问题。本章针对存在模型不确定性、外界扰动、舵面卡死及外形损伤等危险情况下舰载机安全返航与着舰需求，提出非线性自适应容错控制方法，并通过数值仿真、软件在环仿真及缩比试飞试验加以验证。首先分析容错控制需求，设计自适应控制架构。针对无故障标称模型设计非线性动态逆基准控制律。为在系统故障后重新获得对姿态的可靠准确控制，维持对期望下滑道的精确跟踪能力，提出一种基于Lyapunov稳定性理论的L1自适应控制方法，并设计舰载机非线性自适应主动容错控制律。之后开展了数值仿真、软件在环仿真，进一步设计搭建了包括小型固定翼飞机、飞控系统、遥控设备等在内的缩比飞行验证系统，开展了包括无故障飞行试验、舵面卡死飞行试验、外形损伤飞行试验等在内的试飞试验，验证了所提出方法的有效性。

本章所提出的非线性自适应容错控制方法具有如下特点：

① 通过Lyapunov稳定性理论设计了基于非线性动态逆的L1自适应控制方法，与现有的L1自适应方法相比，提高了对时变指令的跟踪速度，减少了所需设计的参数。

② 本章提出的自适应控制方法可有效抑制舵面卡死、机体损伤等故障对姿态控制带来的影响，提高飞行安全性。

③ 设计搭建了缩比飞行验证系统，为先进飞行控制算法的缩比飞行验证提供了试验平台。

④ 基于缩比飞行验证系统，开展多科目多架次试飞试验，验证了飞机在舵面卡死、外形损伤后自动跟踪航线飞行与全自动降落的能力，为全尺寸舰载机故障损伤后安全着舰控制提供了技术基础。

9.1 问题描述及控制架构设计

9.1.1 问题描述

如2.4节所述，着舰过程中舰载机对期望下滑道高度跟踪误差应小于1.47 m，侧向跟踪误差应小于4.5 m。然而，舰载机系统复杂，所处环境多变，且着舰任务对控制精度要求极高。若舰载机在训练或战斗中发生故障损伤，将对飞行安全造成极大影响。相较其他种类故障，在飞行过程中突发副翼、平尾卡死或单侧机翼损伤(如图9.1所示)，产生的不对称力矩及控制效能下降将在短时间内迅速恶化舰载机操纵品质，须重点关注。下面对三种故障进行简要分析。

1. 单侧副翼卡死

舰载机副翼偏转 δ_a 由左右两侧副翼偏转共同完成。以右副翼卡死在 $\delta_{a,\mathrm{stuck}}$ 位置为例，当

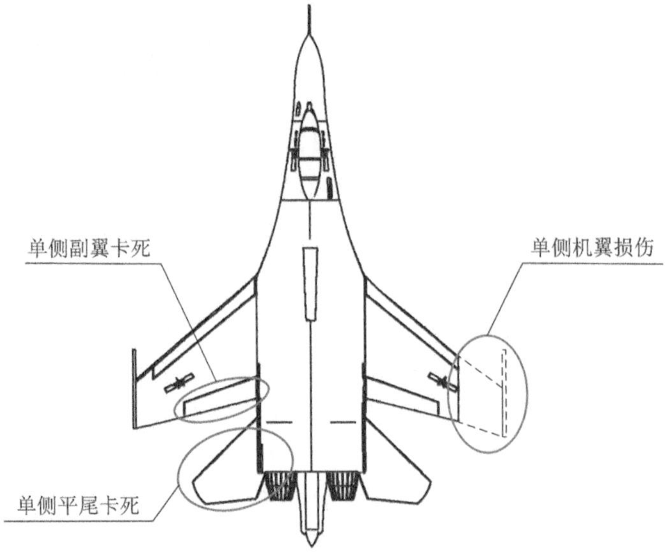

图 9.1 单侧副翼/升降舵卡死及机翼损伤示意图

控制系统发出副翼偏转指令 δ_{ac} 时，故障后系统产生滚转力矩及偏航力矩分别为

$$L_{\text{aileron, fault}}=\frac{\bar{q}SbC_{L\delta_a}\delta_{ac}}{2}+\frac{\bar{q}SbC_{L\delta_a}\delta_{a,\text{stuck}}}{2}$$

$$N_{\text{aileron, fault}}=\frac{\bar{q}SbC_{N\delta_a}\delta_{ac}}{2}+\frac{\bar{q}SbC_{N\delta_a}\delta_{a,\text{stuck}}}{2}$$

因此可知，单侧副翼卡死后，系统横侧向控制效能减半，且当卡死位置不在 0°时，存在附加滚转与偏航力矩。

2. 单侧平尾卡死

舰载机平尾偏转 δ_e 由左右两侧平尾共同完成。以右平尾卡死在 $\delta_{e,\text{stuck}}$ 位置为例，当控制系统发出平尾偏转指令 δ_{ec} 时，故障后系统产生俯仰力矩为

$$M_{\text{elevator, fault}}=\frac{\bar{q}S\bar{c}C_{M\delta_e}\delta_{e,\text{left}}}{2}+\frac{\bar{q}S\bar{c}C_{M\delta_e}\delta_{e,\text{stuck}}}{2}$$

此外，受平尾差动偏转影响，故障后系统将产生附加滚转力矩

$$L_{\text{elevator, fault}}=\bar{q}SbC_{L\delta_e}\left(\frac{-\delta_{e,\text{left}}+\delta_{e,\text{stuck}}}{2}\right)$$

式中：$C_{L\delta_e}$ 为气动参数。因此可知，单侧平尾卡死后，系统纵向控制效能减半，且将产生附加滚转力矩，若卡死位置不在配平位置，还将产生附加俯仰力矩。

3. 单侧机翼损伤

单侧机翼损伤后，由于损伤的非对称性，将使受损飞机滚转、俯仰和偏航完全耦合。具体影响包括：① 由于气动不对称，产生纵向与横侧向耦合气动参数；② 新增耦合惯性积；③ 受损飞机重心位置变化。

若故障后舰载机仍具有必要的升力及操纵性，仍可通过特殊控制方法实现舰载机配平、姿态稳定。因此，本章控制目标为：针对单侧副翼卡死、单侧平尾卡死、单侧机翼损伤等情况，设计主动容错控制算法，实现舰载机故障损伤后安全返航着舰，并通过缩比飞行试验等手段进行验证。

9.1.2　基于线性控制律的 L1 自适应容错控制架构

由于 L1 自适应技术在容错控制方面的优势，本章采用 L1 自适应理论设计舰载机容错控制方法。目前，基于 L1 自适应的飞行控制方法多基于线性模型设计，根据现有文献的介绍，可整理出基于线性控制律的 L1 自适应控制架构如图 9.2 所示，具体设计流程如下。

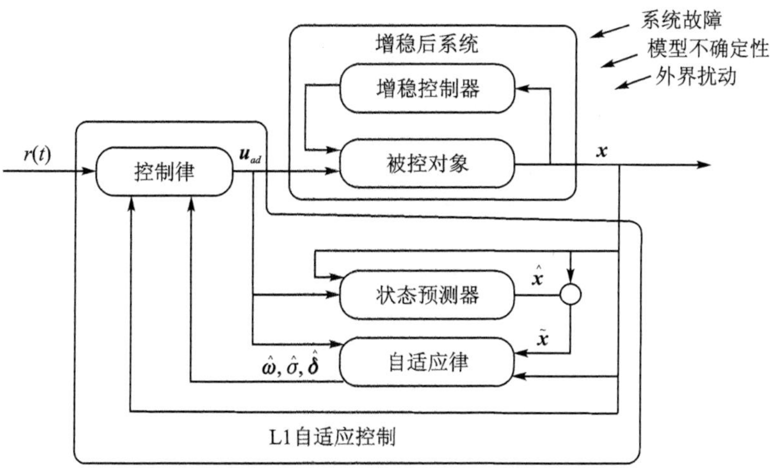

图 9.2　基于线性控制律的 L1 自适应控制架构

1. 基于线性控制律的纵向 L1 自适应控制律设计

用于纵向控制设计的飞机短周期标称模型为

$$\begin{bmatrix}\dot{\alpha}\\ \dot{q}\end{bmatrix}=\begin{bmatrix}\dfrac{Z_\alpha}{V_0} & 1+\dfrac{Z_q}{V_0}\\ M_\alpha & M_q\end{bmatrix}\begin{bmatrix}\alpha\\ q\end{bmatrix}+\begin{bmatrix}\dfrac{Z_{\delta_e}}{V_0}\\ M_{\delta_e}\end{bmatrix}\delta_e$$

$$\alpha=[1\quad 0]\begin{bmatrix}\alpha\\ q\end{bmatrix}$$

定义 $\boldsymbol{x}_{\text{lon}}=\begin{bmatrix}\alpha\\ q\end{bmatrix}$，$\boldsymbol{A}_{\text{lon}}=\begin{bmatrix}\dfrac{Z_\alpha}{V_0} & 1+\dfrac{Z_q}{V_0}\\ M_\alpha & M_q\end{bmatrix}$，$\boldsymbol{B}_{\text{lon}}=\begin{bmatrix}\dfrac{Z_{\delta_e}}{V_0}\\ M_{\delta_e}\end{bmatrix}$，$u_{\text{lon}}=\delta_e$，$y_{\text{lon}}=\alpha$，$\boldsymbol{C}_{\text{lon}}=[1\quad 0]$，则纵向被控对象标称模型可记为

$$\dot{\boldsymbol{x}}_{\text{lon}}=\boldsymbol{A}_{\text{lon}}\boldsymbol{x}_{\text{lon}}+\boldsymbol{B}_{\text{lon}}u_{\text{lon}}$$

$$y_{\text{lon}}=\boldsymbol{C}_{\text{lon}}\boldsymbol{x}_{\text{lon}}$$

式中：控制输入 $u_{\text{lon}}=u_{\text{lon},bl}+u_{\text{lon},ad}$，即纵向控制输入包括线性反馈控制输入 $u_{\text{lon},bl}$ 及自适应控制输入 $u_{\text{lon},ad}$。线性反馈控制输入可基于线性二次型调节器(Linear Quadratic Regulator,

LQR)方法设计为 $u_{\text{lon},bl}=-\boldsymbol{K}_{\text{lon},1}\boldsymbol{x}_{\text{lon}}$,则经线性反馈控制增稳后系统标称模型为

$$\begin{aligned}\dot{\boldsymbol{x}}_{\text{lon}}&=\boldsymbol{A}_{\text{lon}}\boldsymbol{x}_{\text{lon}}-\boldsymbol{B}_{\text{lon}}\boldsymbol{K}_{\text{lon},1}\boldsymbol{x}_{\text{lon}}+\boldsymbol{B}_{\text{lon}}u_{\text{lon},ad}\\&=\boldsymbol{A}_{\text{lon},m}\boldsymbol{x}_{\text{lon}}+\boldsymbol{B}_{\text{lon}}u_{\text{lon},ad}\end{aligned}$$

考虑模型不确定性、外界扰动及故障后,系统实际动力学模型可写为

$$\dot{\boldsymbol{x}}_{\text{lon}}=\boldsymbol{A}_{\text{lon},m}\boldsymbol{x}_{\text{lon}}+\boldsymbol{B}_{\text{lon}}(\omega_{\text{lon}}u_{\text{lon},ad}+\boldsymbol{\sigma}_{\text{lon}}\boldsymbol{x}_{\text{lon}}+\delta_{\text{lon}})\tag{9.1}$$

式中:$\omega_{\text{lon}}\in\mathbb{R}$ 为未知非零量;$\boldsymbol{\sigma}_{\text{lon}}\in\mathbb{R}^{1\times2}$ 为未知时变参数矩阵;$\delta_{\text{lon}}\in\mathbb{R}$ 为未知时变扰动。为使系统实际动力学模型(9.1)跟踪期望参考模型 $\dot{\boldsymbol{x}}_{\text{lon}}=\boldsymbol{A}_{\text{lon},m}\boldsymbol{x}_{\text{lon}}+\boldsymbol{B}_{\text{lon}}k_{\text{lon},g}r_{\text{lon}}$,可设计包括状态预测器、自适应律、控制律的 L1 自适应控制器。

(1) 状态观测器

$$\dot{\hat{\boldsymbol{x}}}_{\text{lon}}=\boldsymbol{A}_{\text{lon},m}\hat{\boldsymbol{x}}_{\text{lon}}+\boldsymbol{B}_{\text{lon}}(\hat{\omega}_{\text{lon}}u_{\text{lon},ad}+\hat{\boldsymbol{\sigma}}_{\text{lon}}\boldsymbol{x}_{\text{lon}}+\hat{\delta}_{\text{lon}})$$

式中:$\hat{\boldsymbol{x}}_{\text{lon}},\hat{\omega}_{\text{lon}},\hat{\boldsymbol{\sigma}}_{\text{lon}},\hat{\delta}_{\text{lon}}$ 分别为对 $\boldsymbol{x}_{\text{lon}},\omega_{\text{lon}},\boldsymbol{\sigma}_{\text{lon}},\delta_{\text{lon}}$ 的观测值。

(2) 自适应律

$$\dot{\hat{\omega}}_{\text{lon}}=\Gamma_{\omega_{\text{lon}}}\text{Proj}(\hat{\omega}_{\text{lon}},-(\tilde{\boldsymbol{x}}_{\text{lon}}^{\text{T}}\boldsymbol{P}_{\text{lon}}\boldsymbol{B}_{\text{lon}})^{\text{T}}u_{\text{lon},ad})$$

$$\dot{\hat{\sigma}}_{\text{lon}}=\Gamma_{\sigma_{\text{lon}}}\text{Proj}(\hat{\boldsymbol{\sigma}}_{\text{lon}},-(\tilde{\boldsymbol{x}}_{\text{lon}}^{\text{T}}\boldsymbol{P}_{\text{lon}}\boldsymbol{B}_{\text{lon}})^{\text{T}}\boldsymbol{x}_{\text{lon}}^{\text{T}})$$

$$\dot{\hat{\delta}}_{\text{lon}}=\Gamma_{\delta_{\text{lon}}}\text{Proj}(\hat{\delta}_{\text{lon}},-(\tilde{\boldsymbol{x}}_{\text{lon}}^{\text{T}}\boldsymbol{P}_{\text{lon}}\boldsymbol{B}_{\text{lon}})^{\text{T}})$$

式中:$\Gamma_{\omega_{\text{lon}}},\Gamma_{\sigma_{\text{lon}}},\Gamma_{\delta_{\text{lon}}}$ 为自适应增益;$\tilde{\boldsymbol{x}}_{\text{lon}}=\hat{\boldsymbol{x}}_{\text{lon}}-\boldsymbol{x}_{\text{lon}}$ 为模型预测误差;$\boldsymbol{P}_{\text{lon}}$ 为 Lyapunov 方程 $\boldsymbol{A}_{\text{lon},m}\boldsymbol{P}_{\text{lon}}+\boldsymbol{P}_{\text{lon}}\boldsymbol{A}_{\text{lon},m}=-\boldsymbol{Q}_{\text{lon}}$ 的解;$\boldsymbol{Q}_{\text{lon}}$ 为正定对称矩阵;Proj(·,·)为投影算子。

(3) 控制律

$$u_{\text{lon},ad}(s)=-K_{\text{lon},2}D(s)\bar{r}_{\text{lon}}(s)$$

式中:$u_{\text{lon},ad}(s),\bar{r}_{\text{lon}}(s)$分别为 $u_{\text{lon},ad}(t),\bar{r}_{\text{lon}}(t)$的拉氏变换;$K_{\text{lon},2}\in\mathbb{R}$ 为反馈增益;$D(s)$为传递函数,可定义为 $D(s)=\dfrac{1}{s}$;$\bar{r}_{\text{lon}}(t)=\hat{\omega}_{\text{lon}}(t)u_{\text{lon},ad}(t)+\hat{\boldsymbol{\sigma}}_{\text{lon}}(t)\boldsymbol{x}_{\text{lon}}(t)+\hat{\delta}_{\text{lon}}(t)-k_{\text{lon},g}r_{\text{lon}}(t)$,

其中 $k_{\text{lon},g}=\dfrac{-1}{\boldsymbol{C}_{\text{lon}}^{\text{T}}\boldsymbol{A}_{\text{lon},m}^{-1}\boldsymbol{B}_{\text{lon}}}$。

注 6.1 在一些文献中,线性反馈增稳控制器 $u_{\text{lon},bl}=-\boldsymbol{K}_{\text{lon},1}\boldsymbol{x}_{\text{lon}}$ 可替换为鲁棒伺服控制器 $u_{\text{lon},\text{bl}}=-\boldsymbol{K}_{\text{lon},P}\boldsymbol{x}_{\text{lon}}-K_{\text{lon},I}\int(r_{\text{lon}}-y_{\text{lon}})\text{d}t$,其中 $\boldsymbol{K}_{\text{lon},P},K_{\text{lon},I}$ 为控制参数,可基于鲁棒伺服控制理论给出。此时 L1 自适应控制律中状态观测器变为

$$\dot{\hat{\boldsymbol{x}}}_{\text{lon}}=\boldsymbol{A}_{\text{lon},m}\hat{\boldsymbol{x}}_{\text{lon}}+\boldsymbol{B}_{\text{lon}}\left(\hat{\omega}_{\text{lon}}u_{\text{lon},ad}+\hat{\boldsymbol{\sigma}}_{\text{lon}}\boldsymbol{x}_{\text{lon}}+\hat{\delta}_{\text{lon}}-K_{\text{lon},I}\int(r_{\text{lon}}-y_{\text{lon}})\text{d}t\right)$$

$\bar{r}_{\text{lon}}(t)$变为

$$\bar{r}_{\text{lon}}(t)=\hat{\omega}_{\text{lon}}(t)u_{\text{lon},ad}(t)+\hat{\boldsymbol{\sigma}}_{\text{lon}}(t)\boldsymbol{x}_{\text{lon}}(t)+\hat{\delta}_{\text{lon}}(t)$$

由于两种控制方式中参考模型类似,因此控制效果相差不大。

2. 基于线性控制律的 L1 自适应控制律设计

与纵向类似,用于横侧向控制设计的飞机标称模型可写为

$$\begin{bmatrix}\dot{\phi}\\ \beta\\ \dot{p}\\ \dot{r}\end{bmatrix}=\begin{bmatrix}0 & 0 & \dfrac{\cos\gamma_0}{\cos\theta_0} & \dfrac{\sin\gamma_0}{\cos\theta_0}\\ \dfrac{g\cos\theta_0}{V_0} & \dfrac{Y_\beta}{V_0} & \dfrac{Y_p}{V_0} & \dfrac{V_r}{V_0}-1\\ 0 & L_\beta & L_p & L_r\\ 0 & N_\beta & N_p & N_r\end{bmatrix}\begin{bmatrix}\phi\\ \beta\\ p\\ r\end{bmatrix}+\begin{bmatrix}0 & 0\\ \dfrac{Y_{\delta_{ail}}}{V_0} & \dfrac{Y_{\delta_{rud}}}{V_0}\\ L_{\delta_{ail}} & L_{\delta_{rud}}\\ N_{\delta_{ail}} & N_{\delta_{rud}}\end{bmatrix}\begin{bmatrix}\delta_a\\ \delta_r\end{bmatrix}$$

$$\begin{bmatrix}\phi\\ \beta\end{bmatrix}=\begin{bmatrix}1 & 0 & 0 & 0\\ 0 & 1 & 0 & 0\end{bmatrix}\begin{bmatrix}\phi\\ \beta\\ p\\ r\end{bmatrix}$$

定义

$$\boldsymbol{x}_{\rm lat}=\begin{bmatrix}\phi\\ \beta\\ p\\ r\end{bmatrix},\quad \boldsymbol{A}_{\rm lat}=\begin{bmatrix}0 & 0 & \dfrac{\cos\gamma_0}{\cos\theta_0} & \dfrac{\sin\gamma_0}{\cos\theta_0}\\ \dfrac{g\cos\theta_0}{V_0} & \dfrac{Y_\beta}{V_0} & \dfrac{Y_p}{V_0} & \dfrac{V_r}{V_0}-1\\ 0 & L_\beta & L_p & L_r\\ 0 & N_\beta & N_p & N_r\end{bmatrix},\quad \boldsymbol{B}_{\rm lat}=\begin{bmatrix}0 & 0\\ \dfrac{Y_{\delta_{ail}}}{V_0} & \dfrac{Y_{\delta_{rud}}}{V_0}\\ L_{\delta_{ail}} & L_{\delta_{rud}}\\ N_{\delta_{ail}} & N_{\delta_{rud}}\end{bmatrix}$$

$$\boldsymbol{u}_{\rm lat}=\begin{bmatrix}\delta_a\\ \delta_r\end{bmatrix},\quad \boldsymbol{y}_{\rm lat}=\begin{bmatrix}\varphi\\ \beta\end{bmatrix},\quad \boldsymbol{C}_{\rm lat}=\begin{bmatrix}1 & 0 & 0 & 0\\ 0 & 1 & 0 & 0\end{bmatrix}$$

则横侧向被控对象标称模型可记为

$$\boldsymbol{x}_{\rm lat}=\boldsymbol{A}_{\rm lat}\boldsymbol{x}_{\rm lat}+\boldsymbol{B}_{\rm lat}\boldsymbol{u}_{\rm lat}$$

$$\boldsymbol{y}_{\rm lat}=\boldsymbol{C}_{\rm lat}\boldsymbol{x}_{\rm lat}$$

式中：控制输入 $\boldsymbol{u}_{\rm lat}=\boldsymbol{u}_{{\rm lat},bl}+\boldsymbol{u}_{{\rm lat},ad}$，即横侧向控制输入包括线性反馈控制输入 $\boldsymbol{u}_{{\rm lat},bl}$ 及自适应控制输入 $\boldsymbol{u}_{{\rm lat},ad}$。线性反馈控制输入可基于 LQR 理论设计为 $\boldsymbol{u}_{\rm lat,lqr}=-\boldsymbol{K}_{\rm lat,1}\boldsymbol{x}_{\rm lat}$，则经线性反馈控制增稳后系统标称模型为

$$\begin{aligned}\dot{\boldsymbol{x}}_{\rm lat}&=\boldsymbol{A}_{\rm lat}\boldsymbol{x}_{\rm lat}-\boldsymbol{B}_{\rm lat}\boldsymbol{K}_{\rm lat,1}\boldsymbol{x}_{\rm lat}+\boldsymbol{B}_{\rm lat}\boldsymbol{u}_{{\rm lat},ad}\\ &=\boldsymbol{A}_{{\rm lat},m}\boldsymbol{x}_{\rm lat}+\boldsymbol{B}_{\rm lat}\boldsymbol{u}_{{\rm lat},ad}\end{aligned}$$

考虑模型不确定性、外界扰动及故障后，系统实际动力学模型可写为

$$\dot{\boldsymbol{x}}_{\rm lat}=\boldsymbol{A}_{{\rm lat},m}\boldsymbol{x}_{\rm lat}+\boldsymbol{B}_{\rm lat}(\boldsymbol{\omega}_{\rm lat}\boldsymbol{u}_{{\rm lat},ad}+\boldsymbol{\sigma}_{\rm lat}\boldsymbol{x}_{\rm lat}+\boldsymbol{\delta}_{\rm lat})\tag{9.2}$$

式中：$\boldsymbol{\omega}_{\rm lat}\in\mathbb{R}^{2\times2}$ 为未知非奇异矩阵；$\boldsymbol{\sigma}_{\rm lat}\in\mathbb{R}^{2\times4}$ 为未知时变参数矩阵；$\boldsymbol{\delta}_{\rm lat}\in\mathbb{R}^{2\times1}$ 为未知时变扰动。为使系统实际动力学模型(9.2)跟踪期望参考模型 $\dot{\boldsymbol{x}}_{\rm lat}=\boldsymbol{A}_{{\rm lat},m}\boldsymbol{x}_{\rm lat}+\boldsymbol{B}_{\rm lat}\boldsymbol{k}_{{\rm lat},g}\boldsymbol{r}_{\rm lat}$，可设计包括状态预测器、自适应律、控制律的 L1 自适应控制器。

(1) 状态观测器

$$\dot{\hat{\boldsymbol{x}}}_{\rm lat}=\boldsymbol{A}_{{\rm lat},m}\hat{\boldsymbol{x}}_{\rm lat}+\boldsymbol{B}_{\rm lat}(\hat{\boldsymbol{\omega}}_{\rm lat}\boldsymbol{u}_{{\rm lat},ad}+\hat{\boldsymbol{\sigma}}_{\rm lat}\boldsymbol{x}_{\rm lat}+\hat{\boldsymbol{\delta}}_{\rm lat})$$

式中：$\hat{\boldsymbol{x}}_{\rm lat}$，$\hat{\boldsymbol{\omega}}_{\rm lat}$，$\hat{\boldsymbol{\sigma}}_{\rm lat}$，$\hat{\boldsymbol{\delta}}_{\rm lat}$ 分别为对 $\boldsymbol{x}_{\rm lat}$，$\boldsymbol{\omega}_{\rm lat}$，$\hat{\boldsymbol{\sigma}}_{\rm lat}$，$\hat{\boldsymbol{\delta}}_{\rm lat}$ 的观测值。

(2) 自适应律

$$\dot{\hat{\boldsymbol{\omega}}}_{\rm lat}=\boldsymbol{\Gamma}_{\boldsymbol{\omega}_{\rm lat}}{\rm Proj}(\hat{\boldsymbol{\omega}}_{\rm lat},-(\tilde{\boldsymbol{x}}_{\rm lat}^{\rm T}\boldsymbol{P}_{\rm lat}\boldsymbol{B}_{\rm lat})^{\rm T}\boldsymbol{u}_{{\rm lat},ad}^{\rm T})$$

$$\dot{\hat{\boldsymbol{\sigma}}}_{\text{lat}}=\Gamma_{\boldsymbol{\sigma}_{\text{lat}}}\text{Proj}(\hat{\boldsymbol{\sigma}}_{\text{lat}},-(\tilde{\boldsymbol{x}}_{\text{lat}}^{\mathrm{T}}\boldsymbol{P}_{\text{lat}}\boldsymbol{B}_{\text{lat}})^{\mathrm{T}}\boldsymbol{x}_{\text{lat}}^{\mathrm{T}})$$

$$\dot{\hat{\boldsymbol{\delta}}}_{\text{lat}}=\Gamma_{\boldsymbol{\delta}_{\text{lat}}}\text{Proj}(\hat{\boldsymbol{\delta}}_{\text{lat}},-(\tilde{\boldsymbol{x}}_{\text{lat}}^{\mathrm{T}}\boldsymbol{P}_{\text{lat}}\boldsymbol{B}_{\text{lat}})^{\mathrm{T}})$$

式中：$\Gamma_{\boldsymbol{\omega}_{\text{lat}}}$，$\Gamma_{\sigma_{\text{lat}}}$，$\Gamma_{\delta_{\text{lat}}}$ 为自适应增益；$\tilde{\boldsymbol{x}}_{\text{lat}}=\hat{\boldsymbol{x}}_{\text{lat}}-\boldsymbol{x}_{\text{lat}}$ 为模型预测误差；$\boldsymbol{P}_{\text{lat}}$ 为 Lyapunov 方程 $\boldsymbol{A}_{\text{lat},m}\boldsymbol{P}_{\text{lat}}+\boldsymbol{P}_{\text{lat}}\boldsymbol{A}_{\text{lat},m}=-\boldsymbol{Q}_{\text{lat}}$ 的解；$\boldsymbol{Q}_{\text{lat}}$ 为正定对称矩阵；Proj(·，·)为投影算子。

(3) 控制律

$$\boldsymbol{u}_{\text{lat},ad}(s)=-\boldsymbol{K}_{\text{lat},2}D(s)\bar{\boldsymbol{r}}_{\text{lat}}(s)$$

式中：$\boldsymbol{u}_{\text{lat},ad}(s)$，$\bar{\boldsymbol{r}}_{\text{lat}}(s)$分别为 $\boldsymbol{u}_{\text{lat},ad}(t)$，$\bar{\boldsymbol{r}}_{\text{lat}}(t)$的拉氏变换；$\boldsymbol{K}_{\text{lat},2}\in\mathbb{R}^{2\times2}$为反馈增益；$D(s)$为传递函数，可定义为 $D(s)=\dfrac{1}{s}$；$\bar{\boldsymbol{r}}_{\text{lat}}(t)=\hat{\boldsymbol{\omega}}_{\text{lat}}(t)\boldsymbol{u}_{\text{lat},ad}(t)+\hat{\boldsymbol{\sigma}}_{\text{lat}}(t)\boldsymbol{x}_{\text{lat}}(t)+\hat{\boldsymbol{\delta}}_{\text{lat}}(t)-k_{\text{lat},g}\boldsymbol{r}_{\text{lat}}(t)$，其中 $k_{\text{lat},g}=\dfrac{-1}{\boldsymbol{C}_{\text{lat}}^{\mathrm{T}}\boldsymbol{A}_{\text{lat},m}^{-1}\boldsymbol{B}_{\text{lat}}}$。

9.1.3 基于非线性动态逆的 L1 自适应容错控制架构

前文中的基于线性控制律的 L1 自适应控制方法在现有文献中得到广泛应用，但传统方法仍存在以下三个问题，使其难以满足本章的控制需求：

① 基于线性控制律的 L1 自适应控制方法对期望信号跟踪快速性有待改善。当期望信号为常值时，传统方法可保证稳态跟踪误差为 0；当期望信号为时变量时，将存在跟踪滞后现象[21]。

② 在基于线性控制律的 L1 自适应控制方法中，纵向控制回路采用迎角反馈。但迎角属气动角，缩比无人机难以精确测量，对于控制回路中关键反馈信号的测量误差将对控制效果产生不良影响。

③ 基于线性控制律的 L1 自适应控制律基于飞机纵向及横侧向线性模型设计，未考虑飞机纵向和横侧向的耦合，存在建模误差，且为设计飞行控制律，需建立不同飞行状态下的小扰动线性化模型并设计调度算法，增大工作量。

由于传统方法存在的不足，为满足控制需求，有必要对现有 L1 自适应控制方法进行改进，探索新控制方案，提升控制性能。为针对性地解决上述三个问题，本章提出一种基于非线性动态逆的 L1 自适应控制方法，其架构如图 9.3 所示。本章提出的基于非线性动态逆的 L1 自适应控制方法有如下特点：

① 基于 Lyapunov 稳定性理论设计参考模型，在基于线性控制律的 L1 自适应控制架构基础上增加了指令生成器，并重新设计了状态预测器，提高了控制器对时变指令的响应速度。

② 纵向回路采用俯仰角反馈，俯仰角信号可由飞控惯性测量单元(Inertial Mearsurement Unit，IMU)测得，相较迎角信号有更高的输出频率与测量精度，提高了控制器控制精度，具备在缩比固定翼无人机试飞试验的可行性。

③ 基准控制器采用非线性动态逆方法设计，考虑了纵向与横侧向耦合，消除了线性模型中的建模误差，且避免了对多个飞行状态建模。

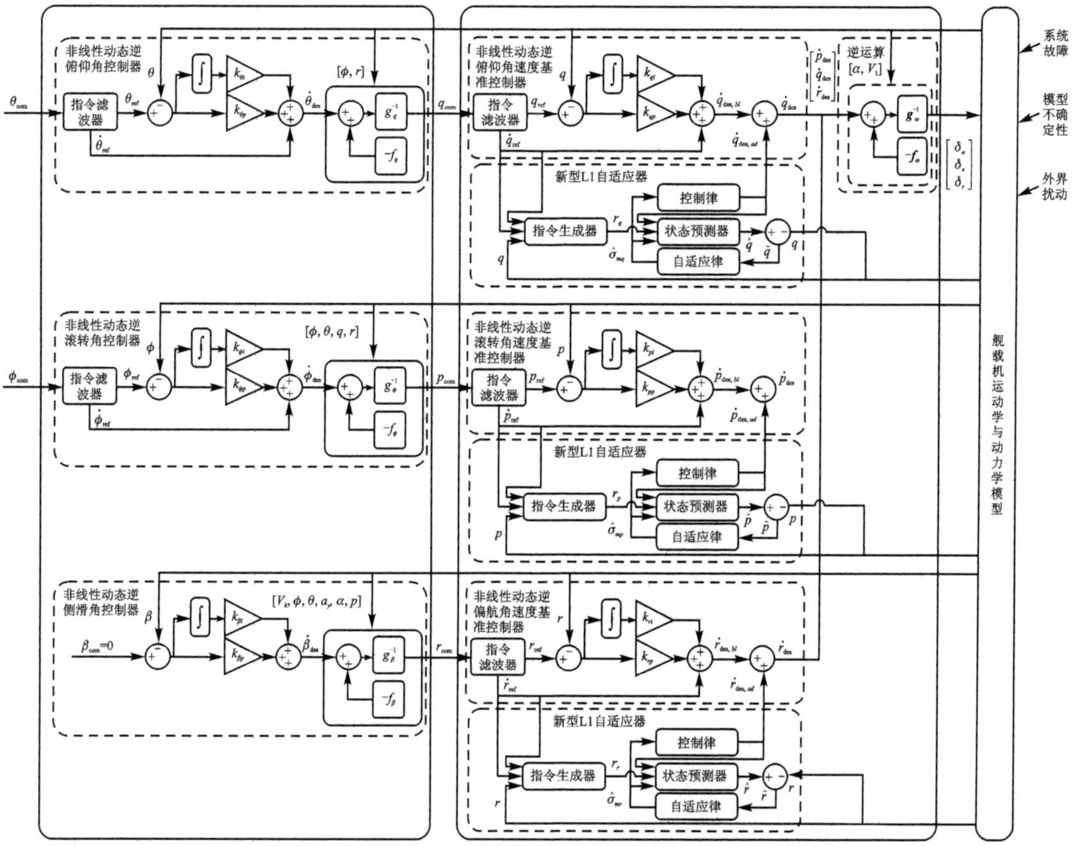

图 9.3　基于非线性动态逆的 L1 自适应控制架构

9.2　非线性自适应控制器设计

本章提出的基于非线性动态逆的 L1 自适应控制方法接收期望角度指令，经角度控制器生成期望角速度指令，再经角速度控制器生成舵面偏转指令。所提出方法基于非线性动态逆理论设计基准控制器，并通过 L1 自适应控制器对基准控制器进行增强，抑制系统故障、模型不确定性、外界扰动等因素的影响。所提出方法详细设计如下。

9.2.1　非线性动态逆基准控制器设计

1. 非线性动态逆角度控制器

(1) 俯仰角控制器

俯仰角运动学模型为

$$\dot{\theta} = \underbrace{-r\sin\phi}_{f_\theta} + \underbrace{\cos\phi}_{g_\theta} q = f_\theta + g_\theta q \tag{9.3}$$

首先设计如式(5.20)所示的指令滤波器，对输入俯仰角指令 θ_{com} 进行滤波，并提取其一阶导数。滤波后指令及指令导数分别记为 $\dot{\theta}_{\mathrm{ref}}$ 及 $\dot{\theta}_{\mathrm{ref}}$，并定义俯仰角跟踪误差为 $e_\theta=\theta_{\mathrm{ref}}-\theta$，俯仰角跟踪误差积分为 $\varepsilon_\theta=\int e_\theta \mathrm{d}t$，则可设计俯仰角控制器为

$$q_{\mathrm{com}}=g_\theta^{-1}(-f_\theta+k_{\theta p}e_\theta+k_{\theta i}\varepsilon_\theta+\dot{\theta}_{\mathrm{ref}}) \tag{9.4}$$

式中：q_{com} 为期望俯仰角速度；$k_{\theta p}$ 及 $k_{\theta i}$ 为控制增益。定义 Lyapunov 候选函数 $V_\theta=\frac{1}{2}(e_\theta^2+k_{\theta i}\varepsilon_\theta^2)$，可推得其导数为

$$\begin{aligned}\dot{V}_\theta&=e_\theta(\dot{e}_\theta+k_{\theta i}\varepsilon_\theta)\\&=e_\theta(\dot{\theta}_{ref}-f_\theta-g_\theta q+k_{\theta i}\varepsilon_\theta)\\&=-k_{\theta p}e_\theta^2+g_\theta e_\theta e_q\end{aligned} \tag{9.5}$$

式中：$e_q=q_{\mathrm{com}}-q$ 为俯仰角速度跟踪误差。由杨氏不等式可得 $g_\theta e_\theta e_q\leqslant\frac{g_\theta}{2}(e_\theta^2+e_q^2)$，因此式(9.5)可写为

$$\dot{V}_\theta\leqslant-\left(k_{\theta p}-\frac{|g_\theta|}{2}\right)e_\theta^2+\frac{|g_\theta|}{2}e_q^2 \tag{9.6}$$

(2) 滚转角控制器

滚转角运动学模型为

$$\dot{\phi}=\underbrace{q\sin\phi\tan\theta+r\cos\phi\tan\theta}_{f_\varphi}+p=f_\phi+g_\phi p \tag{9.7}$$

式中：$g_\phi=1$。类似俯仰角控制器，首先由指令滤波器对输入滚转角指令 ϕ_{com} 进行滤波，记滤波后指令及指令导数分别为 ϕ_{ref} 及 $\dot{\phi}_{\mathrm{ref}}$，定义滚转角跟踪误差为 $e_\phi=\phi_{\mathrm{ref}}-\phi$，滚转角跟踪误差积分为 $\varepsilon_\phi=\int e_\phi \mathrm{d}t$，则可设计滚转角控制器为

$$p_{\mathrm{com}}=g_\phi^{-1}(-f_\phi+k_{\phi p}e_\phi+k_{\phi i}\varepsilon_\phi+\dot{\phi}_{\mathrm{ref}}) \tag{9.8}$$

式中：p_{com} 为期望滚转角速度；$k_{\phi p}$ 及 $k_{\phi i}$ 为控制增益。定义 Lyapunov 候选函数 $V_\phi=\frac{1}{2}(e_\phi^2+k_{\phi i}\varepsilon_\phi^2)$，可推得其导数为

$$\dot{V}_\phi=e_\phi(\dot{e}_\phi+k_{\phi i}\varepsilon_\phi)=-k_{\phi p}e_\phi^2+g_\phi e_\phi e_p \tag{9.9}$$

式中：$e_p=p_{\mathrm{com}}-p$ 为滚转角速度跟踪误差。由杨氏不等式可得 $g_\phi e_\phi e_\phi\leqslant\frac{g_\phi}{2}(e_\phi^2+e_p^2)$，因此式(9.9)可写为

$$\dot{V}_\phi\leqslant-\left(k_{\phi p}-\frac{g_\phi}{2}\right)e_\phi^2+\frac{g_\phi}{2}e_q^2 \tag{9.10}$$

(3) 偏航角控制器

侧滑角运动学模型为

$$\begin{aligned}\dot{\beta}&=\underbrace{\frac{1}{V_k}(g\sin\phi\cos\theta+a_y)+p\sin\alpha}_{f_\beta}+\underbrace{(-\cos\alpha)}_{g_\beta}r\\&=f_\beta+g_\beta r\end{aligned} \tag{9.11}$$

式中：a_y 为侧向加速度。由于飞行过程中需维持协调转弯，故期望侧滑角 β_{com} 及其导数始终为 0，因此无需指令滤波器对侧滑角滤波。定义侧滑角跟踪误差为 $e_\beta=\beta_{\mathrm{com}}-\beta$，侧滑角跟踪误差积分量为 $\varepsilon_\beta=\int e_\beta \mathrm{d}t$，则可设计侧滑角控制器为

$$r_{\mathrm{com}}=g_\beta^{-1}(-f_\beta+k_{\beta p}e_\beta+k_{\beta i}\varepsilon_\beta) \tag{9.12}$$

式中：r_{com} 为期望偏航角速度；$k_{\beta p}$ 及 $k_{\beta i}$ 为控制增益。定义 Lyapunov 候选函数 $V_\beta=\frac{1}{2}(e_\beta^2+k_{\beta i}\varepsilon_\beta^2)$，可推得其导数为

$$\dot{V}_\beta=e_\beta(\dot{e}_\beta+k_{\beta i}\varepsilon_\beta)=-k_{\beta p}e_\beta^2+g_\beta e_\beta e_r \tag{9.13}$$

式中：$e_r=r_{\mathrm{com}}-r$ 为偏航角速度跟踪误差。由杨氏不等式可得 $g_\beta e_\beta e_r\leqslant\frac{|g_\beta|}{2}(e_\beta^2+e_r^2)$，因此式(9.13)可写为

$$\dot{V}_\beta\leqslant-\left(k_{\beta p}-\frac{|g_\beta|}{2}\right)e_\beta^2+\frac{|g_\beta|}{2}e_r^2 \tag{9.14}$$

2. 非线性动态逆角速度控制器

角速度控制器接收期望滚转、俯仰、偏航角速度，并计算副翼、升降舵、方向舵偏量。首先由指令滤波器生成期望角速度参考值 $p_{\mathrm{ref}},q_{\mathrm{ref}},r_{\mathrm{ref}}$ 及其导数 $\dot{p}_{\mathrm{ref}},\dot{q}_{\mathrm{ref}},\dot{r}_{\mathrm{ref}}$。之后可计算三轴基准期望角加速度为

$$\begin{aligned}\dot{p}_{\mathrm{des},bl}&=k_{pp}e_p+k_{pi}\varepsilon_p+\dot{p}_{\mathrm{ref}}\\ \dot{q}_{\mathrm{des},bl}&=k_{qp}e_q+k_{qi}\varepsilon_q+\dot{q}_{\mathrm{ref}}\\ \dot{r}_{\mathrm{des},bl}&=k_{rp}e_r+k_{ri}\varepsilon_r+\dot{r}_{\mathrm{ref}}\end{aligned}$$

式中：$\varepsilon_p=\int e_p\mathrm{d}t,\varepsilon_q=\int e_q\mathrm{d}t,\varepsilon_r=\int e_r\mathrm{d}t$ 分别为滚转、俯仰、偏航角速度跟踪误差积分，$k_{pp},k_{qp},k_{rp},k_{pi},k_{qi},k_{ri}$ 为控制增益。

注 9.1　当俯仰角速度控制器中指令滤波器阻尼比 ξ_q 取最佳阻尼比 0.707，且自然频率 ω_p 足够大时，指令滤波器估计误差足够小，此时 q_{ref} 可用于近似 q_{com}，俯仰角速度跟踪误差 $e_q=q_{\mathrm{com}}-q$ 可替换为 $e_q=q_{\mathrm{ref}}-q$。同理，滚转角速度与偏航角速度跟踪误差 $e_p=p_{\mathrm{com}}-p$，$e_r=r_{\mathrm{com}}-r$ 可分别替换为 $e_p=p_{\mathrm{ref}}-p,e_r=r_{\mathrm{ref}}-r$。

由 5.3.3 节讨论可知，无故障、模型不确定性及外界扰动下舰载机转动动力学标称模型可写为仿射形式

$$\dot{\boldsymbol{x}}_4=\boldsymbol{f}_4+\boldsymbol{g}_4\boldsymbol{u}_a \tag{9.15}$$

记舰载机三轴基准期望角加速度为 $\dot{\boldsymbol{\omega}}_{\mathrm{des},bl}=[\dot{p}_{\mathrm{des},bl},\dot{q}_{\mathrm{des},bl},\dot{r}_{\mathrm{des},bl}]^{\mathrm{T}}$，则可基于非线性动态逆原理，解算期望舵偏量为

$$\boldsymbol{u}_a=\boldsymbol{g}_4^{-1}(-\boldsymbol{f}_4+\dot{\boldsymbol{\omega}}_{\mathrm{des},bl}) \tag{9.16}$$

记 $\boldsymbol{\omega}_{\mathrm{ref}}=[p_{\mathrm{ref}},q_{\mathrm{ref}},r_{\mathrm{ref}}]^{\mathrm{T}}$，$\boldsymbol{e}_{\boldsymbol{\omega}}=[e_p,e_q,e_r]^{\mathrm{T}}$，$\boldsymbol{\varepsilon}_{\boldsymbol{\omega}}=[\varepsilon_p,\varepsilon_q,\varepsilon_r]^{\mathrm{T}}$，$\boldsymbol{k}_{\boldsymbol{\omega}i}=\mathrm{diag}(k_{pi},k_{qi},k_{ri})$，选取 Lyapunov 候选函数 $V_{\boldsymbol{\omega}}=\frac{1}{2}(\boldsymbol{e}_{\boldsymbol{\omega}}^{\mathrm{T}}\boldsymbol{e}_{\boldsymbol{\omega}}+\boldsymbol{\varepsilon}_{\boldsymbol{\omega}}^{\mathrm{T}}\boldsymbol{k}_{\boldsymbol{\omega}i}\boldsymbol{\varepsilon}_{\boldsymbol{\omega}})$，则可推得其导数为

$$\begin{aligned}\dot{V}_{\boldsymbol{\omega}} &= \boldsymbol{e}_{\boldsymbol{\omega}}^{\mathrm{T}}\dot{\boldsymbol{e}}_{\boldsymbol{\omega}} + \boldsymbol{\varepsilon}_{\boldsymbol{\omega}}^{\mathrm{T}}\boldsymbol{k}_{\boldsymbol{\omega}i}\dot{\boldsymbol{\varepsilon}}_{\omega}^{\mathrm{T}} \\ &= \boldsymbol{e}_{\boldsymbol{\omega}}^{\mathrm{T}}(\dot{\boldsymbol{\omega}}_{\mathrm{ref}} - \boldsymbol{f}_{\boldsymbol{\omega}} - \boldsymbol{g}_{\boldsymbol{\omega}}\boldsymbol{u}_{\boldsymbol{a}}) + \boldsymbol{\sigma}_{\boldsymbol{\omega}}^{\mathrm{T}}\boldsymbol{k}_{\boldsymbol{\omega}i}\boldsymbol{e}_{\boldsymbol{\omega}} \\ &= -\boldsymbol{e}_{\boldsymbol{\omega}}^{\mathrm{T}}\boldsymbol{k}_{\boldsymbol{\omega}}\boldsymbol{e}_{\boldsymbol{\omega}}\end{aligned} \tag{9.17}$$

定理 9.1 考虑式(9.3),(9.7),(9.11),(9.15)描述的无故障、模型不确定性及外界扰动的舰载机标称模型,若控制参数满足 $k_{\theta p},k_{\phi p},k_{\beta p},k_{pp},k_{qp},k_{rp}>\frac{1}{2},k_{\theta i},k_{\phi i},k_{\beta i},k_{pi},k_{qi},k_{ri}>0$,则角度控制器(9.4),(9.8),(9.12),角速度控制器(9.16)可保证角度跟踪误差 e_θ,e_ϕ,e_β 及角速度跟踪误差 e_p,e_q,e_r 渐近收敛。

证明 考虑 Lyapunov 候选函数 $V=V_\theta+V_\phi+V_\beta+V_\omega$,将式(9.6),(9.10),(9.14),(9.17)的结果代入 $\dot{V}$ 表达式中,可得

$$\begin{aligned}\dot{V} \leqslant &-\left(k_{\theta p}-\frac{|g_\theta|}{2}\right)e_\theta^2+\frac{|g_\theta|}{2}e_q^2-\left(k_{\phi p}-\frac{g_\phi}{2}\right)e_\phi^2+\frac{g_\phi}{2}e_q^2-\left(k_{\beta p}-\frac{|g_\beta|}{2}\right)e_\beta^2+ \\ &\frac{|g_\beta|}{2}e_r^2-\boldsymbol{e}_{\boldsymbol{\omega}}^{\mathrm{T}}\boldsymbol{k}_{\boldsymbol{\omega}}\boldsymbol{e}_{\boldsymbol{\omega}} \\ \leqslant &-\left(k_{\theta p}-\frac{|g_\theta|}{2}\right)e_\theta^2-\left(k_{\phi p}-\frac{g_\phi}{2}\right)e_\phi^2-\left(k_{\beta p}-\frac{|g_\beta|}{2}\right)e_\beta^2- \\ &\left(k_{qp}-\frac{|g_\theta|}{2}\right)e_q^2-\left(k_{pp}-\frac{g_\phi}{2}\right)e_p^2+\left(k_{rp}-\frac{|g_\beta|}{2}\right)e_r^2\end{aligned} \tag{9.18}$$

由 g_θ,g_ϕ,g_β 定义可知,$|g_\theta|,|g_\beta|\leqslant 1,g_\phi=1$。因此当控制参数满足定理 6.1 中条件时,Lyapunov 候选函数 $V\geqslant 0$,其导数 $\dot{V}\leqslant 0$,当且仅当 $e_\theta,e_\phi,e_\beta,e_p,e_q,e_r=0$ 时,$\dot{V}=0$,故可知控制器(9.4),(9.8),(9.12),(9.16)可保证角度跟踪误差 e_θ,e_ϕ,e_β 及角速度跟踪误差 e_p,e_q,e_r 渐近收敛。证毕。

9.2.2 L1 自适应控制器设计

本章设计的 L1 自适应控制器,在动态逆基准控制器基础上附加三轴自适应角加速度指令 $\dot{p}_{\mathrm{des},ad}$、$\dot{q}_{\mathrm{des},ad}$、$\dot{r}_{\mathrm{des},ad}$,实现对系统故障、模型不确定性、外界扰动等因素的观测与补偿,具体分为指令生成器、状态预测器、自适应律、控制律四部分。

1. 指令生成器

以俯仰轴为例,由 9.2.1 小节讨论可知,当俯仰角速度满足如下动态特性时,俯仰角速度跟踪误差 e_q 渐近收敛。

$$\dot{q}_{\mathrm{des},bl}=-k_{qp}q+k_{qp}q_{\mathrm{ref}}+k_{qi}\varepsilon_q+\dot{q}_{\mathrm{ref}}$$

因此,定义模型参考指令信号为

$$r_q=k_{qp}q_{\mathrm{ref}}+k_{qi}\varepsilon_q+\dot{q}_{\mathrm{ref}} \tag{9.19}$$

可得俯仰角速度参考模型为

$$\dot{q}_m=A_{mq}q+B_{mq}r_q \tag{9.20}$$

式中:q_m 为俯仰角速度模型参考信号;$A_m=-k_{qp}$;$B_m=1$ 描述了系统期望动态响应特性。

注 9.2 与现有 L1 自适应控制方法中以期望角度/角速度作为模型参考指令的方法相

比，本章基于 Lyapunov 稳定性理论设计了参考模型及模型参考指令，可保证参考模型中期望角速度跟踪误差渐近收敛，解决了传统 L1 自适应方法跟踪时变指令时存在的滞后问题。

与俯仰轴类似，可分别设计滚转轴与偏航轴的参考指令为

$$\begin{cases} r_p = k_{pp} p_{\text{ref}} + k_{pi} \varepsilon_p + \dot{p}_{\text{ref}} \\ r_r = k_{rp} r_{\text{ref}} + k_{ri} \varepsilon_r + \dot{r}_{\text{ref}} \end{cases} \tag{9.21}$$

滚转轴与偏航轴参考模型可设计为

$$\begin{cases} \dot{p}_m = A_{mp} p + B_{mp} r_p \\ \dot{r}_m = A_{mr} r + B_{mr} r_r \end{cases} \tag{9.22}$$

式中：p_m 与 r_m 分别为滚转与偏航角速度模型参考信号；$A_{mp} = -k_{pp}$；$A_{mr} = -k_{rp}$；$B_{mp} = B_{mr} = 1$。

2. 状态预测器

设 L1 自适应控制器生成的俯仰、滚转、偏航期望角加速度信号分别为 $\dot{p}_{\text{des},ad}$，$\dot{q}_{\text{des},ad}$，$\dot{r}_{\text{des},ad}$，记 $\dot{\boldsymbol{\omega}}_{\text{des},ad} = [\dot{p}_{\text{des},ad}, \dot{q}_{\text{des},ad}, \dot{r}_{\text{des},ad}]^{\mathrm{T}}$，则经 L1 自适应增强的最终控制器表达式为

$$\boldsymbol{u}_a = \boldsymbol{g}_4^{-1}(-\boldsymbol{f}_4 + \dot{\boldsymbol{\omega}}_{\text{des},bl} + \dot{\boldsymbol{\omega}}_{\text{des},ad}) \tag{9.23}$$

在式(9.23)描述的控制器控制下，系统实际闭环模型为

$$\begin{cases} \dot{p} = A_{mp} p + B_{mp}(r_p + \dot{p}_{\text{des},ad}) + \sigma_p \\ \dot{q} = A_{mq} q + B_{mq}(r_q + \dot{q}_{\text{des},ad}) + \sigma_q \\ \dot{r} = A_{mr} r + B_{mr}(r_r + \dot{r}_{\text{des},ad}) + \sigma_r \end{cases} \tag{9.24}$$

式中：σ_p，σ_q，σ_r 为系统故障、模型不确定性、外界扰动等引起的未知时变项。以俯仰轴为例，σ_q 可分解为匹配干扰和非匹配干扰 $\sigma_q = B_{mq}\sigma_{mq} + B_{umq}\sigma_{umq}$，其中 B_{umq} 需满足两个条件：① 矩阵 $[B_{mq}, B_{umq}]$ 满秩；② B_{umq} 是 B_{mq} 的零空间，因此可知 $B_{umq} = 0$[21]。故俯仰角速度实际闭环系统模型可写为

$$\dot{q} = A_{mq} q + B_{mq}(r_q + \dot{q}_{\text{des},ad} + \sigma_{mq})$$

因此可设计俯仰轴向状态预测器为

$$\dot{\hat{q}} = A_{mq}\hat{q} + B_{mq}(r_q + \dot{q}_{\text{des},ad} + \hat{\sigma}_{mq}) \tag{9.25}$$

式中：$\hat{q}$，$\hat{\sigma}_{mq}$ 分别为俯仰角速度预测值与对未知扰动估计值。

同理，可设计滚转与偏航轴向状态预测器为

$$\begin{cases} \dot{\hat{p}} = A_{mp}\hat{p} + B_{mp}(r_p + \dot{p}_{\text{des},ad} + \hat{\sigma}_{mp}) \\ \dot{\hat{r}} = A_{mr}\hat{r} + B_{mr}(r_r + \dot{r}_{\text{des},ad} + \hat{\sigma}_{mr}) \end{cases} \tag{9.26}$$

式中：$\hat{p}$、$\hat{r}$ 分别为滚转、偏航角速度预测值；$\hat{\sigma}_{mp}$、$\hat{\sigma}_{mr}$ 为对未知扰动估计值。

3. 自适应律

定义三轴状态预测误差为 $\tilde{p} = \hat{p} - p$，$\tilde{q} = \hat{q} - q$，$\tilde{r} = \hat{r} - r$，滚转、俯仰、偏航轴未知扰动由如下自适应律估计：

$$\begin{cases}\hat{\boldsymbol{\sigma}}_{mp}(kT_s)=-B_{mp}^{-1}\Phi_p^{-1}(T_s)\mu_p(kT_s)\\ \hat{\boldsymbol{\sigma}}_{mq}(kT_s)=-B_{mq}^{-1}\Phi_q^{-1}(T_s)\mu_q(kT_s)\\ \hat{\boldsymbol{\sigma}}_{mr}(kT_s)=-B_{mr}^{-1}\Phi_r^{-1}(T_s)\mu_r(kT_s)\end{cases} \tag{9.27}$$

式中：T_s 为采样间隔；k 为采样次数；并有

$$\Phi_p(T_s)=A_{mp}^{-1}(e^{A_{mp}T_s}-1),\quad \mu_p(kT_s)=e^{A_{mp}T_s}\tilde{p}(kT_s)$$
$$\Phi_q(T_s)=A_{mq}^{-1}(e^{A_{mq}T_s}-1),\quad \mu_q(kT_s)=e^{A_{mq}T_s}\tilde{q}(kT_s)$$
$$\Phi_r(T_s)=A_{mr}^{-1}(e^{A_{mr}T_s}-1),\quad \mu_r(kT_s)=e^{A_{mr}T_s}\tilde{r}(kT_s)$$

4. 控制律

L1 自适应输出量经低通滤波器滤波后给出：

$$\begin{cases}\dot{p}_{\mathrm{des},ad}=-C_p(s)\hat{\sigma}_{mp}(s)\\ \dot{q}_{\mathrm{des},ad}=-C_q(s)\hat{\sigma}_{mq}(s)\\ \dot{r}_{\mathrm{des},ad}=-C_r(s)\hat{\sigma}_{mr}(s)\end{cases} \tag{9.28}$$

式中：$C_p(s)=\dfrac{\omega_{cp}}{s+\omega_{cp}}$，$C_q(s)=\dfrac{\omega_{cq}}{s+\omega_{cq}}$，$C_r(s)=\dfrac{\omega_{cr}}{s+\omega_{cr}}$为低通滤波器；$\omega_{cp}$，$\omega_{cq}$，$\omega_{cr}$ 为滤波器参数；$\hat{\sigma}_{mp}(s)$，$\hat{\sigma}_{mq}(s)$，$\hat{\sigma}_{mr}(s)$分别为 $\hat{\sigma}_{mp}(t)$，$\hat{\sigma}_{mq}(t)$，$\hat{\sigma}_{mr}(t)$的拉氏变换。

由文献[21]可知，考虑如式(9.24)所示的实际闭环系统，状态预测器(9.25)、(9.26)，自适应律(9.27)和控制律(9.28)可抑制系统故障、模型不确定性、外界干扰等因素影响，使实际系统输出跟踪指令生成器(9.19)、(9.21)构造的具有期望动态特性的参考模型(9.20)、(9.22)。定义 $\boldsymbol{\omega}_m=[p_m,q_m,r_m]^{\mathrm{T}}$，有 $\|\boldsymbol{\omega}_m-\boldsymbol{\omega}\|_{L_\infty}\leqslant\gamma_1$，$\gamma_1$ 与时变扰动上限、采样时间 T_s、参考模型参数 A_{mp}、A_{mq}、A_{mr} 及滤波器 $C_p(s)$、$C_{qx}(s)$、$C_r(s)$有关。

本章小结

为提高舰载机抵御模型不确定性、外界扰动、舵面卡死及机体损伤的能力，本章提出一种非线性 L1 自适应容错控制方法。所设计的方法可对由建模误差、风场、故障、损伤等因素引起的干扰进行估计与补偿，抑制其不良影响。与传统 L1 自适应方法相比，本章提出的方法改善了对时变指令的跟踪能力，且控制架构适用于无精确迎角测量的飞机。

第 10 章　容错着舰控制方法试飞平台设计与试验

10.1　缩比试飞平台设计

近 20 年来涌现的计算机硬件及软件对飞行动力学与控制律仿真能力愈发强大，但纯数值仿真难免在模型不确定性、外界扰动、飞控计算能力、传感器特性等方面存在考虑不周全之处，因此为将实验室先进控制算法应用至工程实践，有必要开展真实环境下缩比试验，对控制方案进行试飞验证与迭代改进。

为对非线性自适应控制算法进行飞行验证，本章设计构建了如图 10.1 所示的固定翼缩比飞行验证系统。系统包括固定翼缩比验证机和航电设备。固定翼缩比验证机为 Su－27 飞机 1∶13 缩比模型，配备副翼、全动平尾、方向舵、推进涵道等执行器。缩比验证机其他性能参数如表 10.1 所列。

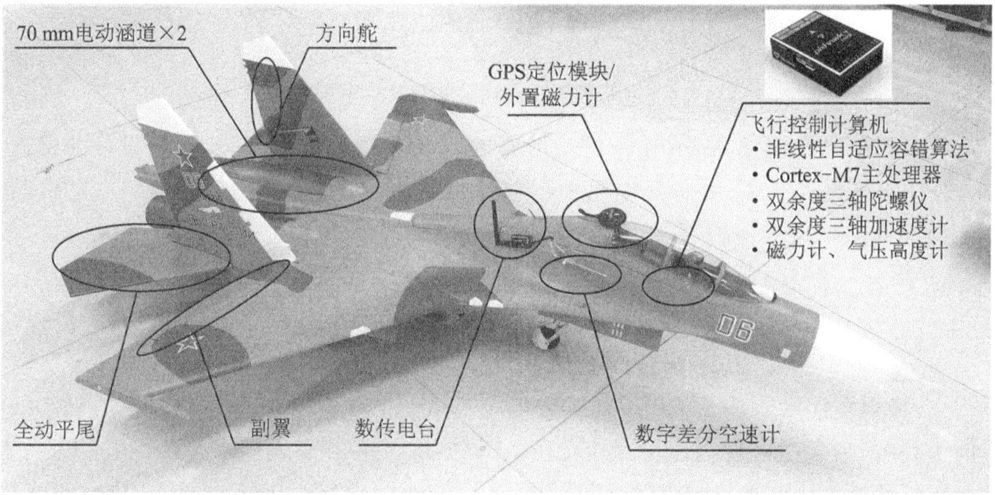

图 10.1　固定翼缩比飞行验证系统配置

表 10.1　固定翼缩比验证机参数

项　目	参　数	项　目	参　数
翼展	1 110 mm	电机	3060－KV1900×2
机身长	1 640 mm	电调	80A×2
起飞重量	4 380 g	涵道	70 mm 12 叶涵道×2
翼面积	32.5 dm^2	舵机	13 g 舵机×4，9 g 舵机×8
翼载荷	134.8 g/dm^2	锂电池	6S 5 000 mAh 40C

航电系统框架如图 10.2 所示，机载端核心为 Pixhawk4 mini 飞控计算机，飞控由板载加速度计、陀螺仪、气压计、磁力计及外置 GPS 模块、磁力计、空速计获取原始测量参数，经扩展卡尔曼滤波算法解算飞机位姿信息。此外，飞控通过接收机接收遥控器摇杆指令，通过数传电台与地面站建立通信，交互实现传感器校准、参数设置、航线规划、数据监控、数据分析等功能。

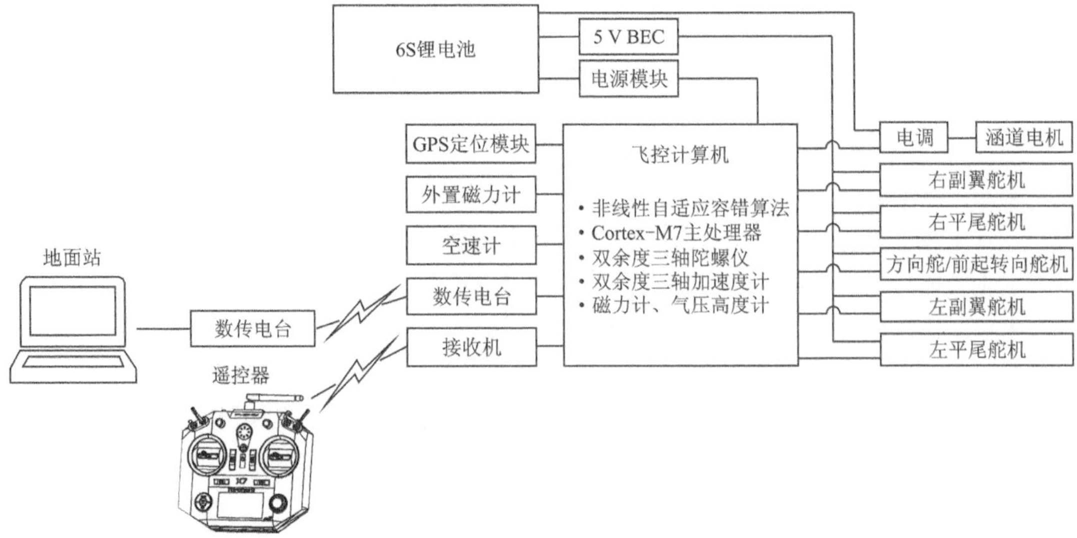

图 10.2 固定翼缩比飞行验证系统航电系统架构

本章在开源飞控软件 ArduPlane 3.8.5 版本基础上进行二次开发，对所设计非线性自适应控制算法进行编程实现，由所开发飞控程序计算控制输入，并编码后控制相应舵机与电机运动。

10.2 数值仿真试验

首先，将本章提出的基于非线性动态逆的 L1 自适应方法与 9.1.2 小节中的基于线性控制律的 L1 自适应方法进行对比仿真，验证本章提出的方法对期望指令跟踪性能的改善效果。为在相同条件下对比两种控制方法，仿真对象均设定为 F/A-18 舰载机。舰载机纵向及横侧向线性模型在文献[28]中给出，纵向线性反馈控制增益为 $\boldsymbol{K}_{\mathrm{lon},1}=[-40.8563,-104.6530]$，纵向自适应增益为 $\Gamma_{\omega_{\mathrm{lon}}}=\Gamma_{\sigma_{\mathrm{lon}}}=\Gamma_{\delta_{\mathrm{lon}}}=100$，纵向自适应反馈增益为 $K_{\mathrm{lon},2}=1$，横侧向线性反馈增益为 $\boldsymbol{K}_{\mathrm{lat},1}=\begin{bmatrix}98.4800 & -50.4425 & 93.9284 & 29.6102\\ 1.9461 & 91.9220 & 5.1507 & -120.5235\end{bmatrix}$，横侧向自适应增益为 $\Gamma_{\boldsymbol{\omega}_{\mathrm{lat}}}=\Gamma_{\boldsymbol{\sigma}_{\mathrm{lat}}}=\Gamma_{\boldsymbol{\delta}_{\mathrm{lat}}}=100$，横侧向自适应反馈增益为 $\boldsymbol{K}_{\mathrm{lat},2}=[1,0;0,1]$。非线性 L1 自适应方法参数设定为 $k_{\theta p}=1.5$，$k_{\theta i}=0.015$，$k_{\phi p}=0.8$，$k_{\phi i}=0.01$，$k_{\beta p}=0.5$，$k_{pp}=1$，$k_{pi}=0.01$，$k_{qp}=2.5$，$k_{qi}=0.025$，$k_{rp}=1$，$\omega_{cp}=\omega_{cq}=\omega_{cr}=5$。

时变指令跟踪效果对比如图 10.3 所示，其中时变俯仰角指令为 $\theta_{\mathrm{com}}=4.86+2\sin\left(\dfrac{2\pi}{50}t\right)$，

滚转角指令为 $\phi_{com}=2\sin\left(\frac{2\pi}{50}t\right)$。可以看出，传统 L1 自适应方法对时变期望指令存在 2 s 左右的跟踪滞后，且存在占输入指令幅值 2%左右的误差。而本章提出的 L1 自适应方法可以消除传统方法的跟踪滞后与跟踪误差问题，实现对时变指令的快速精确跟踪。

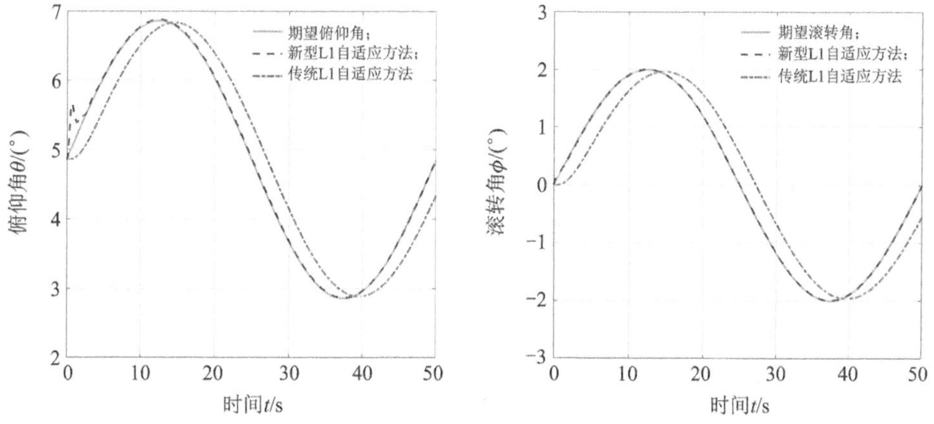

(a) 时变俯仰角指令　(b) 时变滚转角指令

图 10.3　时变指令跟踪效果对比

注 10.1　基于线性控制律的 L1 自适应方法所设计的纵向控制器输入指令为期望迎角 α_{com}，基于非线性动态逆的 L1 自适应方法所设计的纵向控制器输入指令为期望俯仰角 θ_c。为更好地对比两种方法对相同俯仰角指令的跟踪效果，可由几何关系 $\theta=\alpha+\gamma$，根据配平爬升角 γ_0 将俯仰角指令 θ_{com} 变换为传统控制器输入指令 $\alpha_{com}=\theta_{com}-\gamma_0$。

由于着舰过程中需频繁调整舰载机姿态实现对下滑轨迹的修正，因此，本章提出的可快速跟踪时变指令的 L1 自适应方法可更好地适应着舰控制需求。

10.3　软件在环仿真试验

为在试飞前进一步测试基于本章提出的非线性 L1 自适应控制算法所编写的飞行控制软件性能，修改完善算法与程序，本章进行了软件在环（Sofetware In The Loop，SITL）仿真试验。SITL 仿真系统架构如图 10.4 所示，仿真所用飞行控制软件即为运行于真实飞行控制器中的软件，通过跨平台编译器将其编译为可运行于 PC 的固件。飞行控制软件通过 UDP 接口与飞行动力学及物理仿真环境通信，获取模拟传感器信号；并通过 TCP 接口与地面站软件及调试端口通信，进行参数调试等工作。

试验所用飞控软件中，内环姿态控制器采用本章提出的非线性 L1 自适应控制算法设计，接收期望俯仰角和滚转角指令，解算副翼、平尾、方向舵偏转大小；外环高度/速度控制器为 ArduPlane 3.8.5 软件原有控制器，基于总能量控制（Total Energy Control，TEC）算法设计，通过高度跟踪误差及速度跟踪误差解算期望俯仰角指令与推力指令；外环轨迹跟踪控制器为

ArduPlane 3.8.5 软件原有控制器，基于非线性路径跟踪算法，通过侧向跟踪误差解算期望滚转角指令。

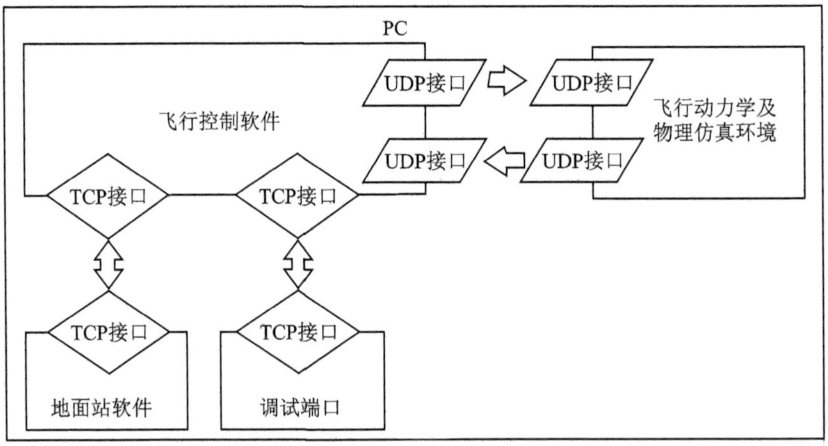

图 10.4 SITL 仿真系统架构

SITL 试验所采用期望航线如图 10.5 所示，飞机在航点 1 开始自动起飞，爬升至 40 m 高度并转向航点 2。从航点 2 开始飞机跟踪 32 m 期望高度，并进入以航点 3 为圆心，半径为 150 m 的圆形盘旋等待航线。经 1 周半盘旋等待飞行后，飞机退出盘旋等待航线飞往航点 4，并由航点 4 进入下滑角为 3.5°的下滑道，直至在航点 5 触地开始滑跑。

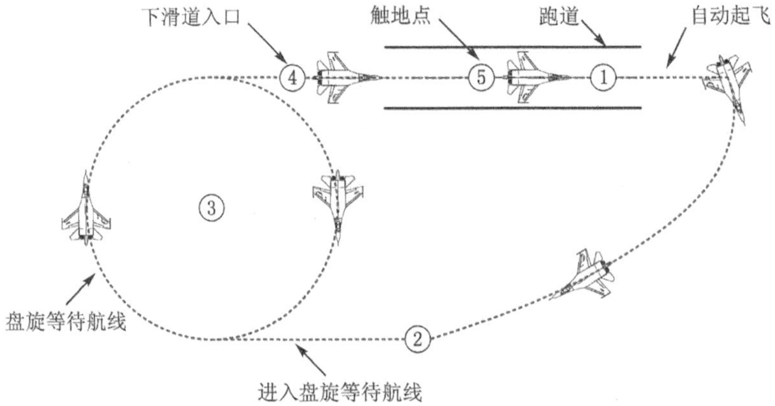

图 10.5 SITL 试验期望航线示意

SITL 试验结果如图 10.6 和图 10.7 所示。由试验结果可知，在 SITL 仿真环境下，由非线性 L1 自适应控制算法所设计的姿态控制器可实现对期望俯仰角与滚转角指令的跟踪，闭环控制系统可实现下滑段高度跟踪误差收敛至 0.8 m 左右，侧向跟踪误差收敛至 0.3 m 左右。所设计控制算法与所编写控制软件满足 9.1.1 小节中控制指标要求，可以进一步开展缩比试飞试验。

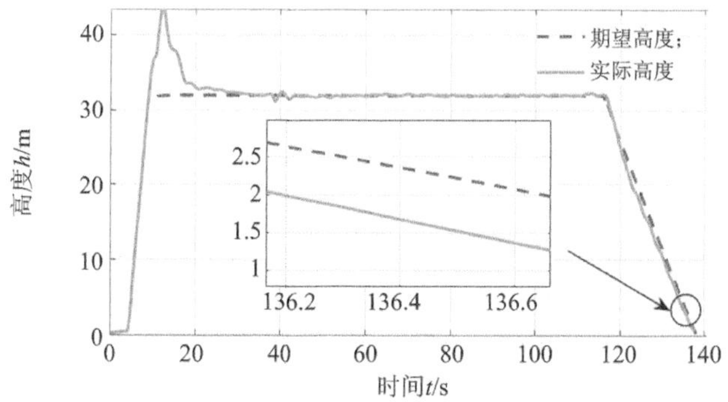

(a) 飞行高度跟踪曲线

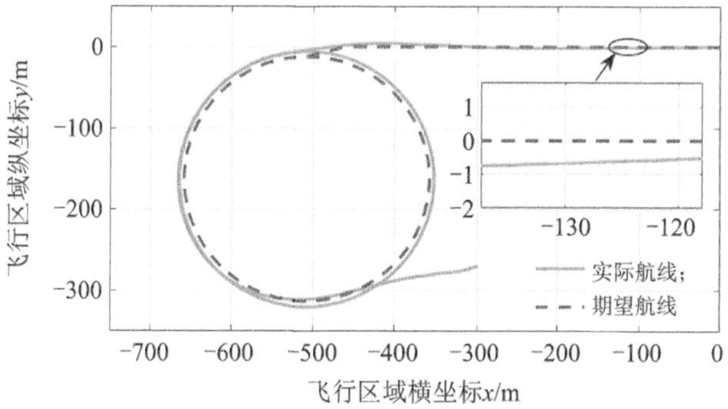

(b) 侧向航线跟踪曲线

图 10.6 SITL 试验(一)

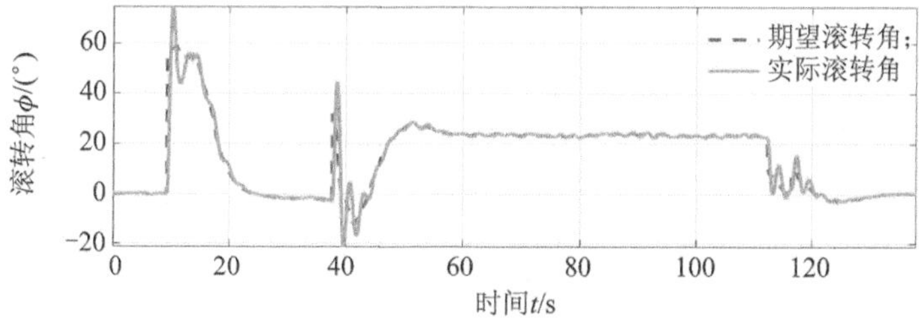

(a) 期望滚转角跟踪曲线

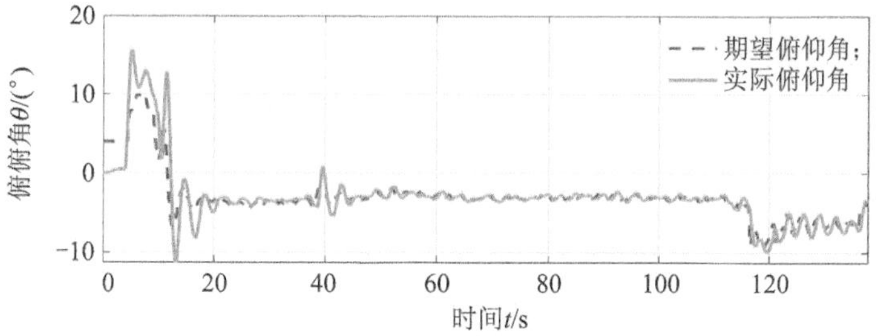

(b) 期望俯仰角跟踪曲线

图 10.7 SITL 试验(二)

10.4　缩比试飞试验

本章进一步对非线 L1 自适应控制方法进行了多次试飞试验，包括无故障情况下基础试飞、单侧副翼卡死试飞、单侧平尾卡死试飞及单侧机翼损伤试飞。试飞试验期望航线如图 10.8 所示。飞机于航点 1 在增稳模式下手控起飞，爬升至一定高度并转弯，到达航点 2 后切换为全自动模式，飞机在飞控软件控制下全自主飞行至航点 3，并保持期望高度为 32 m 和期望空速为 22 m/s 左右。之后飞机进入以点 4 为圆心，半径为 150 m 的盘旋等待航线，盘旋一周半后飞往航点 5，并在航点 5 进入下滑角为 3.5°的下滑道，下滑段期望空速为 20 m/s 左右。下滑过程中飞控软件结合下沉率与高度判断距离触地时间，在触地前 1.4～2 s 时，飞机在航点 6 转入拉飘，减小飞机下沉率，并在航点 7 触地。

注 10.2　飞机以 20 m/s 左右的速度沿 3.5°下滑道下滑时，下沉率可达 1.22 m/s。先期试验中发现较大下沉率将导致飞机触地后反弹，并造成严重结构损伤。因此，相较 SITL 试验中期望航线，图 10.8 所示试飞期望航线增加了位于航点 5～航点 6 的拉飘段。拉飘过程中，纵向引导律不再跟踪期望下滑道，转而维持预先设定的较小期望下沉率，减小触地冲击。后文对期望下滑道跟踪精度与落点精度分析均截至航点 5，即拉飘动作开始前的时刻。

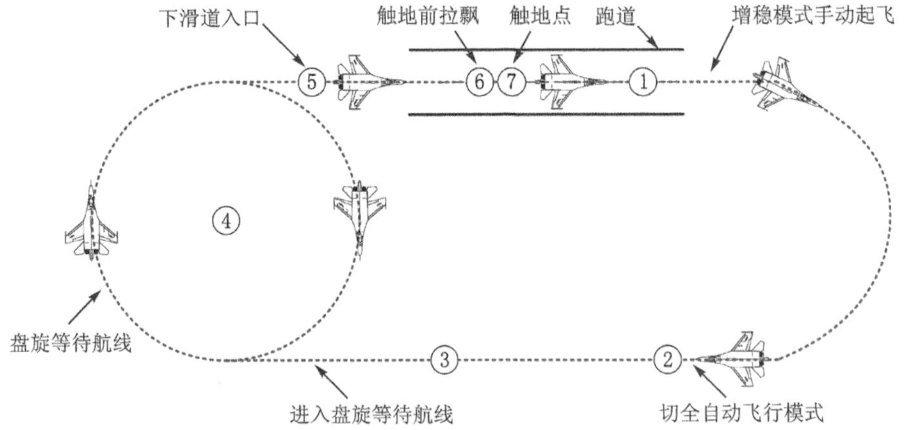

图 10.8　试飞试验期望航线示意

10.4.1　PID 控制方法飞行试验

本章使用原版 ArduPlane 3.8.5 版本飞控软件进行试飞，作为对照试验。原版飞控软件外环引导律如 10.3 节所述，纵向引导律采用总能量控制算法设计，侧向引导律采用非线性路径跟踪算法设计，内环姿态控制律采用传统 PID 方法设计。

图 10.9 所示为传统方法控制下，转入自动控制模式后飞行参数曲线。可以看出，转入自动模式后，PID 内环控制器未能跟踪期望俯仰角与期望滚转角指令。由于飞机实际俯仰角对期望俯仰角跟踪缓慢，飞机俯仰角始终为负，高度不断下降，导致高度跟踪误差不断增大。越来越大的高度跟踪误差使期望俯仰角指令在转入自动模式 2 s 后即饱和，但仍无法阻止飞机下降的趋势，最终飞机在转入自动模式 4.1 s 后坠毁。本次试验也证明了传统 PID 控制方法难以直接应用于存在较大模型不确定性的高机动缩比机，有必要研发新型控制方法。

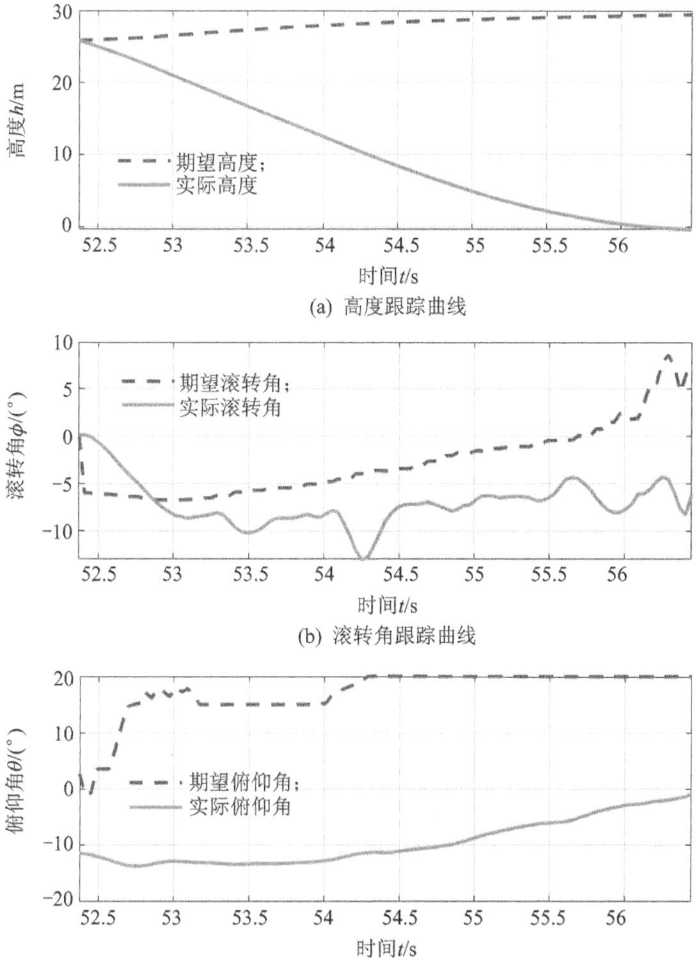

(a) 高度跟踪曲线

(b) 滚转角跟踪曲线

(c) 俯仰角跟踪曲线

图 10.9　PID 控制方法试飞情况

10.4.2　L1 自适应控制器无故障飞行试验

在第 9 章提出的非线性 L1 自适应方法控制下，共成功完成 6 次无故障情况下全自动降落试验，从而证明了第 9 章所提出的方法相较传统 PID 方法的优势。其中，01 架次与 02 架次平飞段期望空速为 21 m/s，降落段期望空速为 19 m/s，由于观察到飞机在低速低动压情况下稳定性下降，因此后续飞行试验将平飞段期望空速增加至 22 m/s，降落段期望空速增加至 20 m/s，显著提高了控制效果。以飞机进入航点 3 时刻为起点，得到飞行试验参数如图 10.10～图 10.13 所示及表 10.2 所列。由图 10.10 和图 10.11 可以看出，飞机可较精准地跟踪预设航线并完成精确全自动降落，且多次试验重复性良好。平飞段高度跟踪误差可收敛至 1.57 m 以内，下滑段高度跟踪误差可收敛至 0.5 m 以内，侧向跟踪误差可收敛至 2 m 左右。

由图 10.12 和图 10.13 可以看出，第 9 章提出的非线性 L1 自适应控制方法可较好地跟踪期望滚转角与俯仰角指令，且在增大平飞段与降落段空速后，角度振荡减小，跟踪效果有所改善。

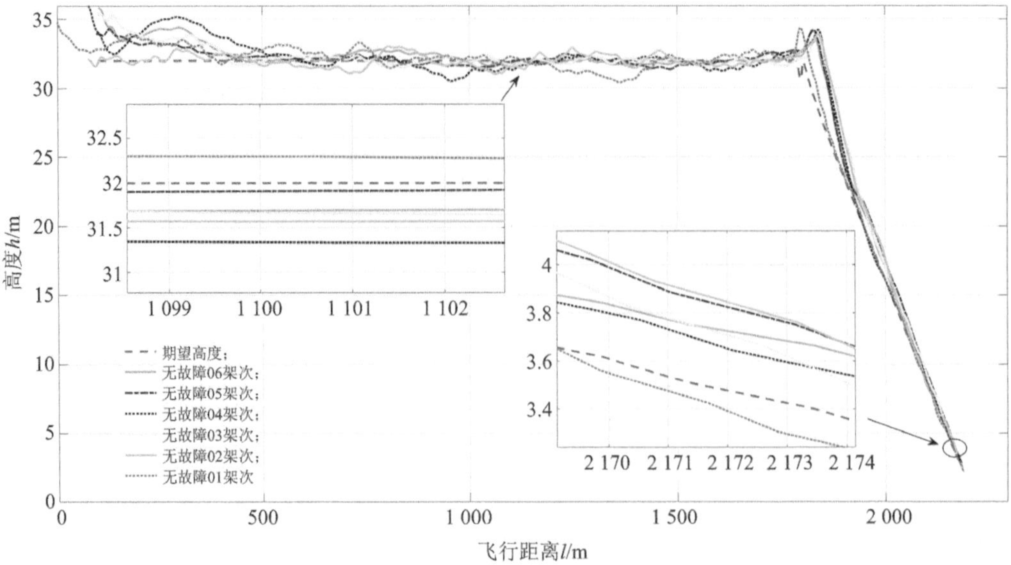

图 10.10 无故障飞行试验高度跟踪曲线

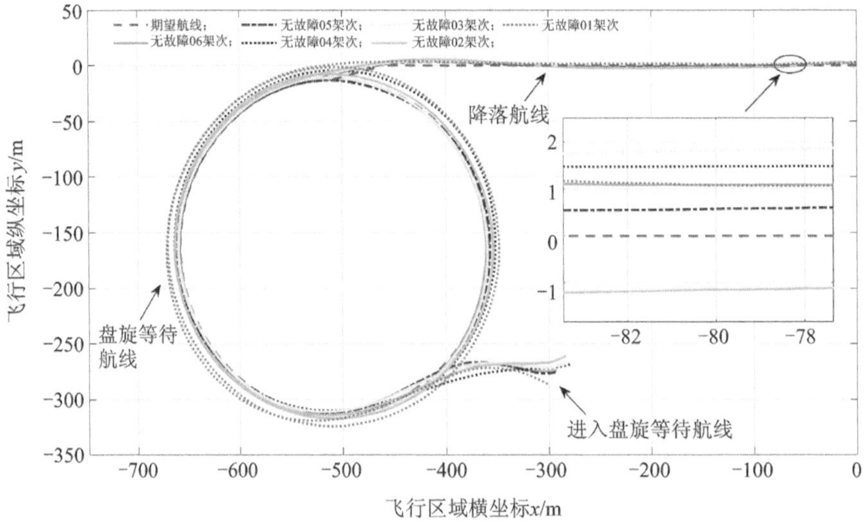

图 10.11 无故障飞行试验侧向航线跟踪曲线

表 10.2 所列为滚转轴动态逆控制输出 $\dot{p}_{\mathrm{des},bl}$、俯仰轴动态逆控制输出 $\dot{q}_{\mathrm{des},bl}$、滚转轴自适应控制输出 $\dot{p}_{\mathrm{des},ad}$ 与俯仰轴自适应控制输出 $\dot{q}_{\mathrm{des},ad}$ 的均值。由于缩比验证机气动参数及惯性参数通过相似飞机参数类比估计得到，存在较大模型不确定性，因此 6 个试验架次中滚转轴与俯仰轴自适应控制输出均值均不为 0。自适应控制器输出可视为对模型不确定性、外界扰动的观测与补偿。6 次试验中滚转轴自适应控制器输出较动态逆控制器输出分别大 52.500 8%，55.411 5%，52.470 2%，52.199 5%，53.609 2%，49.034 1%；俯仰轴自适应控制器输出较动态逆控制器输出分别大 180.680 1%，178.933 4%，176.960 7%，183.521 4%，183.807 3%，

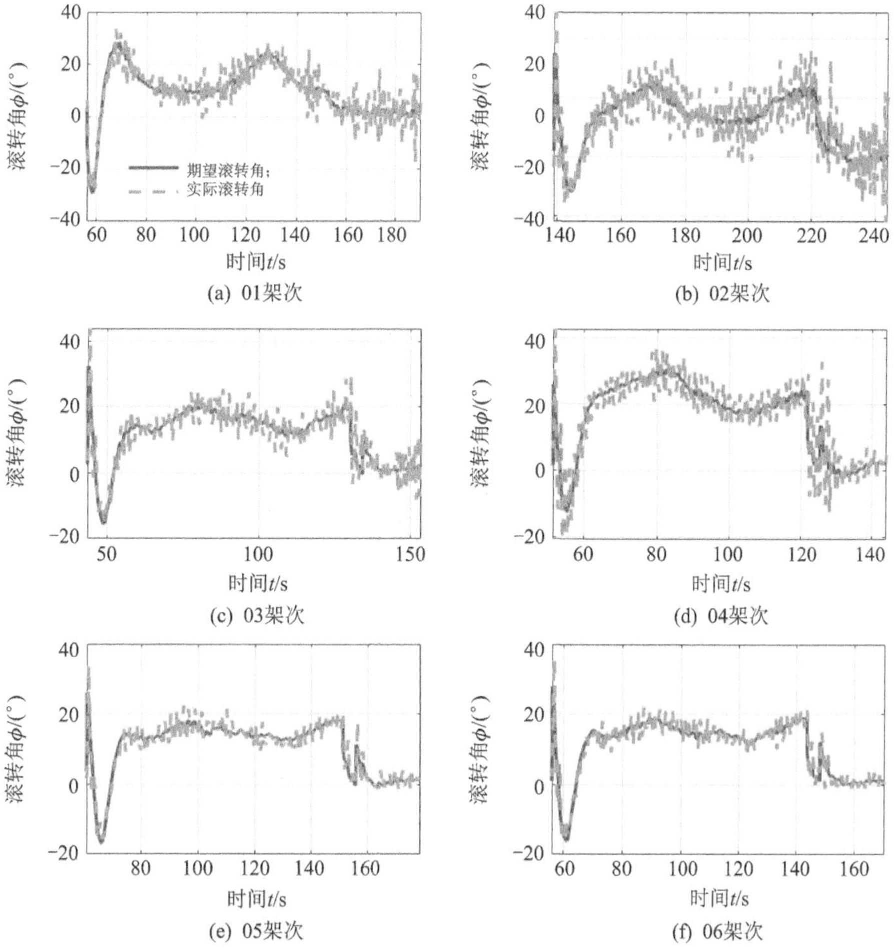

图 10.12 无故障飞行试验期望滚转角跟踪曲线

177.498 1%。可以看出，自适应控制器输出大于动态逆基准控制器输出，因此可知，自适应控制器在飞行中发挥了重要作用。可以推测，若无 L1 自适应控制器，则很可能出现类似 PID 控制飞行试验中由于控制效力不足而引起的较大期望俯仰角指令跟踪误差，从而导致较大高度跟踪误差与坠机事故。

表 10.2 无故障飞行试验动态逆与 L1 自适应控制器滚转轴和俯仰轴输出均值

参数 \ 试验架次	01 架次	02 架次	03 架次	04 架次	05 架次	06 架次
滚转轴动态逆输出均值/(rad·s^{-2})	3.291 0	1.257 5	1.797 4	2.125 5	2.184 7	2.293 1
滚转轴自适应输出均值/(rad·s^{-2})	5.018 8	1.954 3	2.740 5	3.235 0	3.355 9	3.417 5
俯仰轴动态逆输出均值/(rad·s^{-2})	3.920 5	3.960 3	4.970 2	5.371 2	5.366 6	5.252 0
俯仰轴自适应输出均值/(rad·s^{-2})	11.004 1	11.046 6	13.765 5	15.228 5	15.230 8	14.574 2

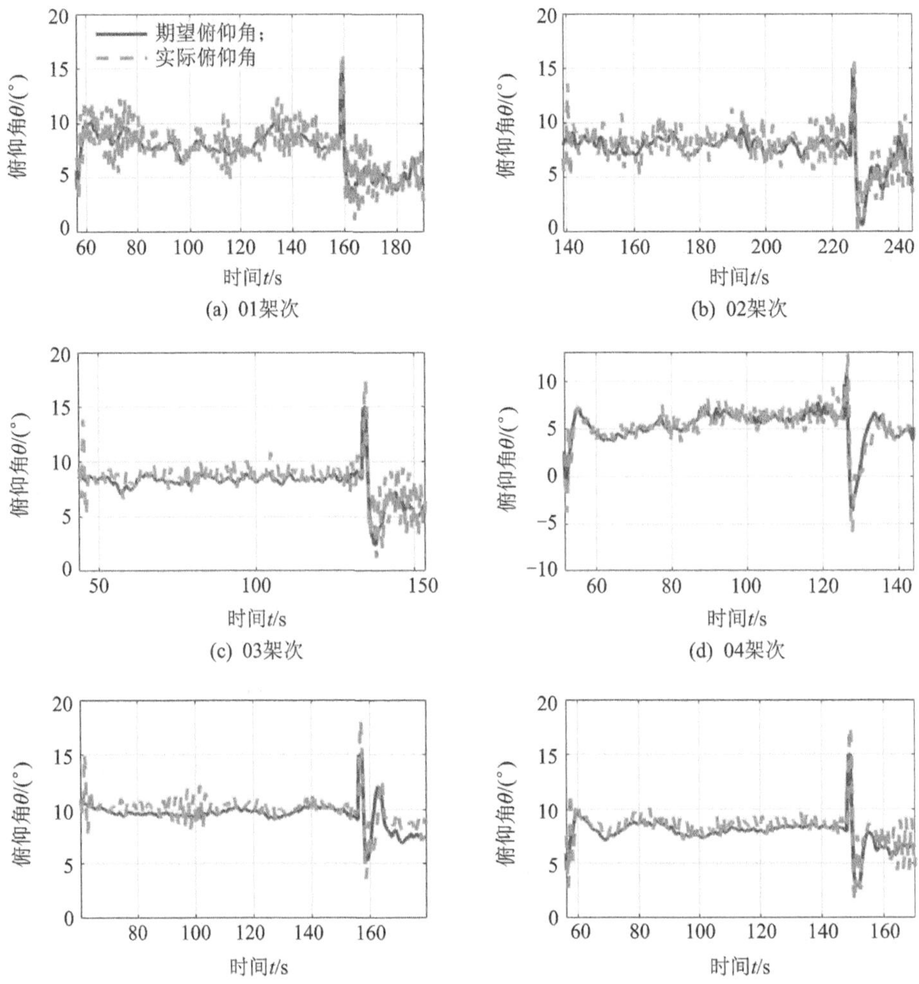

(a) 01架次 (b) 02架次 (c) 03架次 (d) 04架次 (e) 05架次 (f) 06架次

图 10.13 无故障飞行试验期望俯仰角跟踪曲线

10.4.3 L1 自适应控制器单侧副翼卡死飞行试验

在完成无故障基础飞行试验后，又进行了 4 次单侧副翼卡死飞行试验，左侧副翼舵机在飞行过程中分别卡死在 0°、4°、6°、10°的位置。试验结果如图 10.14～图 10.17 所示及表 10.3 所列。由图 10.14 和图 10.15 可以看出，左侧副翼卡死 0°、4°、6°故障发生在飞机沿盘旋等待航线盘旋半周左右的位置，左侧副翼卡死 10°故障发生在飞机沿盘旋等待航线盘旋一周半左右，即将退出盘旋等待航线进入下滑道的位置。可以观察到，在单侧副翼卡死情况下飞机对期望航线跟踪误差较无故障情况下有所增大，但在自适应主动容错控制算法介入下并未造成较大影响，平飞段高度跟踪误差不超过 1.72 m，下滑段高度跟踪误差≤0.75 m，下滑段侧向跟踪误差≤3.3 m。

图 10.16 和图 10.17 所示分别为飞机对期望滚转角和期望俯仰角指令的跟踪情况。可以看出，在发生单侧副翼卡死故障后，姿态控制器仍能跟踪期望角度指令，保证航线跟踪精度。

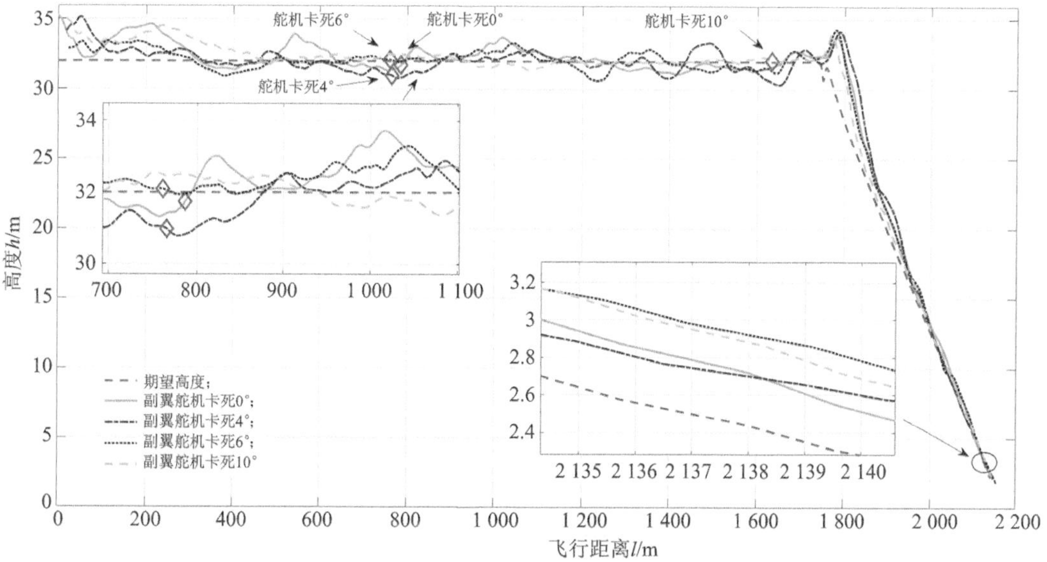

图 10.14　单侧副翼卡死飞行试验高度跟踪曲线

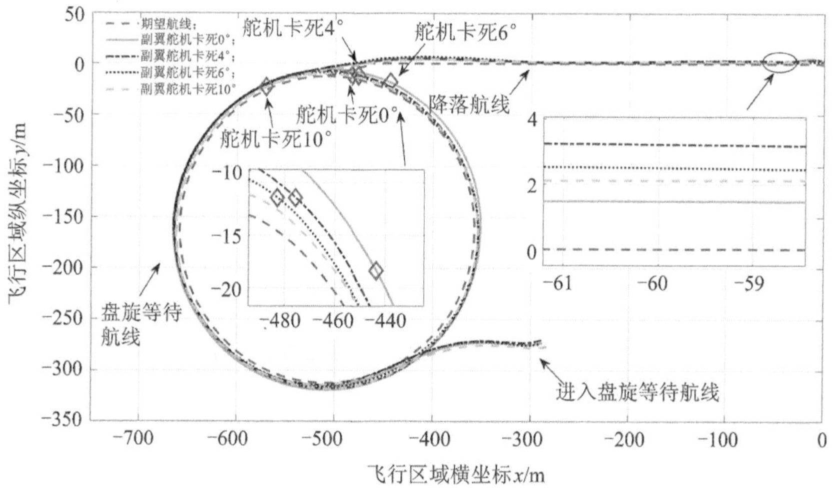

图 10.15　单侧副翼卡死飞行试验侧向航线跟踪曲线

表 10.3 所列为 L1 自适应控制器滚转轴输出 $\dot{p}_{des,ad}$ 的均值。可以看出，当飞机盘旋过程中单侧副翼舵机分别在 0°、4°、6°位置卡死后，滚转轴自适应控制器迅速响应，分别增大 1.865 9 rad/s^2，0.445 7 rad/s^2，0.438 9 rad/s^2，以增大另一侧副翼偏转幅值，抵消故障侧副翼卡死的影响。可以观察到，随着角度增大，自适应控制输出反而减小。这是由于发生故障时飞机正处于顺时针盘旋航线。对于该试验机，在顺时针盘旋时飞机本身需要左副翼下偏，右副翼上偏以提供一定的滚转力矩。当左副翼发生向下偏转的卡死角度在一定范围内增大时，为维持原有飞行状态需右副翼上偏做出的补偿不断减小，因此所需自适应控制输出也应减小。试验数据符合定性分析结果。此外，当即将进入下滑道时单侧副翼舵机在 10°位置卡死，故障发生后，滚转轴自适应控制器输出减小了 2.458 5 rad/s^2，即另一侧副翼偏转减小，以消除单侧副翼卡死产生的滚转力矩，使飞机跟踪直线航线。

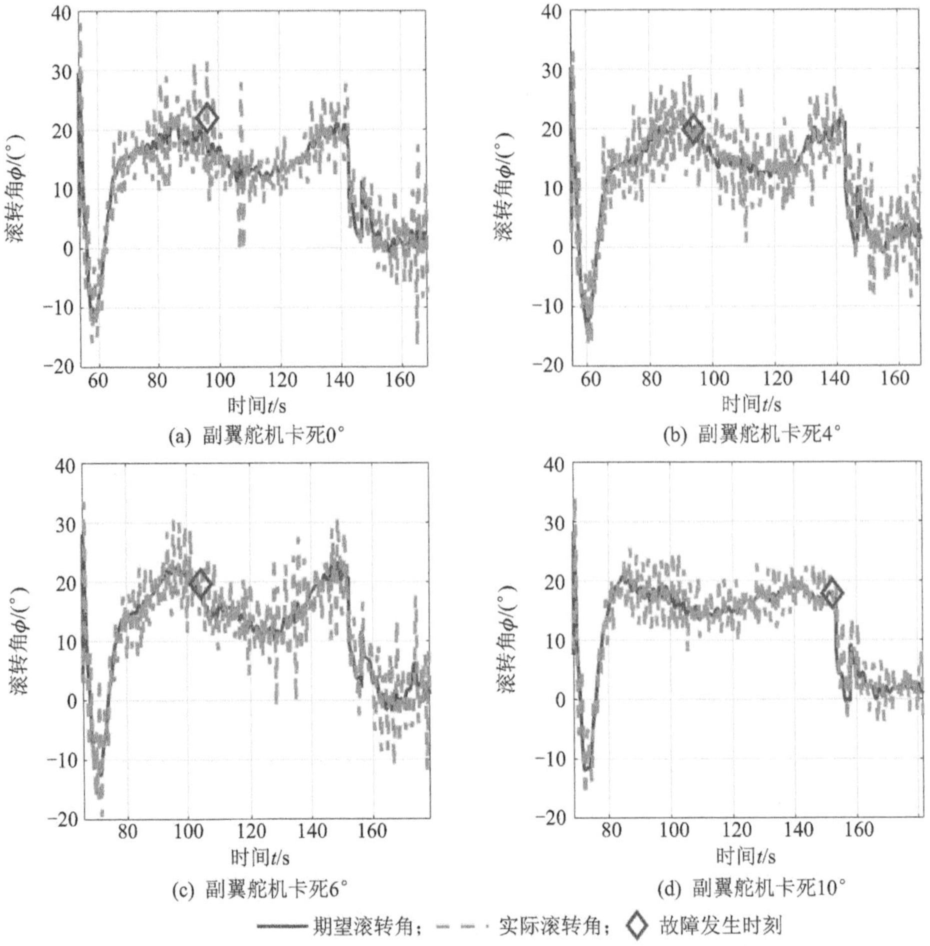

图 10.16　单侧副翼卡死飞行试验期望滚转角跟踪曲线

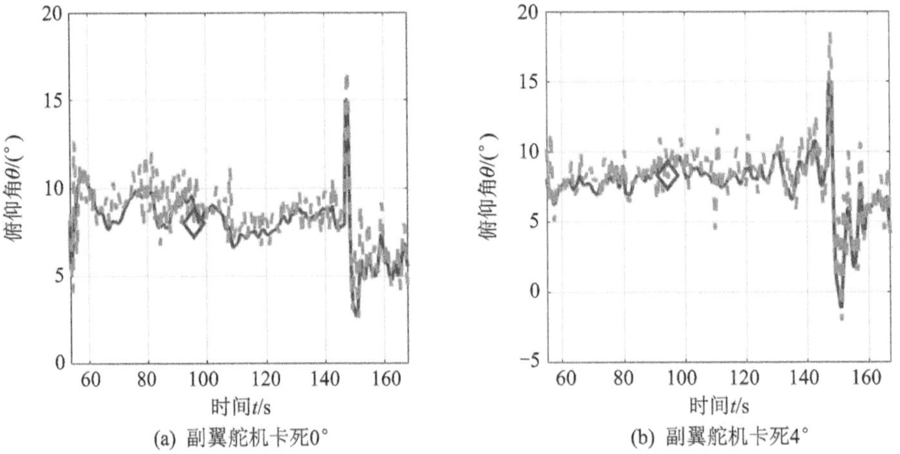

图 10.17　单侧副翼卡死飞行试验期望俯仰角跟踪曲线

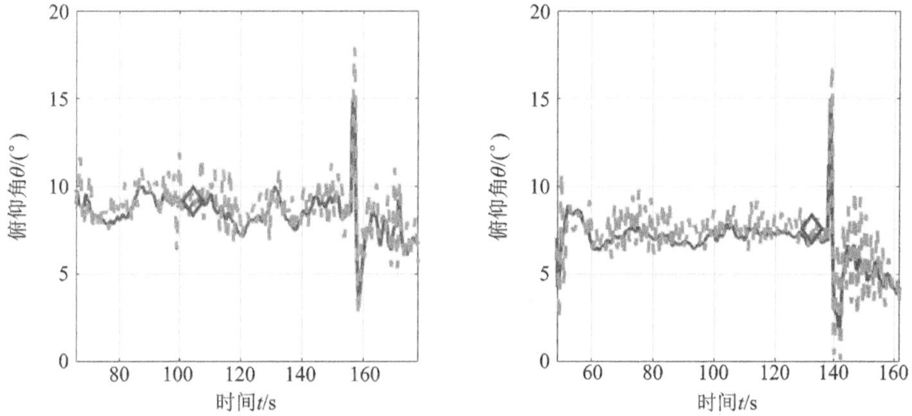

(c) 副翼舵机卡死6°　　(d) 副翼舵机卡死10°

期望俯仰角；实际俯仰角；◇ 故障发生时刻

图 10.17　单侧副翼卡死飞行试验期望俯仰角跟踪曲线(续)

表 10.3　单侧副翼卡死飞行试验 L1 自适应控制器滚转轴输出均值

故障情况 / 参数	舵机卡死 0°	舵机卡死 4°	舵机卡死 6°	舵机卡死 10°
故障前自适应滚转轴输出均值/(rad · s^{-2})	4.708 4	4.7228	4.288 1	4.587 2
故障后自适应滚转轴输出均值/(rad · s^{-2})	6.754 3	5.168 5	4.727 0	2.128 7

10.4.4　L1 自适应控制器单侧平尾卡死飞行试验

试验中共进行了 3 次单侧平尾卡死飞行试验，左侧平尾舵机在飞行过程中分别卡死在 34°、32°、28°位置。试验结果如图 10.18～图 10.21 所示及表 10.4 所列。由图 10.18 和图 10.19

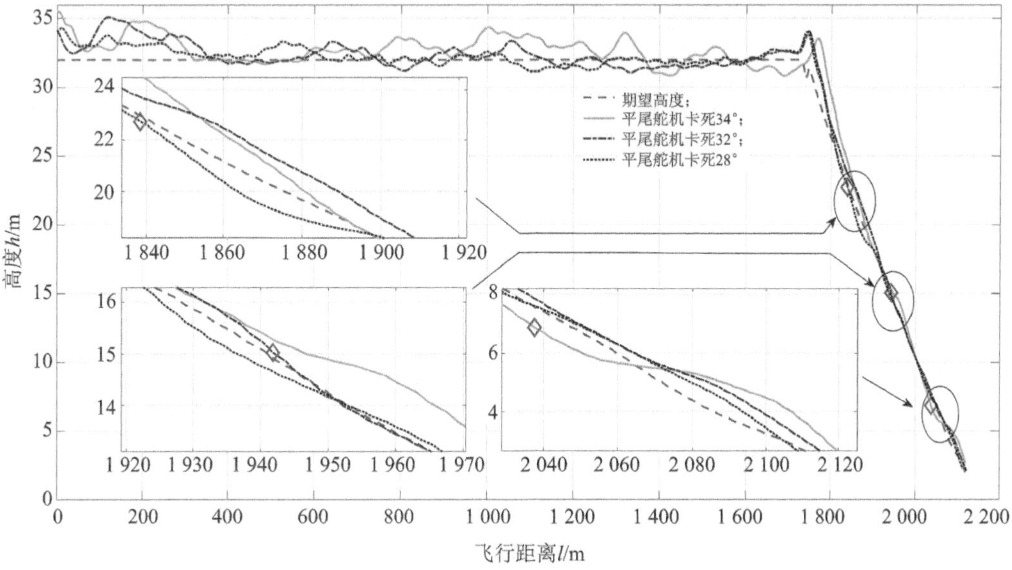

图 10.18　单侧平尾卡死飞行试验高度跟踪曲线

可以看出，左侧平尾卡死发生在下滑段，由于下滑段平尾舵机配平位置约在34°，因此3次平尾卡死试验可分别视为平尾卡死在距配平位置0°、2°和6°处。单侧平尾卡死故障发生后，飞机高度出现波动，但在自适应主动容错算法介入下，飞控抑制了故障影响，下滑段高度跟踪误差最终收敛至0.72 m以内，下滑段侧向跟踪误差最终收敛至2.38 m以内。

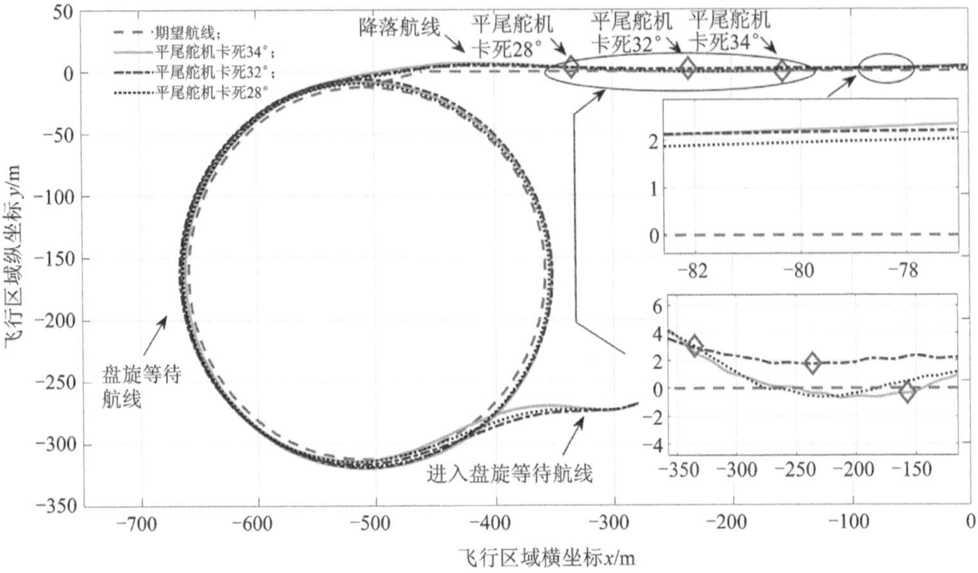

图 10.19 单侧平尾卡死飞行试验侧向航线跟踪曲线

图10.20和图10.21所示分别为飞机对期望滚转角与期望俯仰角指令的跟踪情况。可以看出，在发生单侧平尾卡死故障后，姿态控制器仍能跟踪期望角度指令，保证航线跟踪精度。

表10.4所列为L1自适应控制器俯仰轴输出 $\dot{q}_{des,ad}$ 与滚转轴输出 $\dot{p}_{des,ad}$ 的均值。可以看出，单侧平尾卡死在34°、32°、28°位置后，俯仰轴自适应控制器迅速响应，分别变化 $-7.4151\ rad/s^2$，$-1.0888\ rad/s^2$，$1.8692\ rad/s^2$，通过调整另一侧平尾偏转大小补偿故障影响。此外，值得注意的是，由于验证机采用全动平尾且平尾面积较大，因此两侧平尾偏转角度不同将带来额外的滚转力矩。所以可观察到L1自适应控制器滚转轴输出分别变化 $6.0498\ rad/s^2$，$-0.3095\ rad/s^2$，$-3.1418\ rad/s^2$，通过改变两侧副翼偏转大小，抵消平尾偏转角度不一致带来的附加滚转力矩。

表 10.4 单侧平尾卡死飞行试验 L1 自适应控制器俯仰轴与滚转轴输出均值

故障情况 / 参数	舵机卡死34°	舵机卡死32°	舵机卡死28°
故障前俯仰轴自适应输出均值/(rad·s^{-2})	10.807 2	13.505	13.953 4
故障后俯仰轴自适应输出均值/(rad·s^{-2})	3.392 1	12.416 2	15.822 6
故障前滚转轴自适应输出均值/(rad·s^{-2})	3.410 7	4.160 9	4.842 6
故障后滚转轴自适应输出均值/(rad·s^{-2})	9.460 5	3.851 4	1.700 8

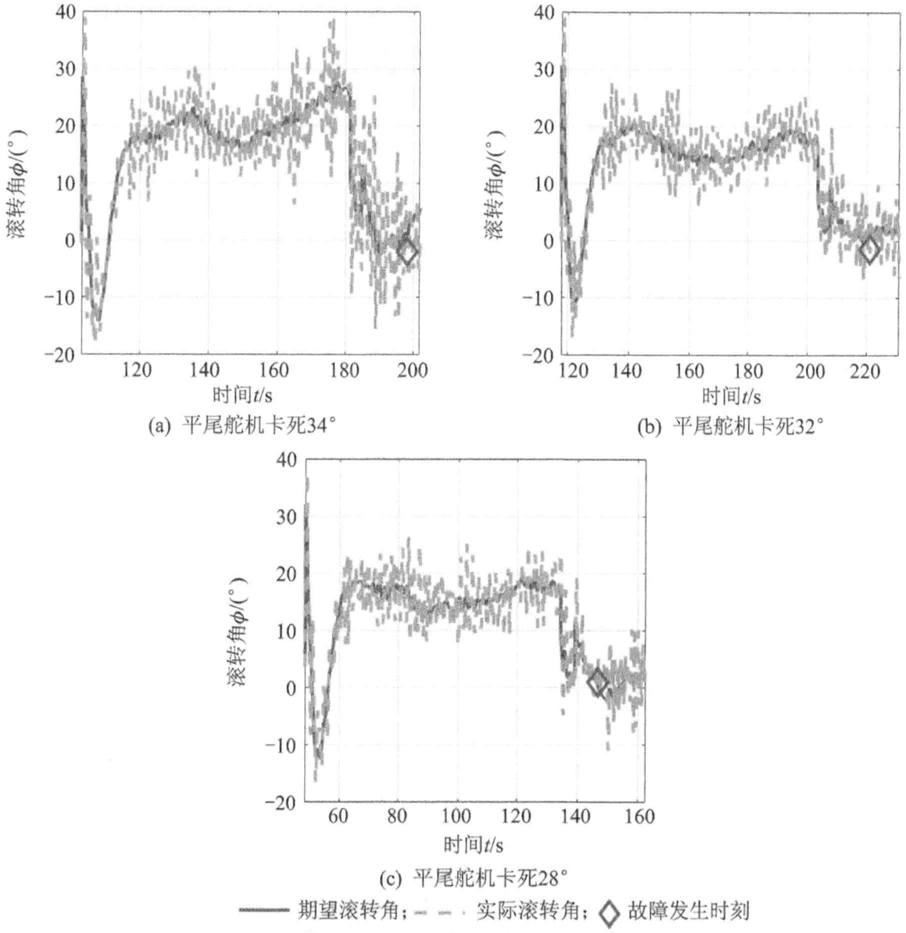

(a) 平尾舵机卡死34°

(b) 平尾舵机卡死32°

(c) 平尾舵机卡死28°

图 10.20　单侧平尾卡死飞行试验期望滚转角跟踪曲线

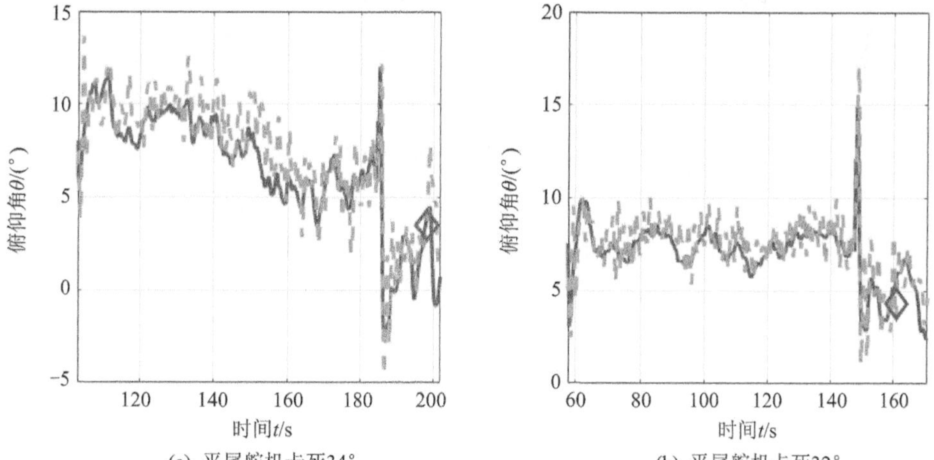

(a) 平尾舵机卡死34°

(b) 平尾舵机卡死32°

图 10.21　单侧平尾卡死飞行试验期望俯仰角跟踪曲线

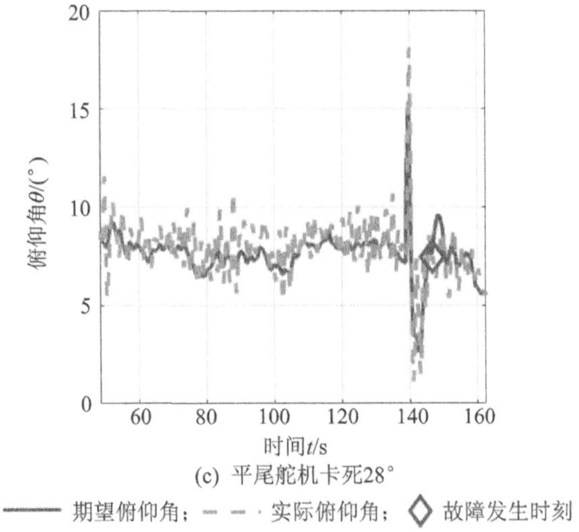

(c) 平尾舵机卡死28°

图 10.21 单侧平尾卡死飞行试验期望俯仰角跟踪曲线(续)

10.4.5 L1 自适应控制器单侧机翼损伤飞行试验

试验中共进行 10 次单侧机翼损伤飞行试验，其中飞行过程中掉落部分机翼的动态损伤试验 1 次，安装损伤后机翼的静态损伤试验 9 次。如图 10.22 所示，试验模拟占翼展 10%的外侧机翼掉落损伤。

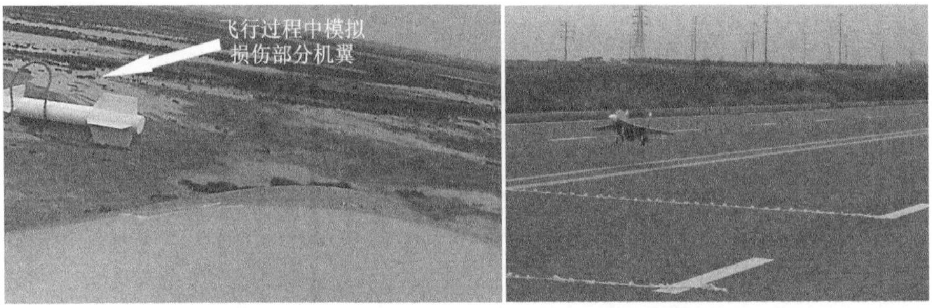

(a) 机翼损伤示意 (b) 机翼损伤情况下降落

图 10.22 试验模拟占翼展 10%的外侧机翼掉落损伤

机翼动态损伤试验结果如图 10.23 和图 10.24 所示，可以看出，飞机在切换自动模式后 9.5 s 后抛部分机翼。机翼掉落前 L1 自适应控制器滚转轴输出均值为 7.564 5 rad/s^2，机翼掉落后 L1 自适应控制器滚转轴输出增大 4.622 2 rad/s^2，变为 12.186 7 rad/s^2，以补偿损伤影响，保证姿态控制器仍能跟随期望俯仰角和滚转角指令，从而保证飞机对期望高度和期望航线的跟踪。

9 次静态机翼损伤试验结果如图 10.25～图 10.28 所示及表 10.5 所列，其中 01 架次损伤左侧机翼，后续 8 架次损伤右侧机翼。从图 10.25 和图 10.26 可以看出，机翼损伤后飞机对期望航线跟踪精度相较无故障情况有所降低，但在自适应主动容错算法控制下仍能保证平飞段高度跟踪误差≤1.5 m，下滑段高度跟踪误差≤1 m，侧向跟踪误差≤3.5 m。

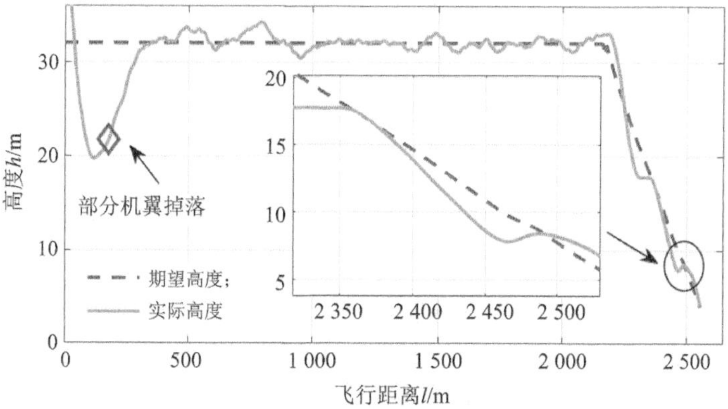

(a) 高度跟踪曲线

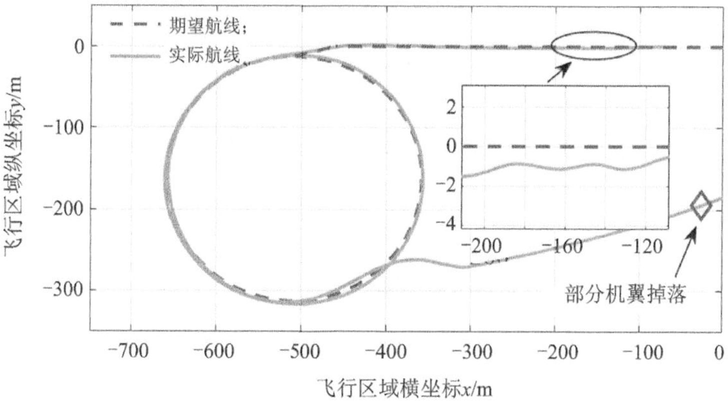

(b) 侧向航线跟踪曲线

图 10.23　机翼动态损伤飞行试验

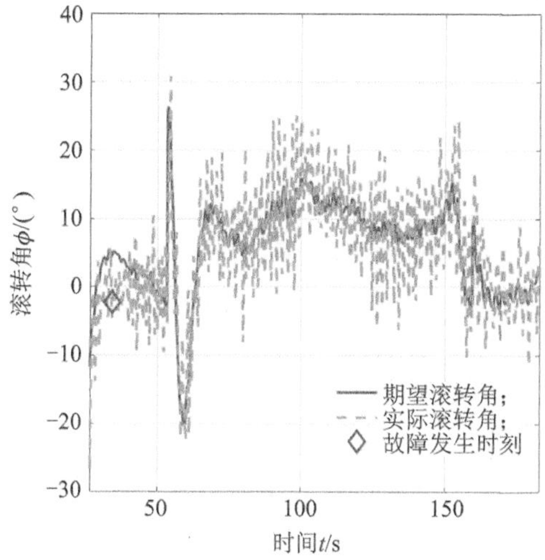

(a) 期望滚转角跟踪曲线

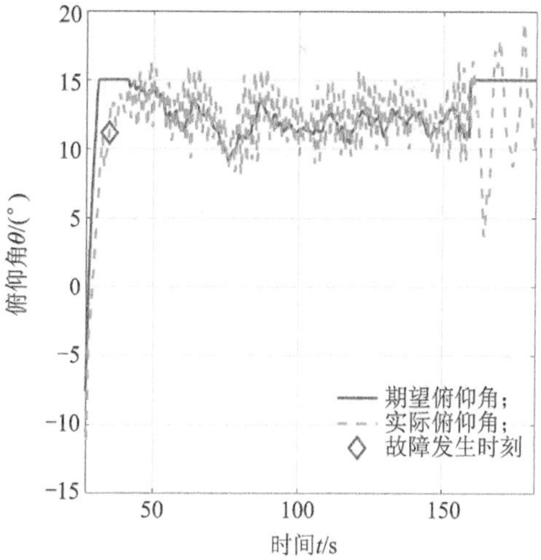

(b) 期望俯仰角跟踪曲线

图 10.24　机翼动态损伤飞行试验

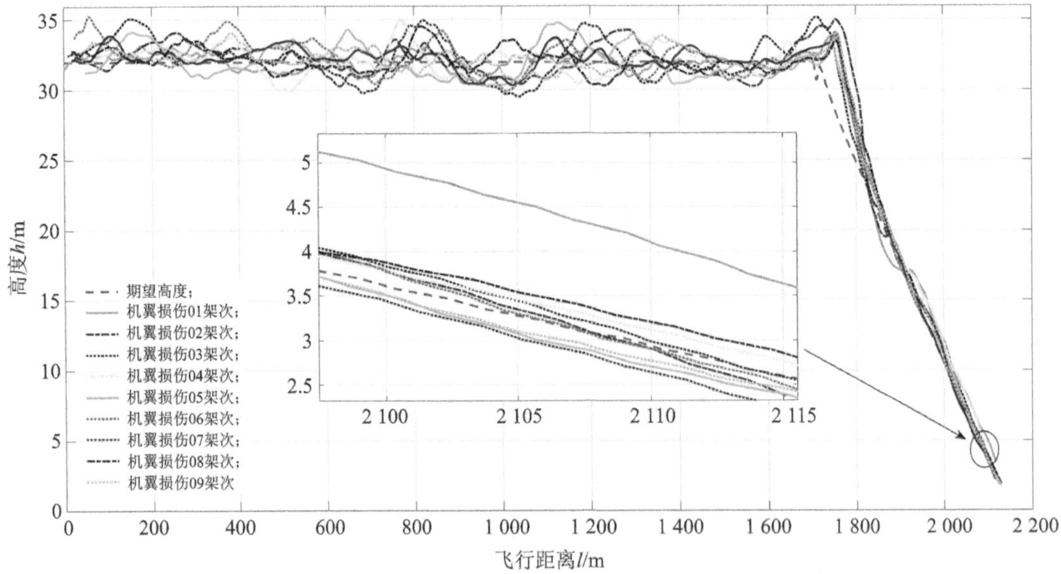

图 10.25 机翼静态损伤飞行试验高度跟踪曲线

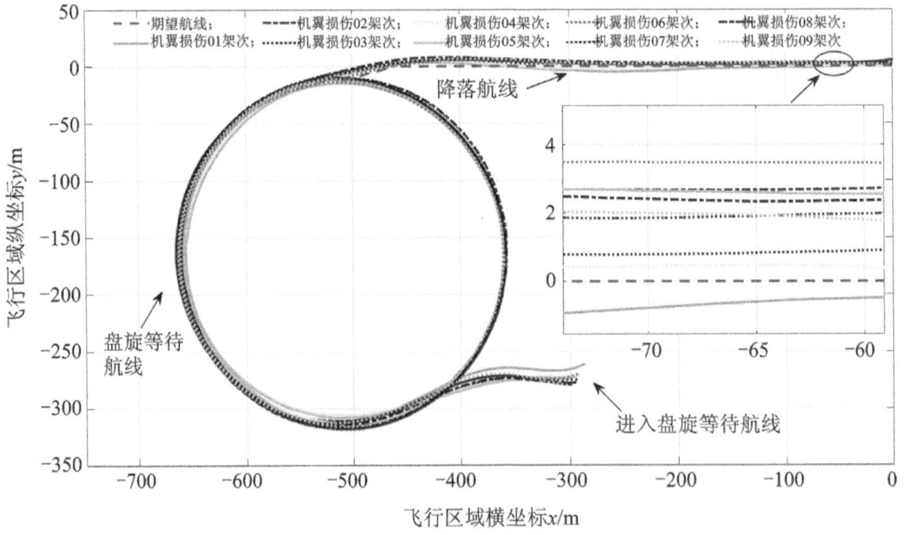

图 10.26 机翼静态损伤飞行试验侧向航线跟踪曲线

图 10.27 和图 10.28 分别为飞机对期望滚转角和期望俯仰角指令跟踪情况,可以看出,机翼损伤情况下姿态跟踪精度相较无故障情况有所降低,但仍能通过跟踪期望姿态角指令实现对期望航线的跟踪。

表 10.5 所列为机翼损伤试验中 L1 自适应控制器滚转轴输出 $\dot{p}_{des,ad}$。以无故障试验结果作为对比,可以看出机翼损伤后 L1 自适应控制器滚转轴输出有了较大改变,通过调整副翼偏转大小补偿机翼损伤带来的影响。若飞机左侧机翼损伤,则存在向左的滚转力矩,飞机需增大左副翼下偏角度和右副翼上偏角度,消除两侧机翼升力不平衡带来的滚转力矩影响;同理,若飞机右侧机翼损伤,则存在向右的滚转力矩,飞机需增大左副翼上偏角度和右副翼下偏角度。可以观察到,当左侧机翼损伤时,自适应控制器滚转轴输出约在 10 rad/s^2;当右侧机翼损伤

时，自适应控制器滚转轴输出约在$-9.8\ rad/s^2$。两者大小相似，符号相反，符合定性分析结果。

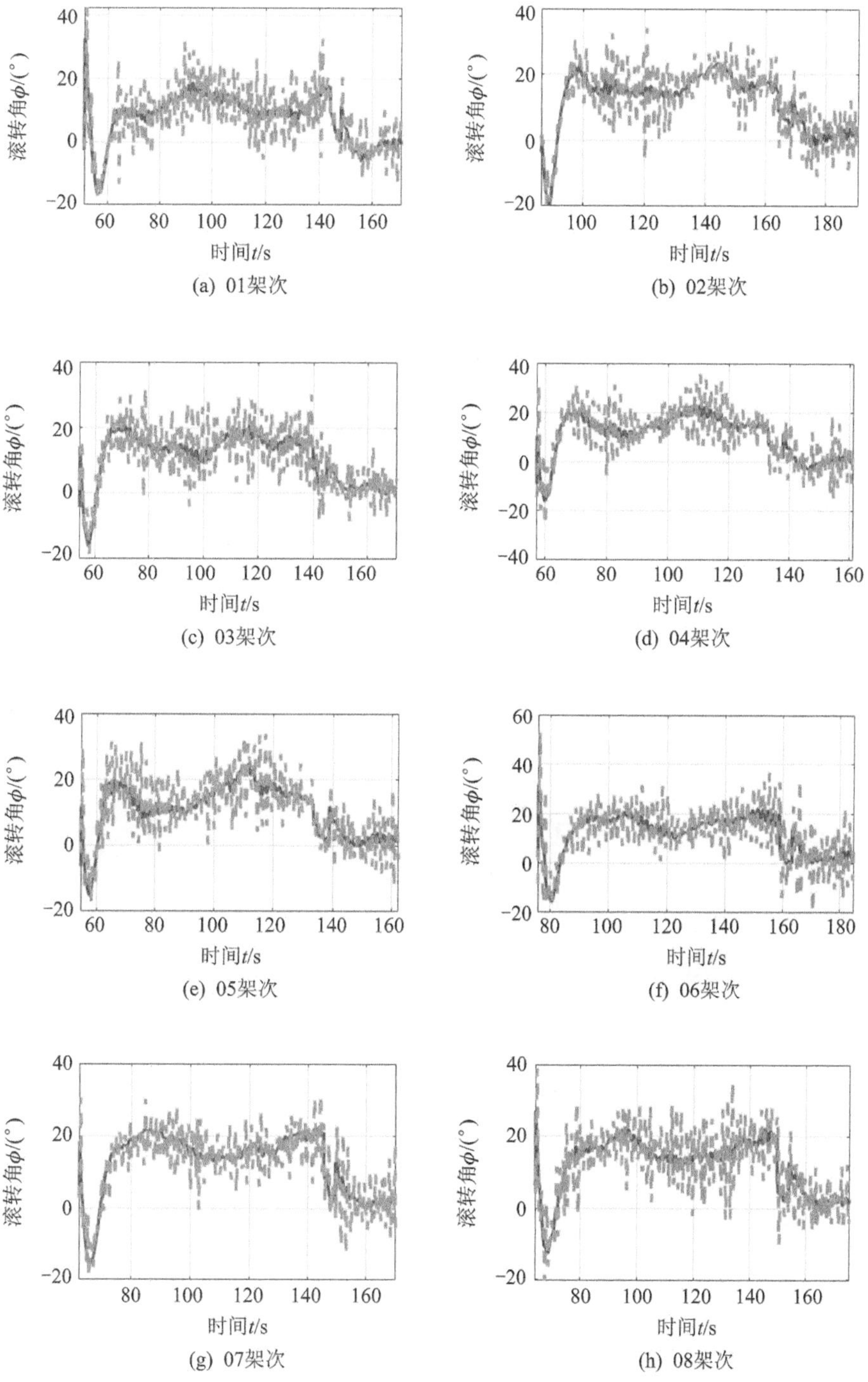

图 10.27　机翼静态损伤飞行试验滚转角跟踪曲线

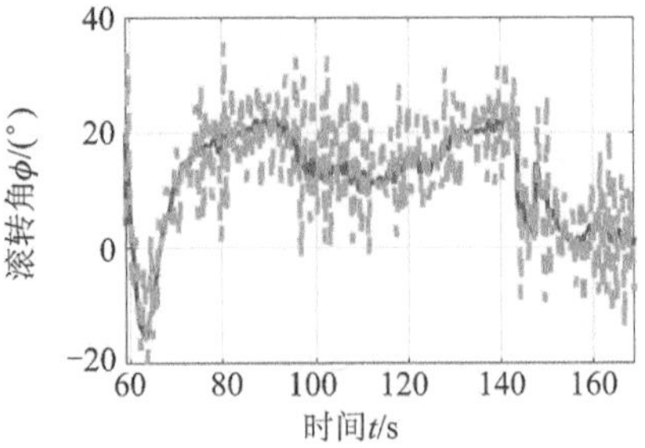

(i) 09架次

—— 期望滚转角；- - - 实际滚转角

图 10.27 机翼静态损伤飞行试验滚转角跟踪曲线(续)

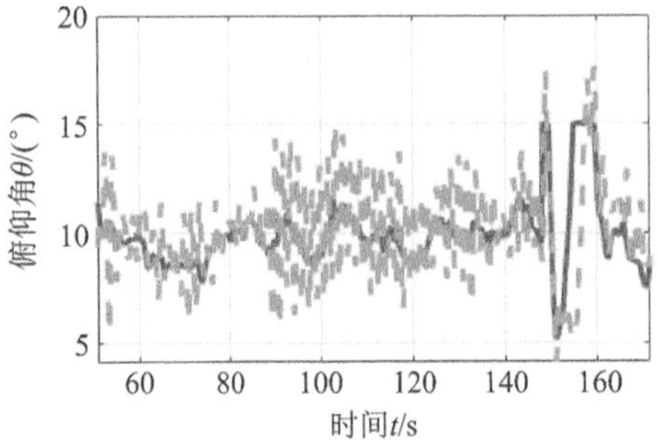

(a) 01架次

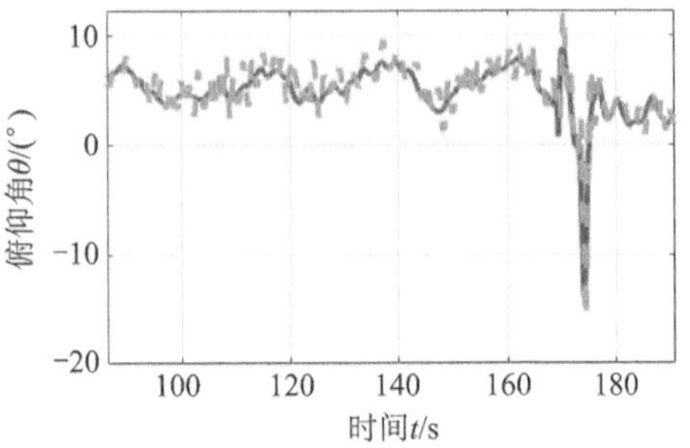

(b) 02架次

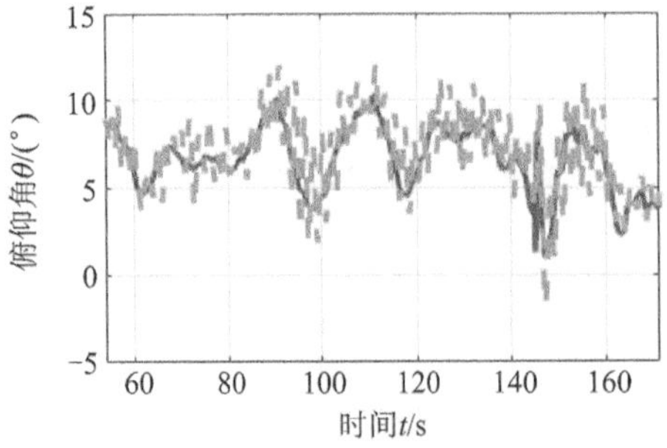

(c) 03架次

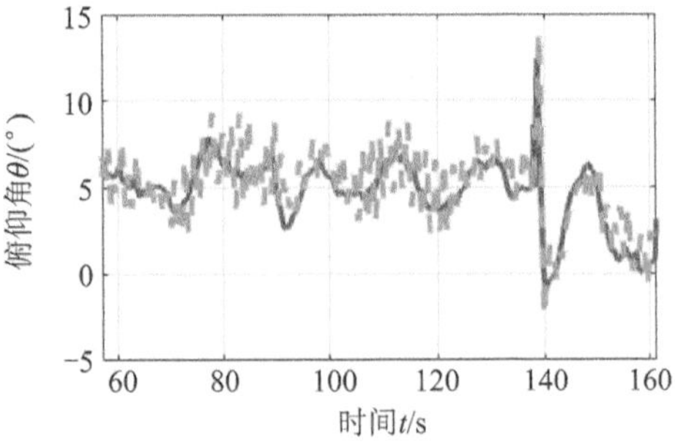

(d) 04架次

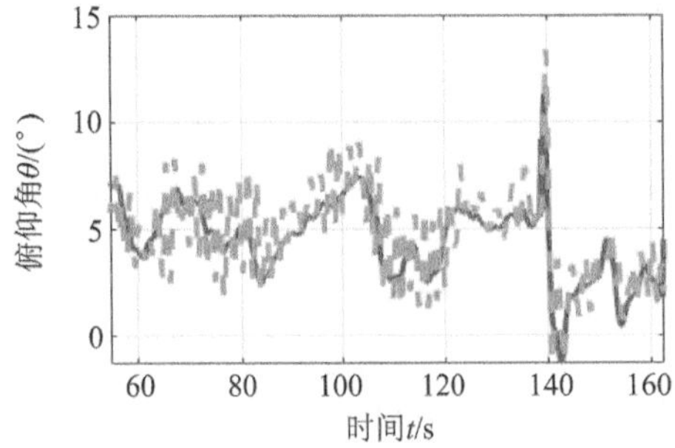

(e) 05架次

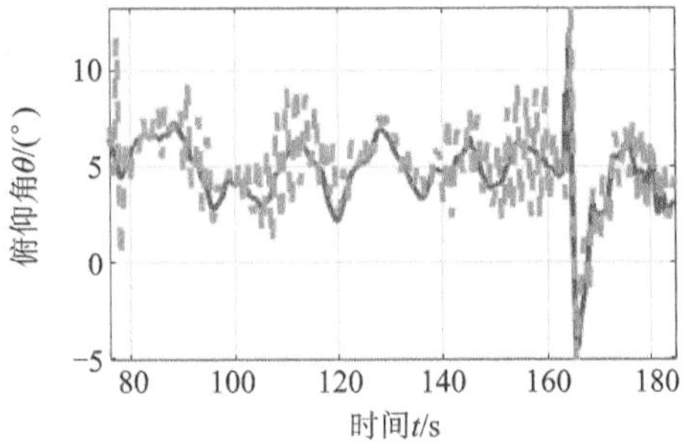

(f) 06架次

图 10.28 机翼静态损伤飞行试验俯仰角跟踪曲线

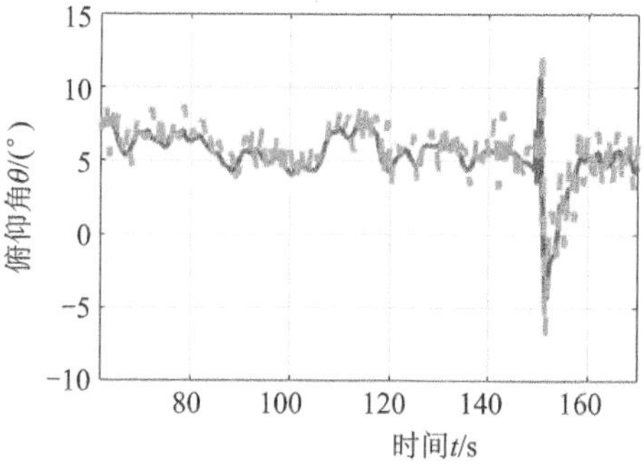

(g) 07架次

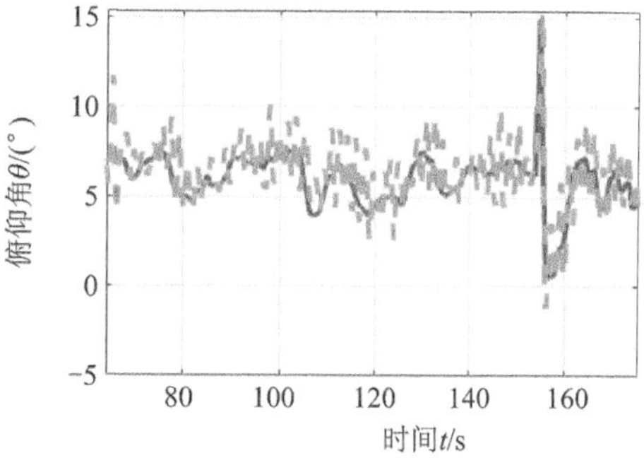

(h) 08架次

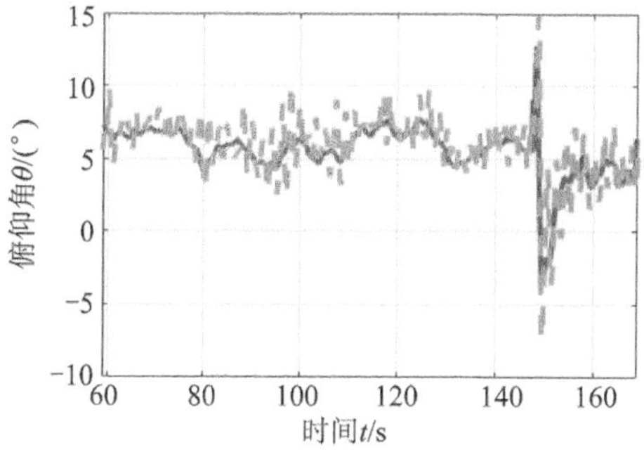

(i) 09架次

—— 期望俯仰角；- - - 实际俯仰角

图 10.28　机翼静态损伤飞行试验俯仰角跟踪曲线(续)

表 10.5　机翼静态损伤飞行试验自适应控制器滚转轴输出均值

参数 / 试验架次	滚转轴自适应输出均值/(rad·s^{-2})	参数 / 试验架次	滚转轴自适应输出均值/(rad·s^{-2})
01	10.869 4	06	−9.779 4
02	−9.948 5	07	−9.977 1
03	−10.131 5	08	−9.713 5
04	−9.344 2	09	−9.898 4
05	−10.013 5		

10.4.6　飞行试验小结

以结束下滑转入拉飘的时刻为准，统计以上 23 次飞行试验落点如图 10.29 所示。其中，纵向误差 e_x 由将高度误差 e_h 投影到水平面得到，计算公式为 $e_x = e_h\tan(-3.5°)$。可以看出，上述试验落点均在 9.1.1 小节中规定的高度跟踪误差应小于 1.47 m，侧向跟踪误差应小于 4.5 m 的范围内，具体精度数据如表 10.6 和表 10.7 所列。

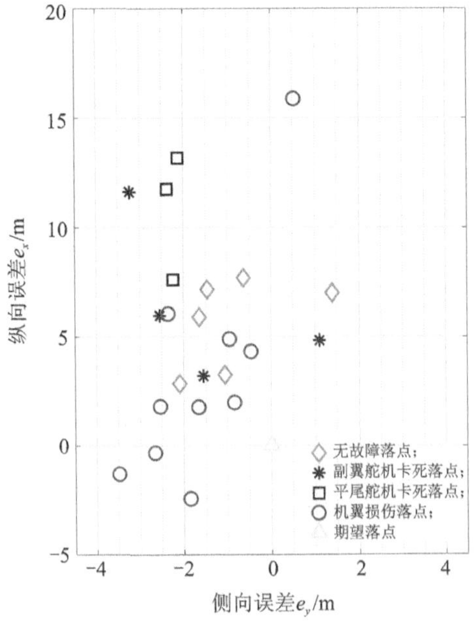

图 10.29 23 次试飞试验落点分布

表 10.6 落点高度误差统计

指标 / 科目	误差最大数值 $\max\{h_e\}$/m	误差最小数值 $\min\{h_e\}$/m	平均误差/m	标准差/m
无故障试验	−0.173 1	−0.468 5	−0.343 6	0.127 8
单侧副翼卡死试验	−0.193 8	−0.709 3	−0.389 6	0.224 1
单侧平尾卡死试验	−0.463 5	−0.804 3	−0.661 5	0.177 0
机翼损伤试验	0.149 1	−0.970 8	−0.198 6	0.317 7

表 10.7 落点侧向误差统计

指标 / 科目	误差最大数值 $\max\{y_e\}$/m	误差最小数值 $\min\{y_e\}$/m	平均误差/m	标准差/m
无故障试验	1.384 5	−2.096 8	−0.925 4	1.236 5
单侧副翼卡死试验	1.095 5	−3.224 3	−1.556 98	1.896 2
单侧平尾卡死试验	−2.129 7	−2.373 9	−2.245 4	0.122 6
机翼损伤试验	0.520 6	−3.482 1	1.199 3	1.199 3

本章小结

为了对非线性自适应容错方法进行验证，本章进行了数值仿真及软件在环仿真试验，并进一步设计缩比飞行验证系统，开展多科目多架次飞行试验。试验结果表明，在本章提出的方法控制下，缩比飞机在建模不准确、舵面卡死、机翼损伤等异常情况下仍能较精确地跟踪航线并自动着陆，试验结果证明了本章提出的方法在舰载机控制应用中的有效性，并可为其他飞行器控制器设计提供借鉴。

参考文献

[1] Denham J W. Project MAGIC CARPET：Advanced controls and displays for precision carrier landings[C]. 54th AIAA Aerospace Sciences Meeting，2016：1770.

[2] 张智，朱齐丹，张雯，等.航母舰载机全自动引导着舰技术[M].哈尔滨：哈尔滨工程大学出版社，2016.

[3] 江驹，王新华，甄子洋，等.舰载机起飞着舰引导与控制[M].北京：科学出版社，2019.

[4] Shafer D M，Paul R C，King M J，et al. Aircraft carrier landing demonstration using manual control by a ship-based observer[C]. AIAA Scitech 2019 Forum，2019：0010.

[5] 吴文海，汪节，高丽，等. MAGIC CARPET 着舰技术分析[J]. 系统工程与电子技术，2018，40(9):188-200.

[6] Urnes J M，Hess R K，Moomaw R F，et al. H-dot automatic carrier landing system for approach control in turbulence[J]. Journal of Guidance and Control，1981，4(2)：177-183.

[7] Urnes J M，Hess R K. Development of the F/A-18A automatic carrier landing system [J]. Journal of Guidance，Control，and Dynamics，1985，8(3)：289-295.

[8] Oliveira T，Encarnação P，Aguiar A P. Moving path following for autonomous robotic vehicles[C]. 2013 European Control Conference (ECC). IEEE，2013：3320-3325.

[9] Oliveira T，Encarnação P. Ground target tracking control system for unmanned aerial vehicles[J]. Journal of Intelligent & Robotic Systems，2013，69(1)：373-387.

[10] Oliveira T，Aguiar A P，Encarnação P. Moving path following for unmanned aerial vehicles with applications to single and multiple target tracking problems[J]. IEEE Transactions on Robotics，2016，32(5)：1062-1078.

[11] Oliveira T. Moving path following control system for fixed-wing unmanned aerial vehicles[D]. Porto：Universidade do Porto，2017.

[12] Chakraborty A. Linear and nonlinear analysis of susceptibility of F/A-18 flight control laws to the falling leaf mode[D]. Minnesota：University of Minnesota，2010.

[13] Bosworth J T，Williams-Hayes P S. Flight test results from the NF-15B intelligent flight control system (IFCS) project with adaptation to a simulated stabilator failure [C]. AIAA Infotech Aerospace Conference and Exhibit，2007:2818.

[14] Burken J，Hanson C，Lee J，et al. Flight test comparison of different adaptive augmentations of fault tolerant control laws for a modified F-15 aircraft[C]. AIAA Infotech Aerospace Conference and Exhibit，2009:2056.

[15] Miller C. Nonlinear dynamic inversion baseline control law：architecture and performance predictions [C]. AIAA Guidance，Navigation，and Control Conference，2011：6467.

[16] Miller C. Nonlinear dynamic inversion baseline control law: flight-test results for the full-scale advanced systems testbed F/A-18 airplane[C]. AIAA Guidance, Navigation, and Control Conference, 2011: 6468.

[17] Harris J J. F-35 flight control law design, development and verification[C]. Aviation Technology, Integration, and Operations Conference, 2018: 3516.

[18] Hanson C, Johnson M, Schaefer J, et al. Handling qualities evaluations of low complexity model reference adaptive controllers for reduced pitch and roll damping scenarios[C]. AIAA Guidance, Navigation, and Control Conference, 2011: 6607.

[19] Schaefer J, Hanson C, Johnson M, et al. Handling qualities of model reference adaptive controllers with varying complexity for pitch-roll coupled failures[C]. AIAA Guidance, Navigation, and Control Conference, 2011: 6453.

[20] Nguyen N T. Model-reference adaptive control: a primer (advanced textbooks in control and signal processing) [M]. Cham: Springer, 2018.

[21] Hovakimyan N, Cao C. L1 adaptive control theory: Guaranteed robustness with fast adaptation[M]. Philadelphia: Society for Industrial and Applied Mathematics, 2010.

[22] Napolitano M, Paris A, Seanor B, et al. Estimation of the longitudinal aerodynamic parameters from flight data for the NASA F/A-18 HARV[C]. 21st Atmospheric Flight Mechanics Conference, 1996: 3419.

[23] Napolitano M, Paris A, Seanor B, et al. Estimation of the lateral-directional aerodynamic parameters from flight data for the NASA F/A-18 HARV[C]. 21st Atmospheric Flight Mechanics Conference, 1996: 3420.

[24] Basin M, Yu P, Shtessel Y. Finite - and fixed - time differentiators utilising HOSM techniques[J]. IET Control Theory & Applications, 2017, 11(8): 1144-1152.

[25] Basin M, Bharath Panathula C, Shtessel Y. Multivariable continuous fixed - time second - order sliding mode control: Design and convergence time estimation[J]. IET Control Theory & Applications, 2017, 11(8): 1104-1111.

[26] Boskovic J, Redding J. An autonomous carrier landing system for unmannned aerial vehicles[C]. AIAA Guidance, Navigation, and Control Conference. 2009: 6264.

[27] Rudowsky T, Hynes M, Luter M, et al. Review of the carrier approach criteria for carrier-based aircraft-phase i[R]. U. S. Naval Air Warfare Center Aircraft Div Patuxent River MD, 2002.

[28] 杨一栋，郑峰婴，王新华，等. 舰载机等效模型及着舰控制规范[M]. 北京：国防工业出版社，2013.